普通高等教育应用技术型院校艺术设计类专业规划教材　总主编 / 许开强　胡雨霞　章　翔

AutoCAD2017 进阶课堂

主　编　潘　磊　郭　晖
副主编　梁　晔　栗翰江　程　维

合肥工业大学出版社

普通高等教育应用技术型院校艺术设计类专业规划教材
教材编写委员会

刘　津　湖北大学知行学院艺术设计教研室　主任
祁焱华　武汉工程科技学院珠宝与设计学院　常务副院长
钱　宇　武汉科技大学城市学院艺术学部　副主任
石元伍　湖北工业大学工业设计学院　副院长
宋　华　武昌首义学院艺术与设计学院　副院长
唐　茜　华中师范大学武汉传媒学院艺术设计学院　院长助理
王海文　武汉工商学院艺术与设计学院　副院长
吴　聪　江汉大学文理学院体美学部与艺术设计系　副主任
阮正仪　文华学院艺术设计系　主任
张之明　武昌理工学院艺术设计学院　副院长
赵　文　湖北商贸学院艺术设计学院　院长
赵　侠　湖北工业大学工程技术学院艺术设计系　副主任
蔡宣传　汉口学院艺术设计学院　副院长

劳动创造是人类进化的最主要因素。从蒙昧的石器时期到农耕社会，从延展机体的蒸汽革命到能源主导的电气时代，再扩展到今天智能驱动的互联网时代，人类靠不断地创造使自己成为世界的主人。吴冠中先生曾经说过：科学探索物质世界的奥秘，艺术探索精神情感世界的奥秘。艺术与设计恰恰是为人类更美好的物化与精神情感生活提供全方位服务的交叉应用学科。

当前，在产业结构深度调整，服务型经济迅速壮大的背景下，社会对设计人才素质和结构的需求发生了一系列的新变化……并对设计人才的培养模式提出了新的挑战。现在一方面是大量设计类毕业生缺乏实践经验和专业操作技能，其就业形势严峻；另一方面是大量企业难以找到高素质的设计人才，供求矛盾突出。随着高校连续十多年扩招，一直被设计人才供不应求所掩盖的教学与实践脱节的问题更加凸显出来，并促使我们对设计教学与实践进行反思。目前主要问题不在于设计人才的培养数量，而是设计人才供给、就业与企业需求在人才培养方式、规格上产生了错位。要解决这一问题，设计教育的转型发展是必然趋势，也是一项重要任务。向应用型、职业型教育转型，是顺应经济发展方式转变的趋势之一。李克强总理明确提出要加快构建以就业为导向的现代职业教育体系，推动一批普通本科高校向应用技术型高校转型，并把转型作为即将印发的《现代职业教育体系建设规划》和《国务院关于加快发展现代职业教育的决定》中强调的优先任务。

教材是课堂教学之本，是展开教学活动的基础，也是保障和提高教学质量的必要条件。不少高校囿于种种原因，形成了一个较陈旧的、轻视应用的课程机制及由此产生的脱离社会生活和企业实践的教材体系，或以老化、程式化的教材结构维护以课堂为中心的教学方法。为此，组建各类院校设计专业骨干构成的作者团队，打造具有实践特色的教材， 将促进师生的交流互动和社会实践，解决设计教学与实践脱节等问题， 这也是设计教育改革的一次有益尝试。

该系列教材基于名师定制知识重点、剖析项目实例、企业引导技能应用的方式，实现教材“用心、动手、造物”的实战改革思路，如实构建“学用结合”的应用人才培养模块。坚持实效性、实用性、实时性和实情性特点，有意简化烦琐的理论知识，采用实践课题的形式将专业知识融入一个个实践课题中。该系列教材课题安排由浅入深，从简单到综合；训练内容尽力契合我国设计类学生的实际情况，注重实际运用，避免空洞的理论介绍；书中安排了大量的案例分析，利于学生吸收并转化成设计能力；从课题设置、案例分析、参考案例到知识链接，做到分类整合、交互相促；既注重原创性，也注重系统性；整套教材强调学生在实践中学，教师在实践中教，师生在实践与交互中教学相长，高校与企业在市场中协同发展。该系列教材更强调教师的责任感，使学生增强学习的兴趣与就业、创业的能动性，激发学生不断进取的欲望，为设计教学提供了一个开放与发展的教学载体。笔者仅以上述文字与本系列教材的作者、读者商榷与共勉。

原湖北工业大学艺术设计学院院长
现任武汉工商学院艺术与设计学院院长
湖北工业大学学术委员会副主任

前言

AutoCAD 软件是美国 Autodesk 公司开发的设计绘图软件，可辅助设计师进行二维及三维设计的表达，软件使用领域广泛，可用于产品设计、服装设计、平面设计、规划设计、景观设计、建筑设计、展示设计、室内装饰设计、水电施工图设计等方面。随着计算机辅助设计的发展，手绘表达设计创意、电脑绘图指导生产施工已成为当今设计行业的流行模式。AutoCAD 软件具有绘制的图形文件可编辑、修改容易、出图快速标准等特点，使用 AutoCAD 软件绘图已成为设计界共同的“语言”，深受广大设计师欢迎。

计算机辅助设计 AutoCAD 软件制图课程，是高等院校艺术设计专业必修的课程之一。编者于 2006 年开始接触 AutoCAD 软件，2012 年开始讲授 AutoCAD 课程，在授课过程中结合自身学习、工作、项目实践的体会，摸索出了一套有效的教学方法，学生通过课堂学习，均能学会 AutoCAD 软件操作，并能熟练地运用软件进行设计表达，承蒙领导及同事鼓励、出版社支持，将自己的学习、授课方法汇集编写成册进行交流和使用。

本书适合零基础的读者学习使用。本书内容编排上循序渐进，从软件的使用习惯、使用前的设置调整、使用注意事项；从基础图形线、矩形、圆形等图形的绘制到修改编辑操作；从图层、文字工具使用及调整到标注样式设置调整；从简单的线、几何图形绘制到复杂的设计创意图形表达；从学会、能用软件到规范绘图。在本书的使用上建议先学习前面章节的内容，每学完一个章节或知识点，完成第七章相应的一个专项练习、这样可以稳扎稳打，夯实基础。

本书在软件操作上按普适版编写，使用任何版本的 AutoCAD 软件的读者均可学习使用。书中配有 400 余张操作步骤及练习图例，图文并茂。本书在使用习惯、软件工具、功能讲解上力求做到细致缜密，通俗易懂。

因时间仓促及编者水平有限，书中难免有不妥之处，欢迎读者提出宝贵意见。

编 者

2017 年 3 月于武昌南湖

目录
contents

2

4

1

第 1 章　初识 AutoCAD 软件

1.1 AutoCAD 的诞生与发展历程

AutoCAD 是由美国 Autodesk（欧特克）公司于 20 世纪 80 年代初为微机（早期电脑简称）上应用 CAD 技术而开发的绘图程序软件包。CAD 软件的发展推广经历了从因硬件设施昂贵导致用户量少到伴随着个人计算机的普及而在世界各地广泛使用的流行阶段。

AutoCAD 具有良好的用户界面，通过交互菜单或命令行方式便可以进行各种操作。它的多文档设计环境，让非计算机专业人员也能很快地学会使用。在不断实践的过程中更好地掌握它的各种应用和开发技巧，从而不断地提高工作效率。

AutoCAD 具有广泛的适应性，它可以在各种操作系统支持的微型计算机和工作站上运行，并支持分辨率由 320×200（ px ）到 2048×1024（ px ）的各种图形显示设备 40 多种以及数字仪和鼠标器 30 多种，绘图仪和打印机数十种，这就为 AutoCAD 的普及创造了条件。目前市面上最新的版本为 AutoCAD2017。

1.2 AutoCAD 的应用领域

AutoCAD 的软件主要功能是绘制二维和三维图形，并且同传统的手工绘图相比，使用 AutoCAD 绘图速度更快、精度更高、而且便于编辑修改。因此，AutoCAD 软件在产品、机械、服装、平面视觉、规划、景观、建筑、室内装饰、水电施工等很多领域得到了广泛应用，并取得了丰硕的成果和巨大的经济效益。

1.2.1 在产品设计中的应用

相对于手绘产品图纸，AutoCAD 软件绘制的产品设计图具有快捷方便、易于修改、精准、可直接与工厂对接加工等特点。因此，AutoCAD 软件在产品设计领域被设计师广泛认可和使用，如图 1-1 至图 1-4 所示。

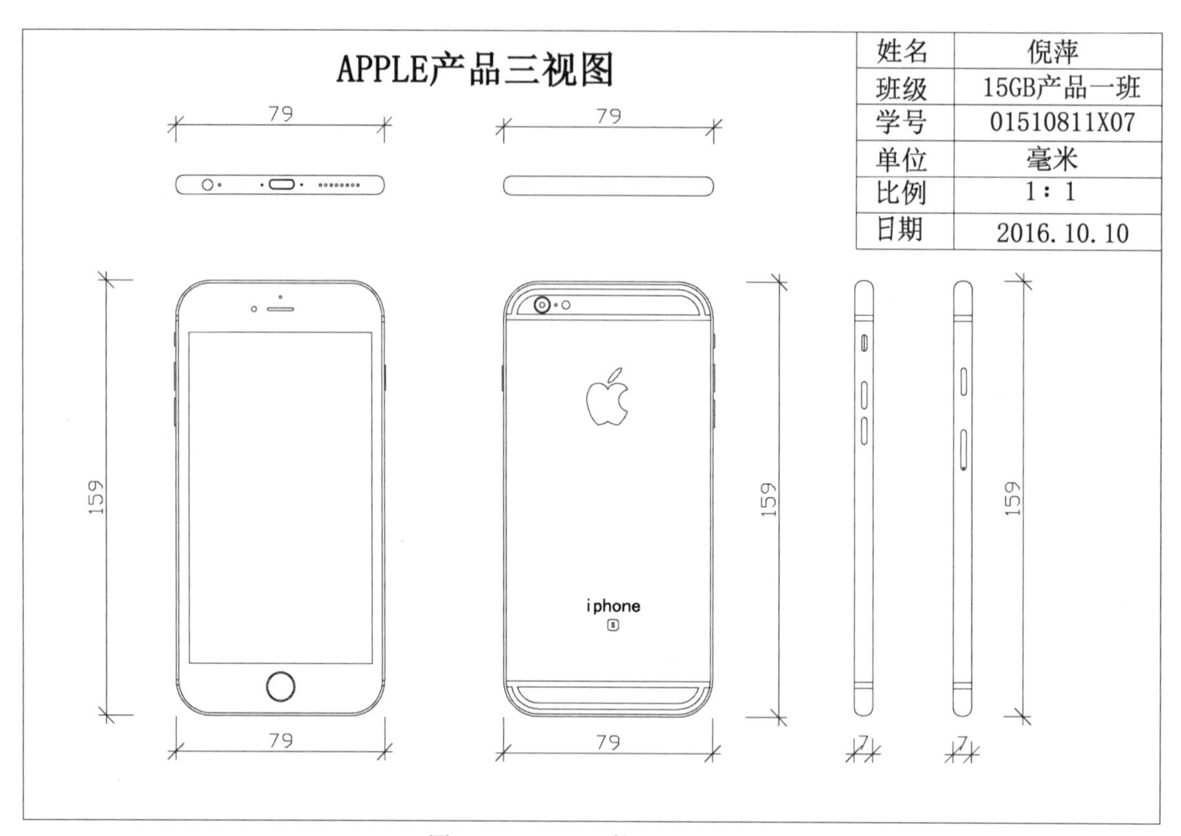

图 1–1　AutoCAD 手机图形

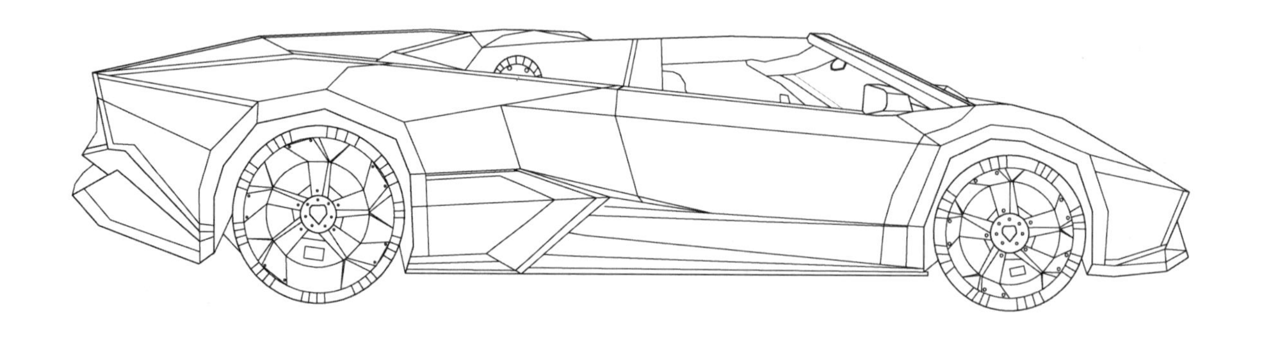

图 1–2　AutoCAD 汽车图形

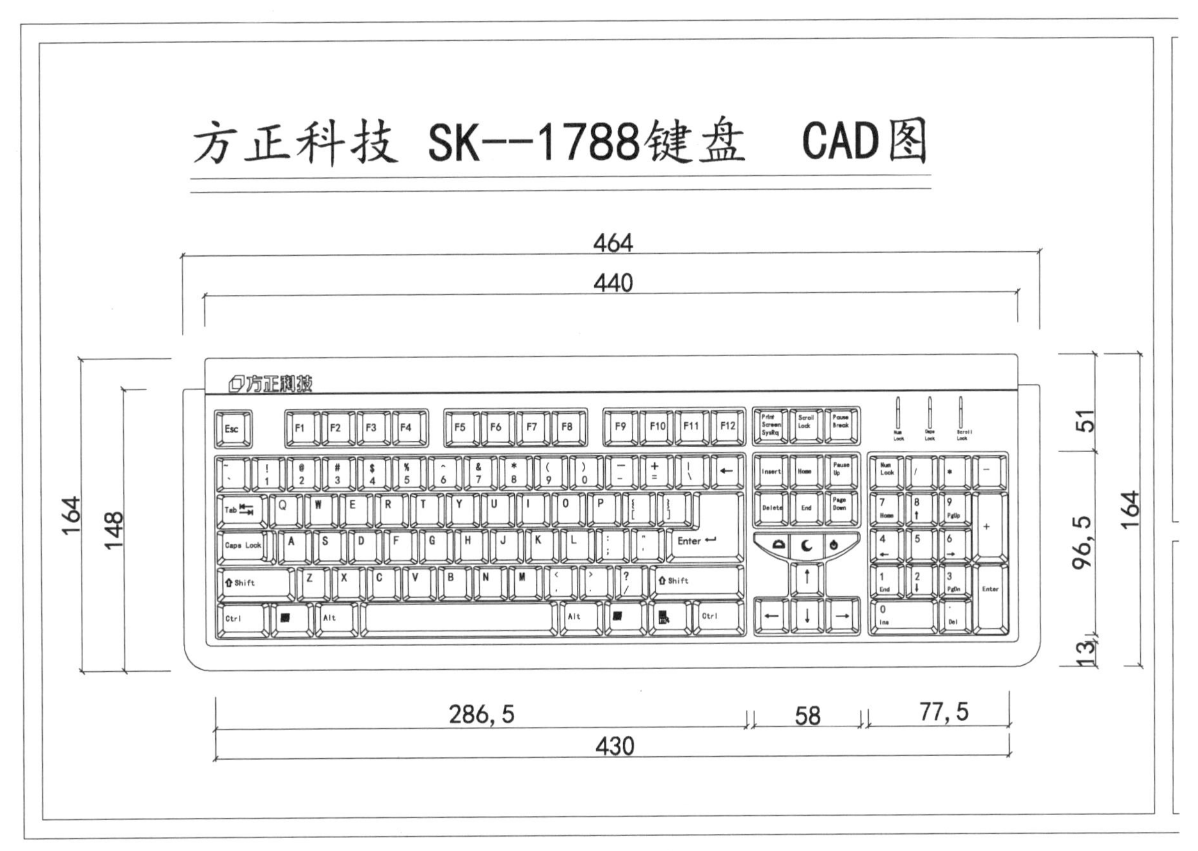

图 1-3　AutoCAD 键盘图形

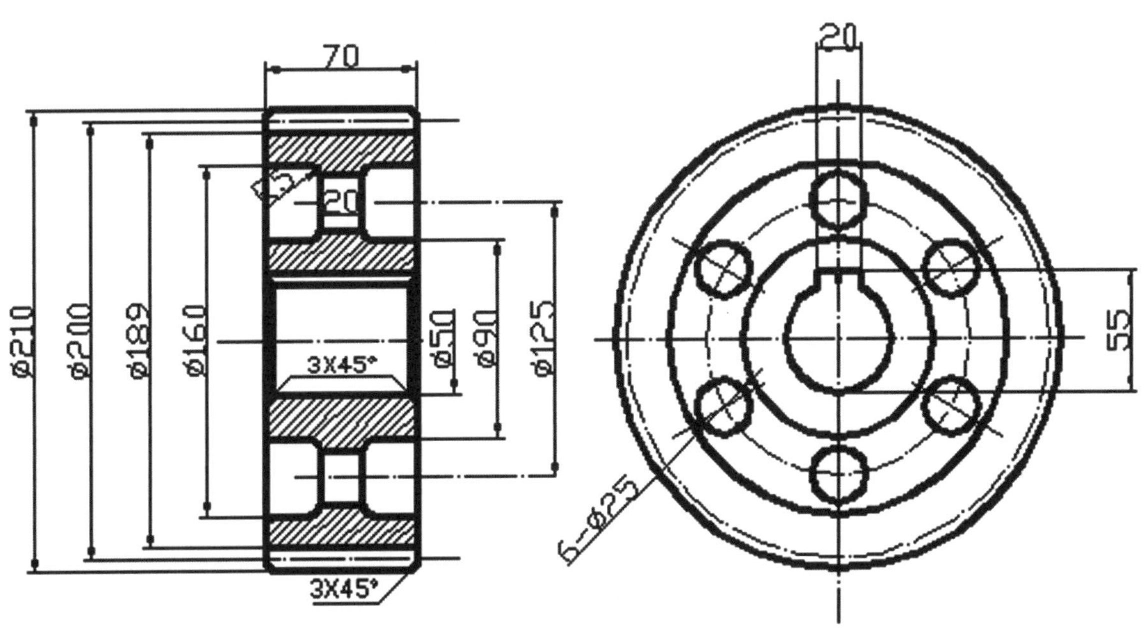

图 1-4　AutoCAD 机械零件图形

1.2.2 在服装设计中的应用

服装图形绘制是服装设计的第一步，AutoCAD 软件的普及也为服装设计行业也带来了巨大的变革，改变了设计观念，设计手法的转变丰富了设计空间并提高了设计效率，如图 1-5、图 1-6 所示。

图 1–5　AutoCAD 服装图形 1

图 1–6　AutoCAD 服装图形 2

1.2.3 在平面设计中的应用

平面设计的概念：设计者将一些基本图形按照一定的创意在平面表现图案的过程。 平面设计在二维平面内表现图像。 AutoCAD 也属于平面设计软件，也可以在平面设计中起到一定的表现作用，AutoCAD 软件十分容易上手，且效果好，如图 1-7 至图 1-9 所示。

图 1-7　AutoCAD 卡通形象图形 1

图 1-8　AutoCAD 卡通形象图形 2

图 1-9　AutoCAD 插画图形

1.2.4 在规划设计中的应用

与传统的徒手制图相比，AutoCAD 软件绘图具有修改方便、易于传输及交流等特点。AutoCAD 软件的功能如图层、光栅图像引用、图块、表格制作、虚拟打印等在城市规划设计中优势明显，如图 1-10、图 1-11 所示。

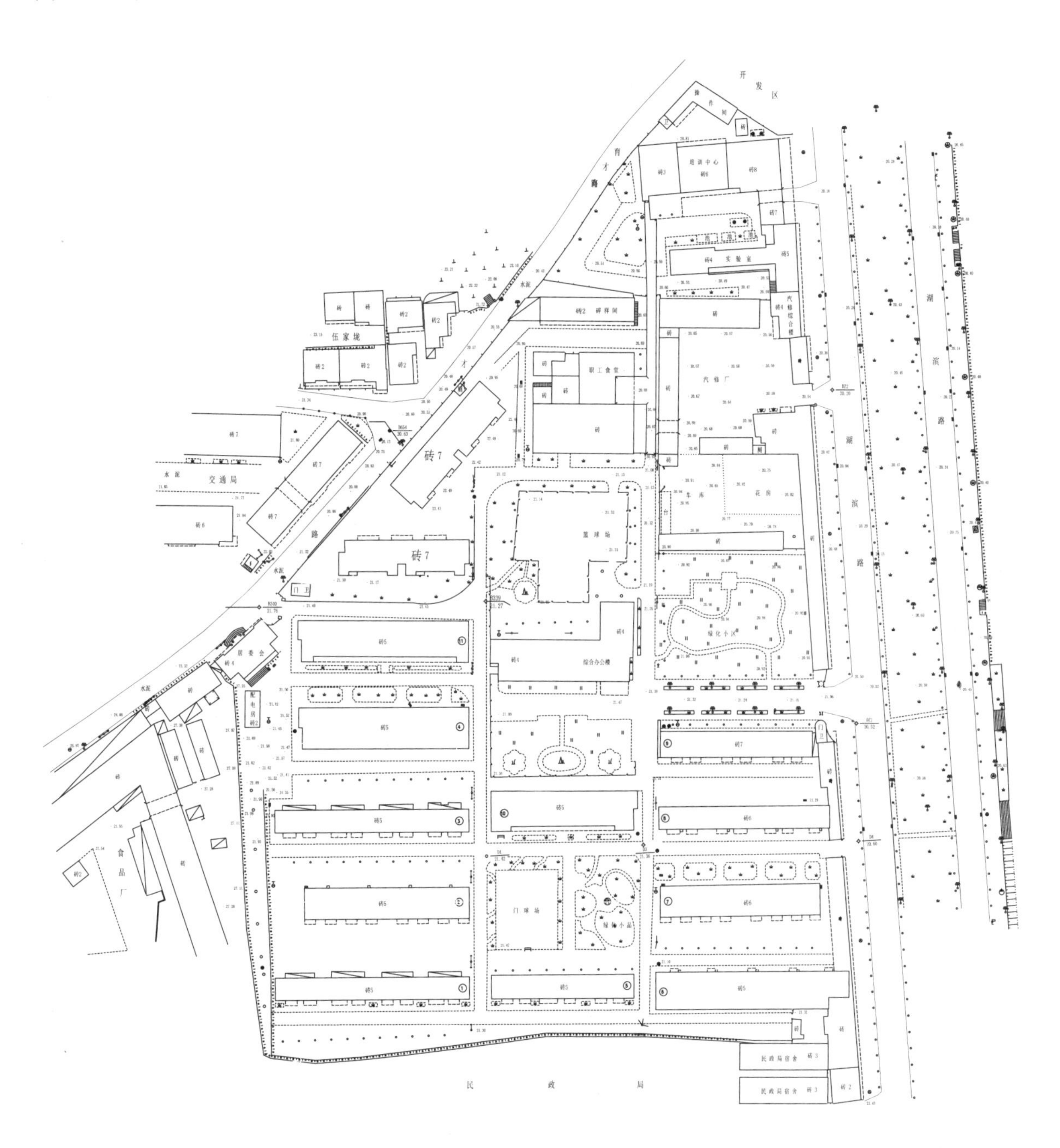

图 1-10　AutoCAD 规划设计项目 1

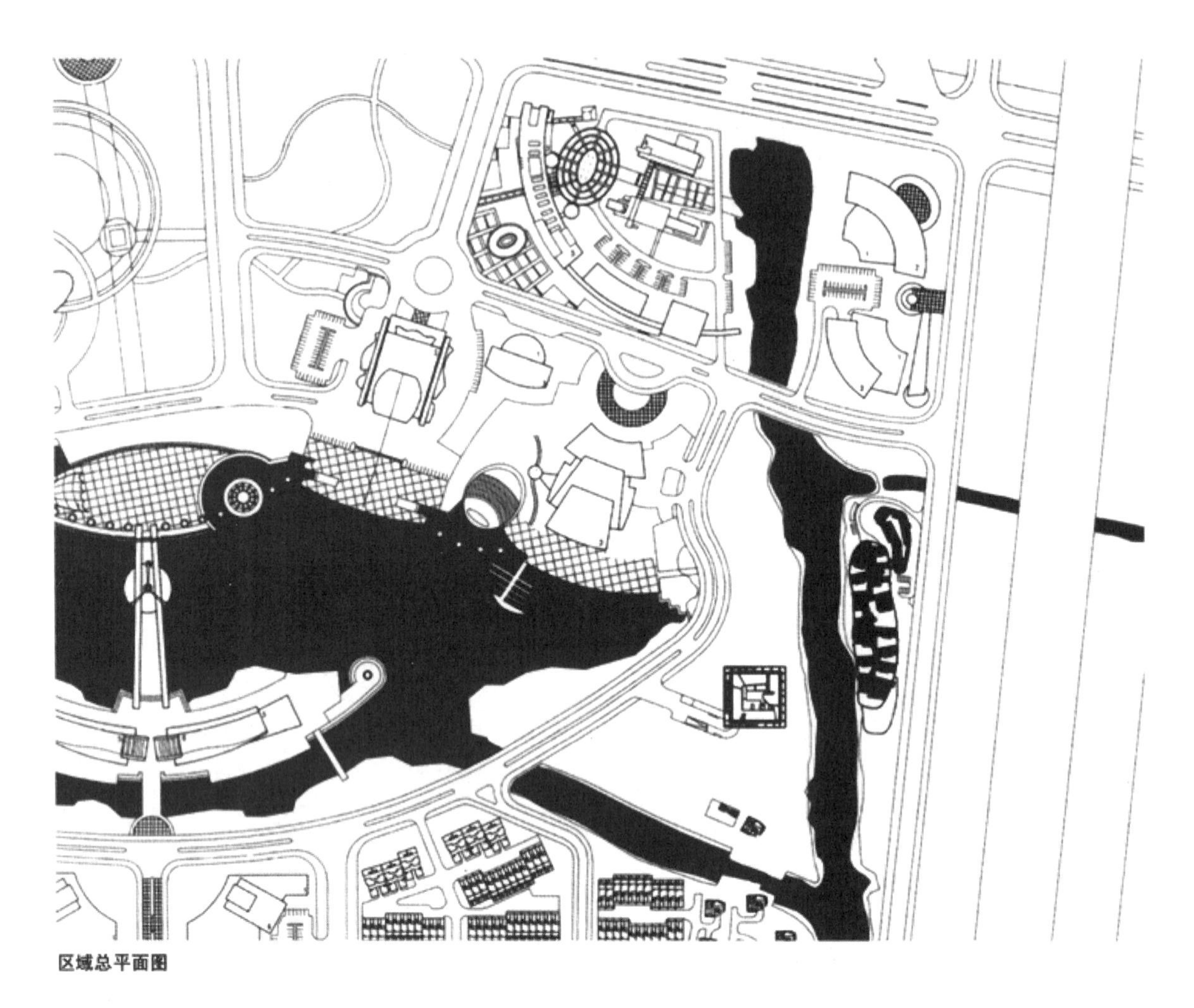

图 1-11　AutoCAD 规划设计项目 2

1.2.5 在景观设计中的应用

AutoCAD 软件是最受景观设计师欢迎的设计软件之一。其具有方便快捷和精准的计算功能等特性，被景观设计师广泛运用于园林景观设计的绘图表现阶段，它的出现在很大程度上减少了设计师的劳动强度，使他们把更多的时间和精力投入到园林景观设计的思考和创新之中，如图 1-12、图 1-13 所示。

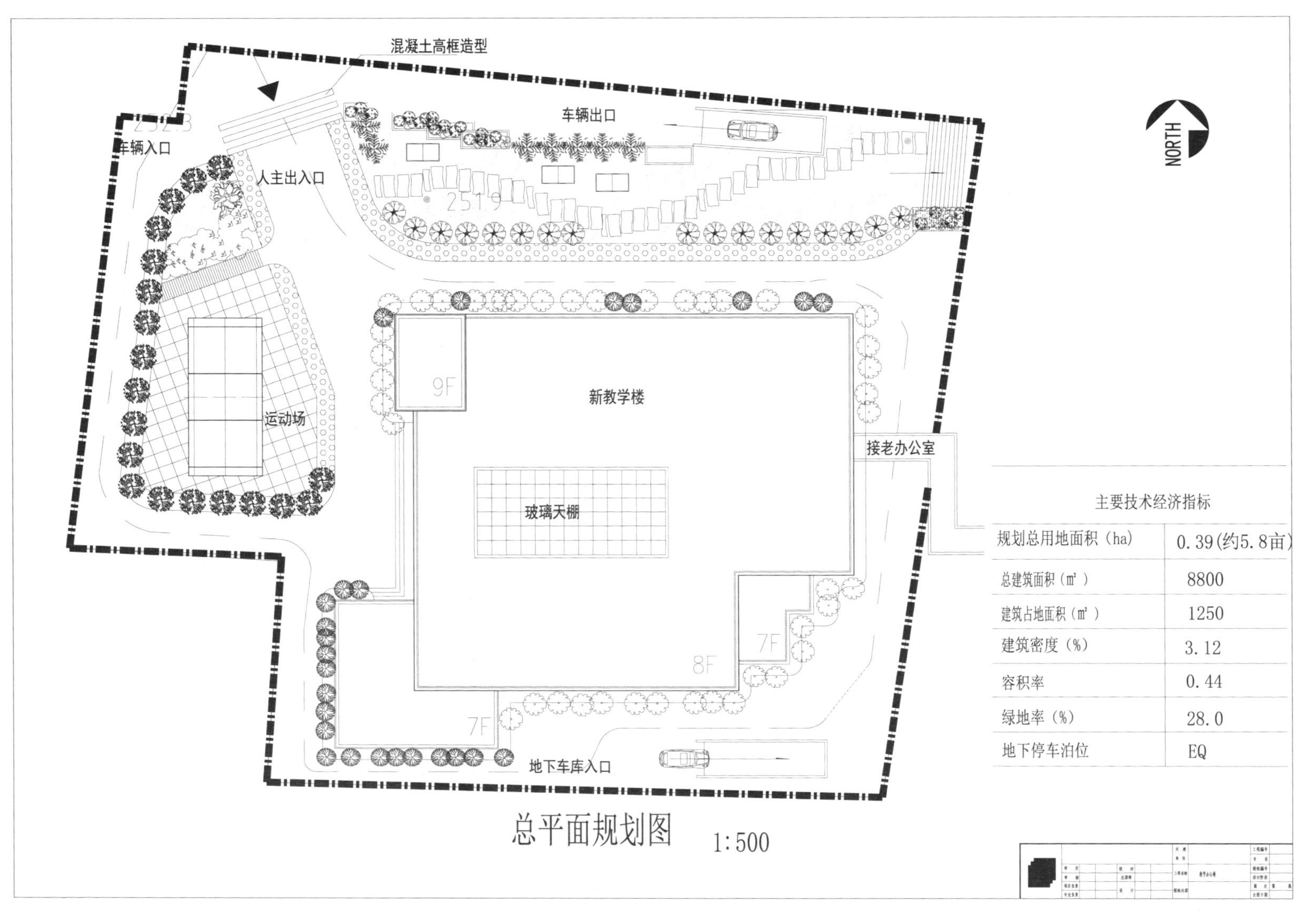

图 1-12　AutoCAD 校园景观总平面图

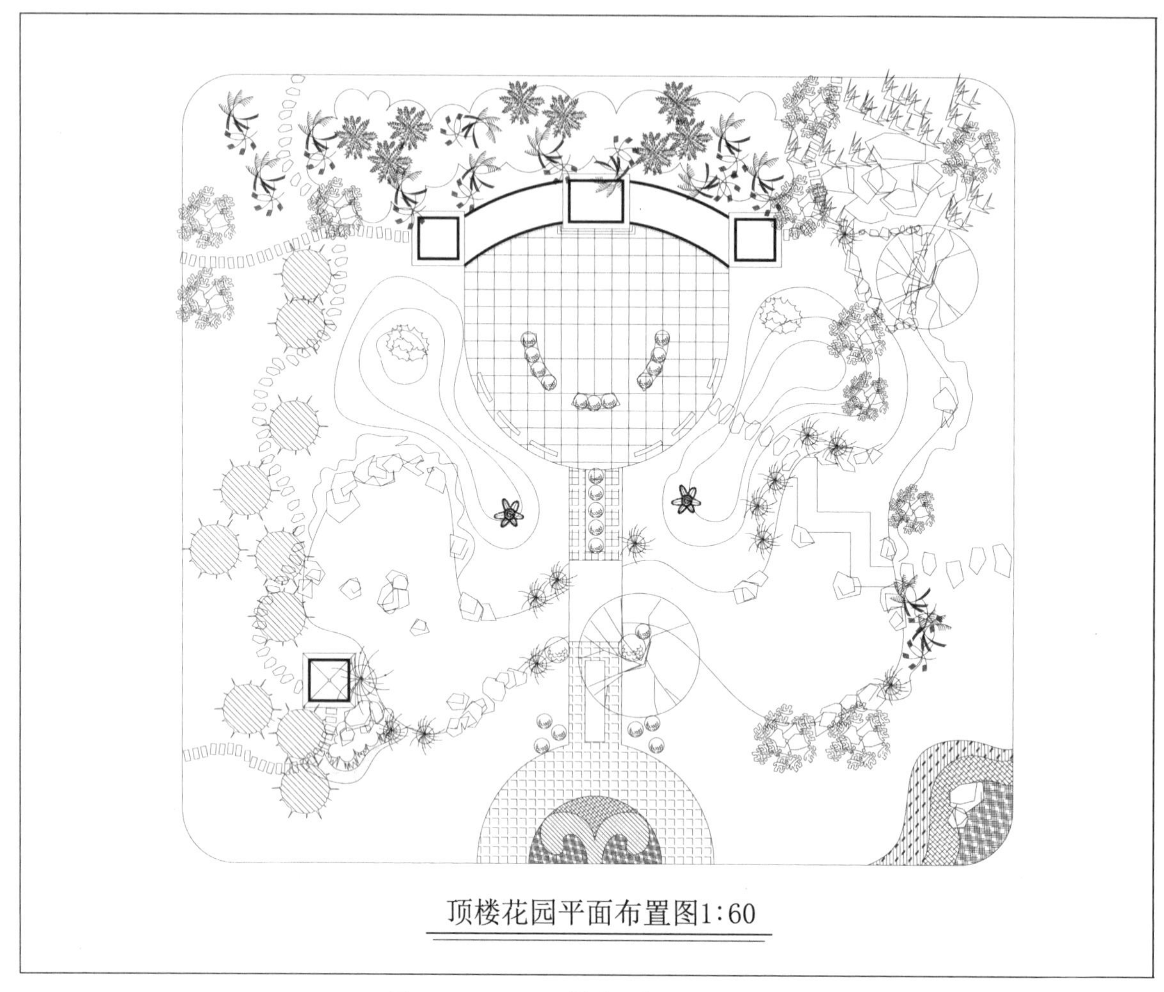

图 1-13　AutoCAD 景观设计项目 2

1.2.6 在建筑设计中的应用

建筑设计作为系统性、创造性很强的设计类别，其最终的成果通常以图纸这类非常形象直观的方式进行表达。而 AutoCAD 软件的优势正是平面图形表达。使用 AutoCAD 软件进行建筑设计可以缩短设计周期、产生直观的建筑空间效果，这是 AutoCAD 区别于其他设计类软件的特点，如图 1-14 至图 1-16。

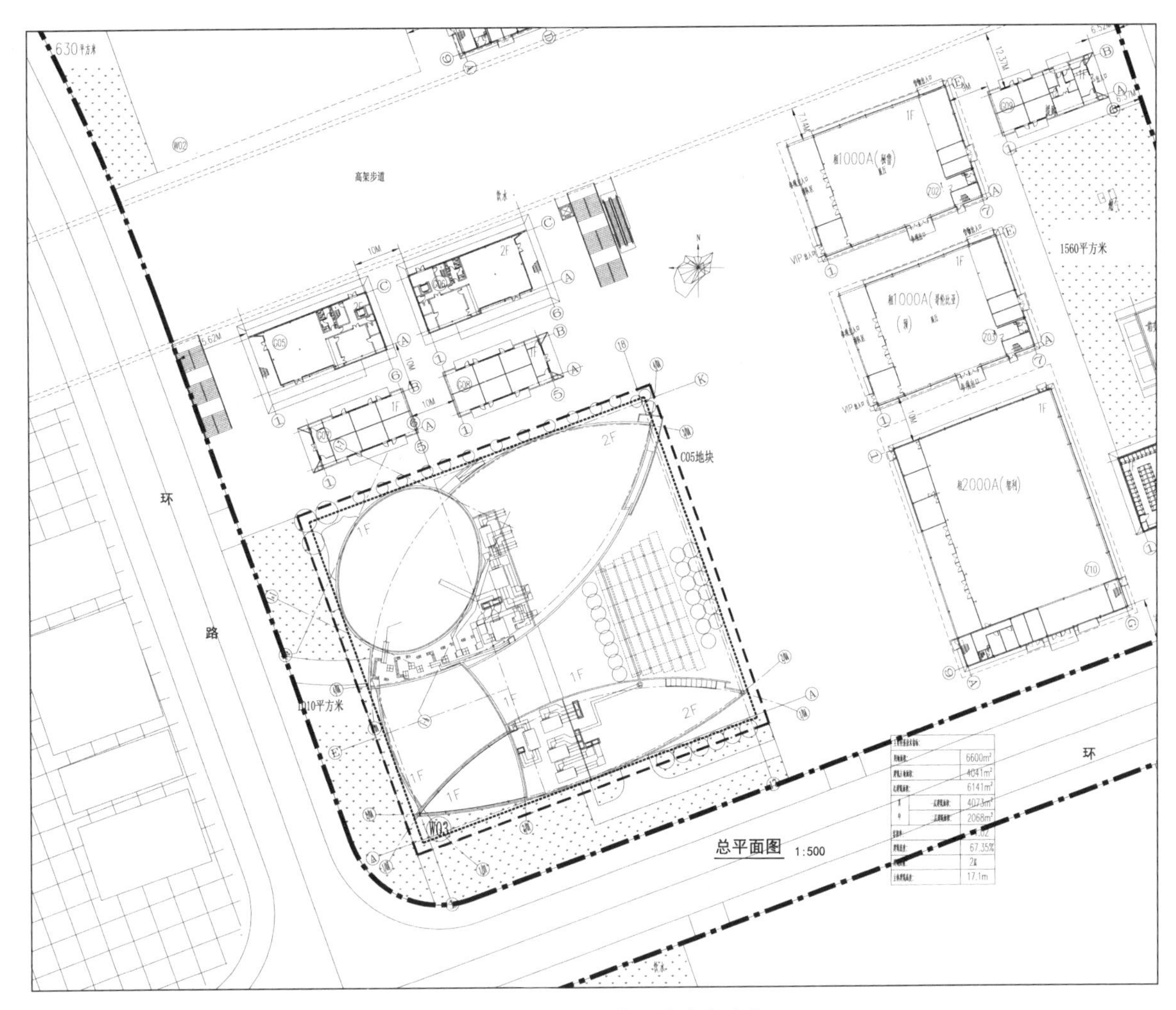

图 1-14　AutoCAD 建筑设计总平面图

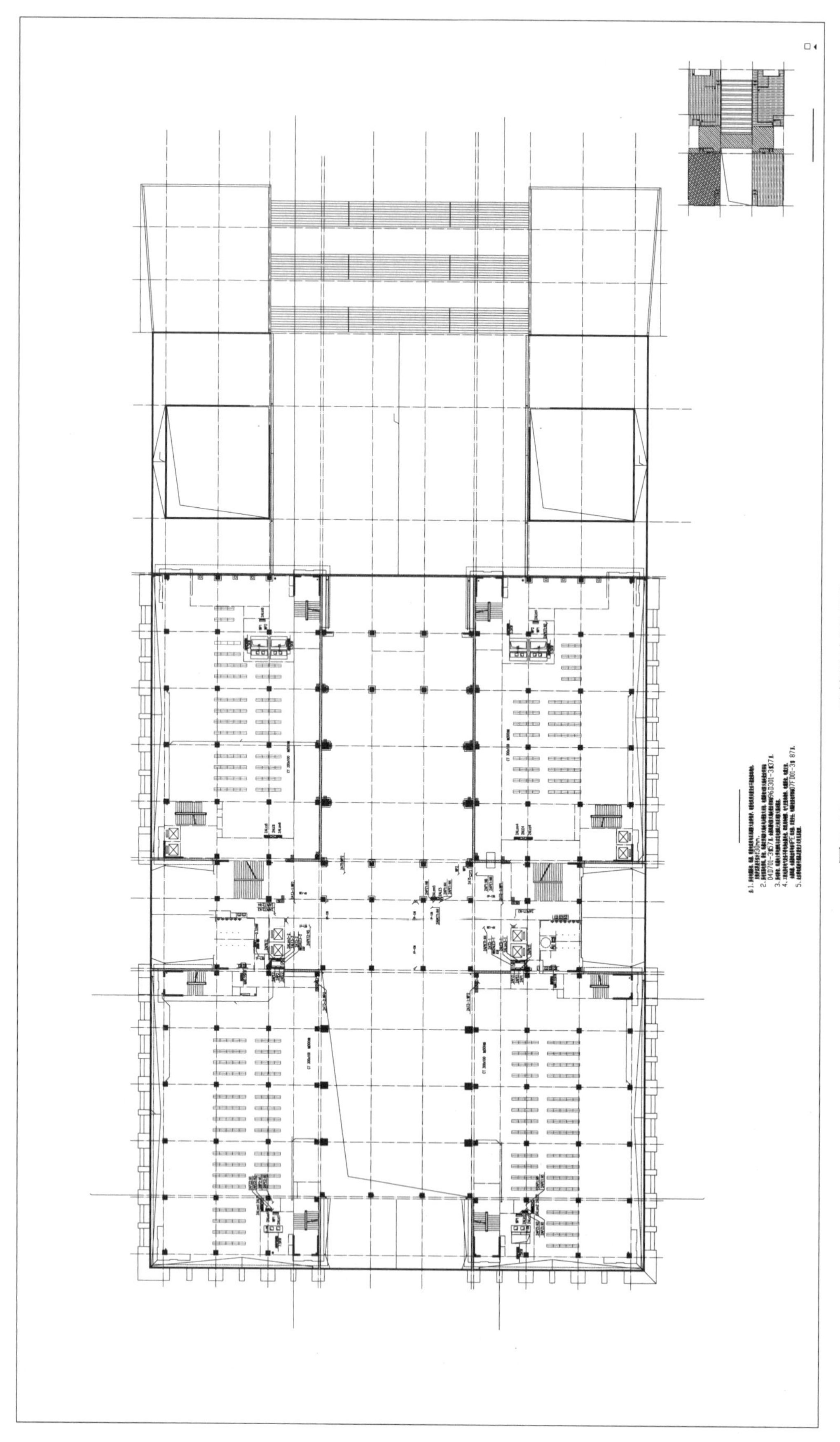

图 1-15 AutoCAD 建筑设计平面图

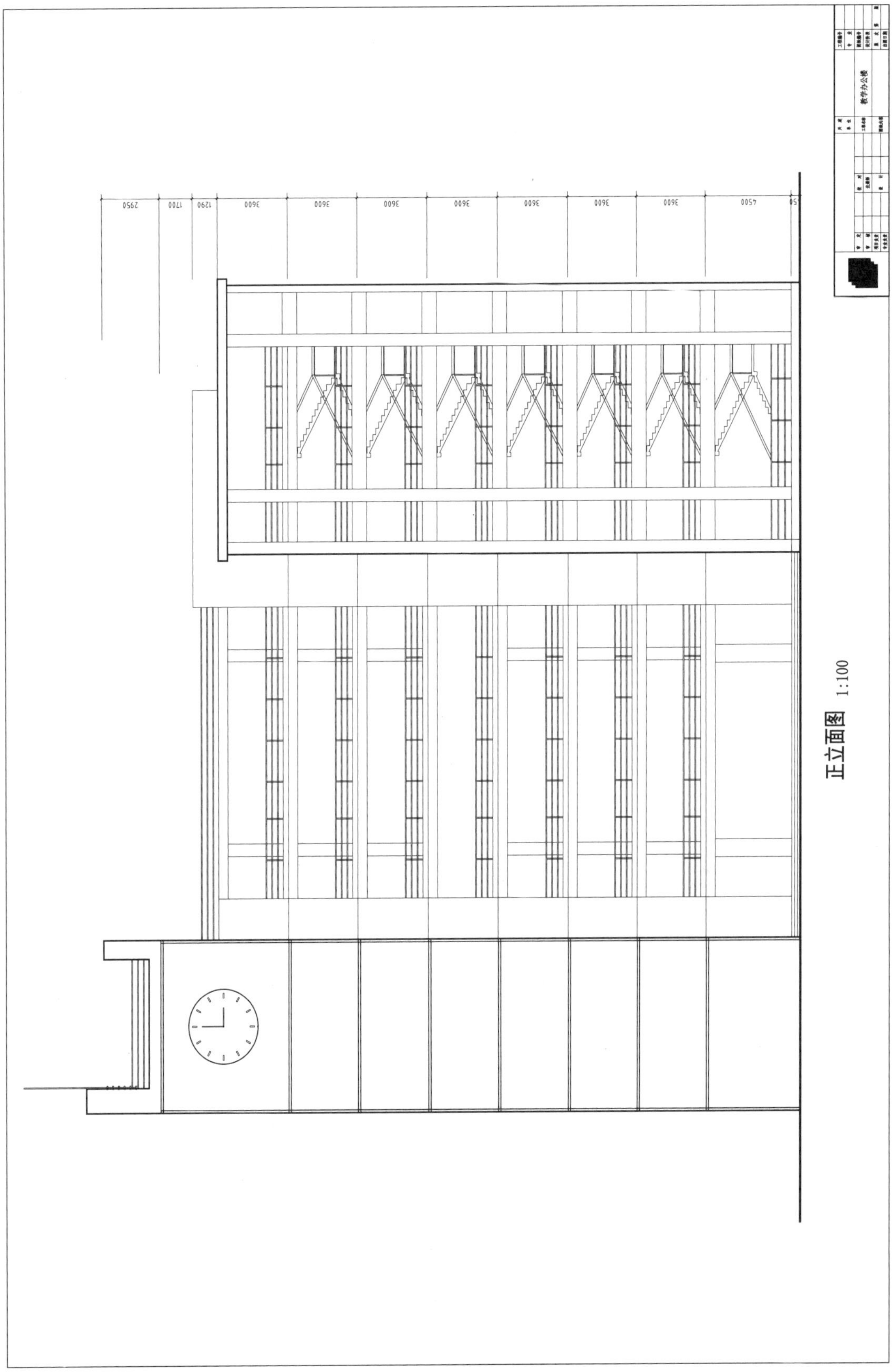

图 1-16　AutoCAD 建筑设计立面图

1.2.7 在室内装饰设计中的应用

室内设计是指在建筑室内空间中运用装饰材料、家具、陈设等物件对室内空间环境进行美化修饰处理的过程。室内装饰设计是一门综合性的学科，它不仅仅是对空间进行设计，还要思考诸如意境、界面、气氛、非艺术方面的内容。室内装饰设计的组成元素非常多，例如，门窗、各种材料，金属、木材、石材、合成材料等，还包括强弱电、灯光、空调、给排水、视听设备、家具和软装陈设品等。

在室内装饰设计工程施工中，设计师的创意主要依靠图纸来表达，图纸一般分为概念设计和施工图设计，概念阶段一般是进行交流、表达设计创意，通常使用手绘表现，而当设计方案得到认可要变成实际工程实物时就需要大量图纸进行表达、表现。只有精准的设计图纸才能被施工方读懂，才能被建成。例如，扎哈 · 哈迪德设计的广州歌剧院建筑最开始时只有寥寥几笔，当设计方案中标后就需要进行后期施工，要施工就需要有大量详细的图纸作为支撑。 AutoCAD 软件就是在后期施工图表现中非常重要的媒介，通过 AutoCAD 软件可以将尺寸、材料、节点大样以规范的图形进行表现，故 AutoCAD 软件被世界各地设计师们所广泛使用，如图 1-17 至图 1-22 所示。

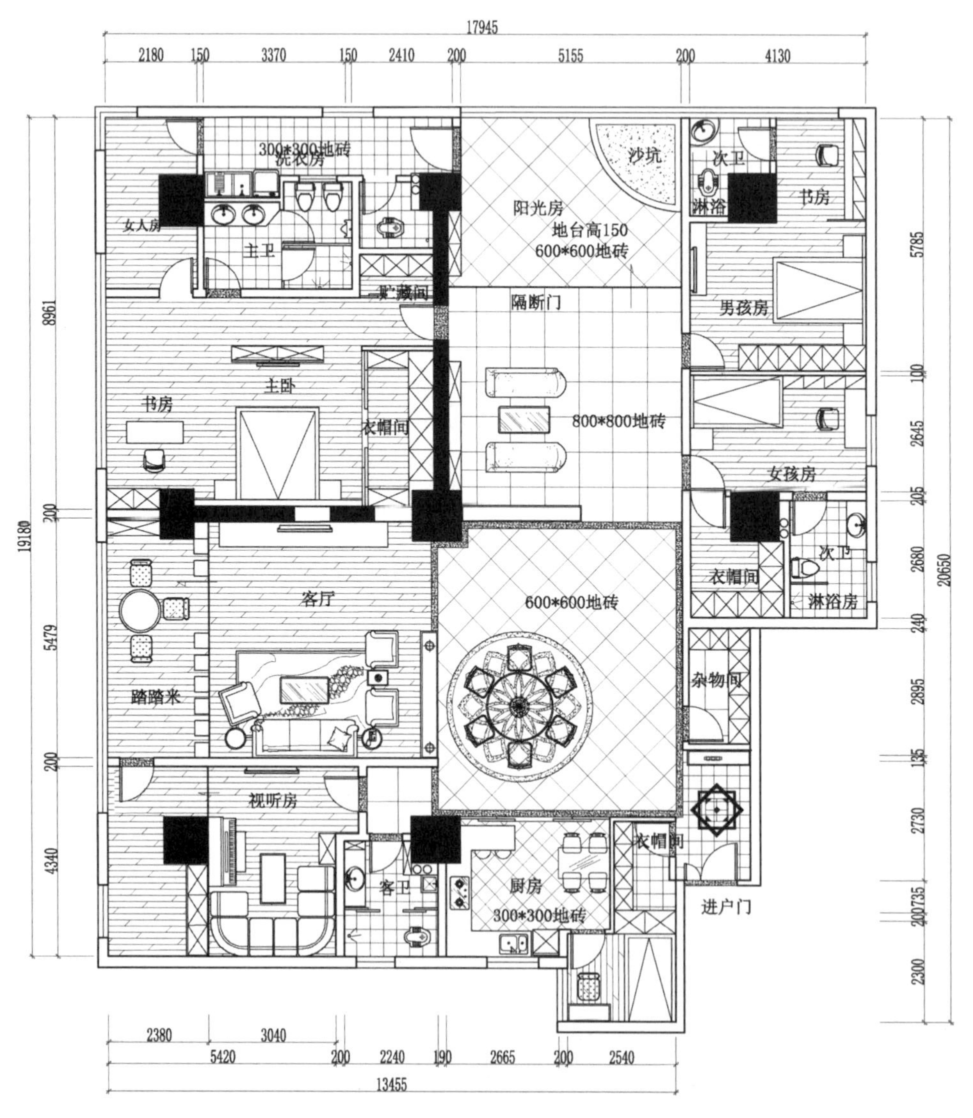

图 1-17　AutoCAD 装饰设计平面布置图 1

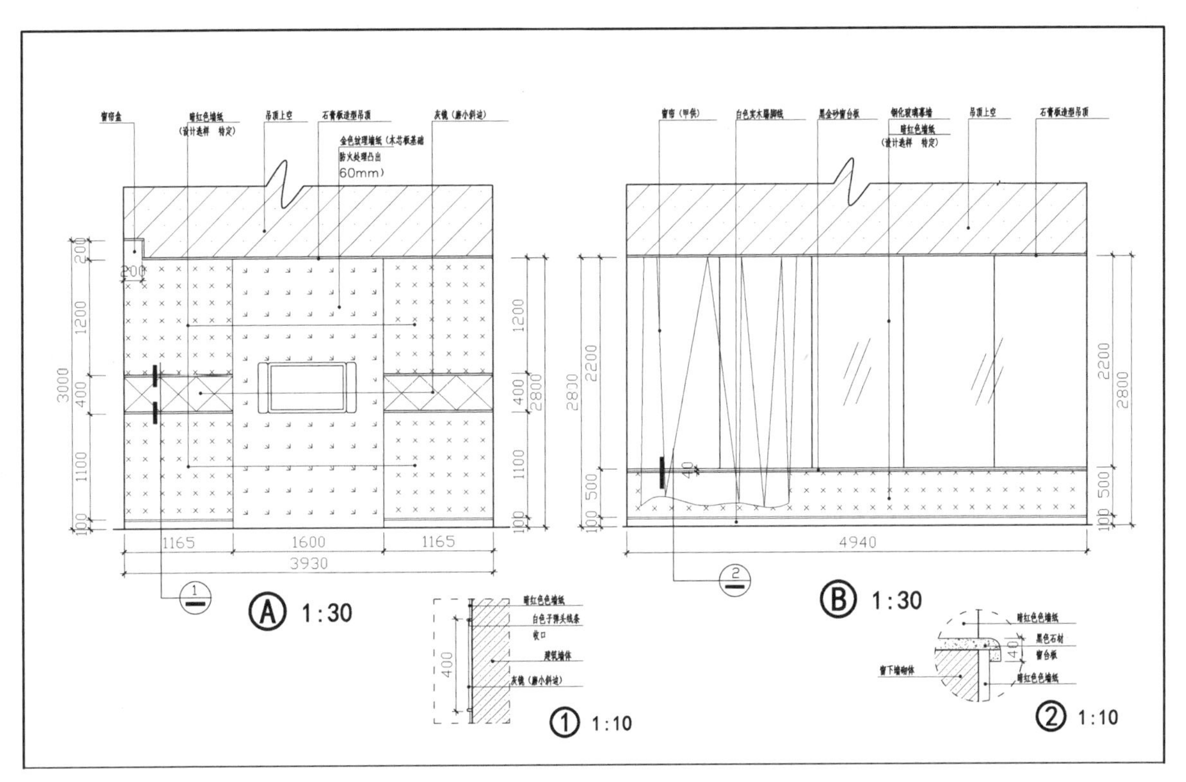

图 1-18　AutoCAD 装饰设计立面图 1

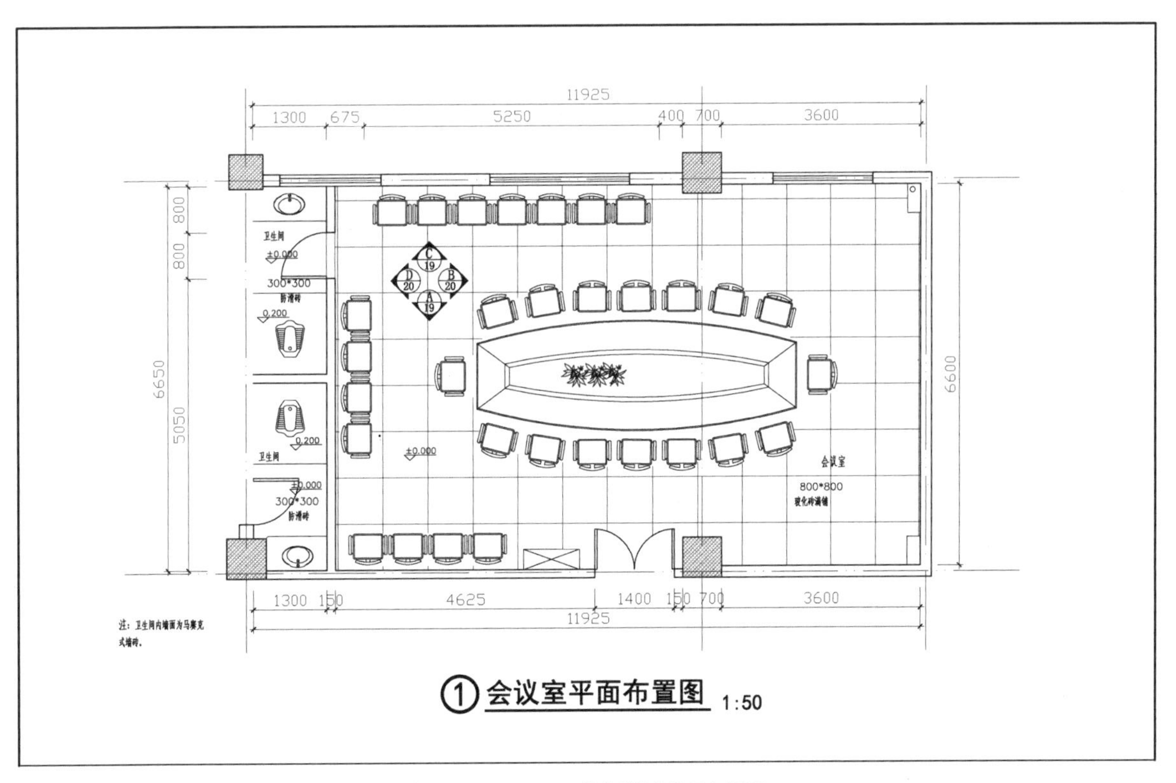

图 1-19　AutoCAD 装饰设计平面布置图 2

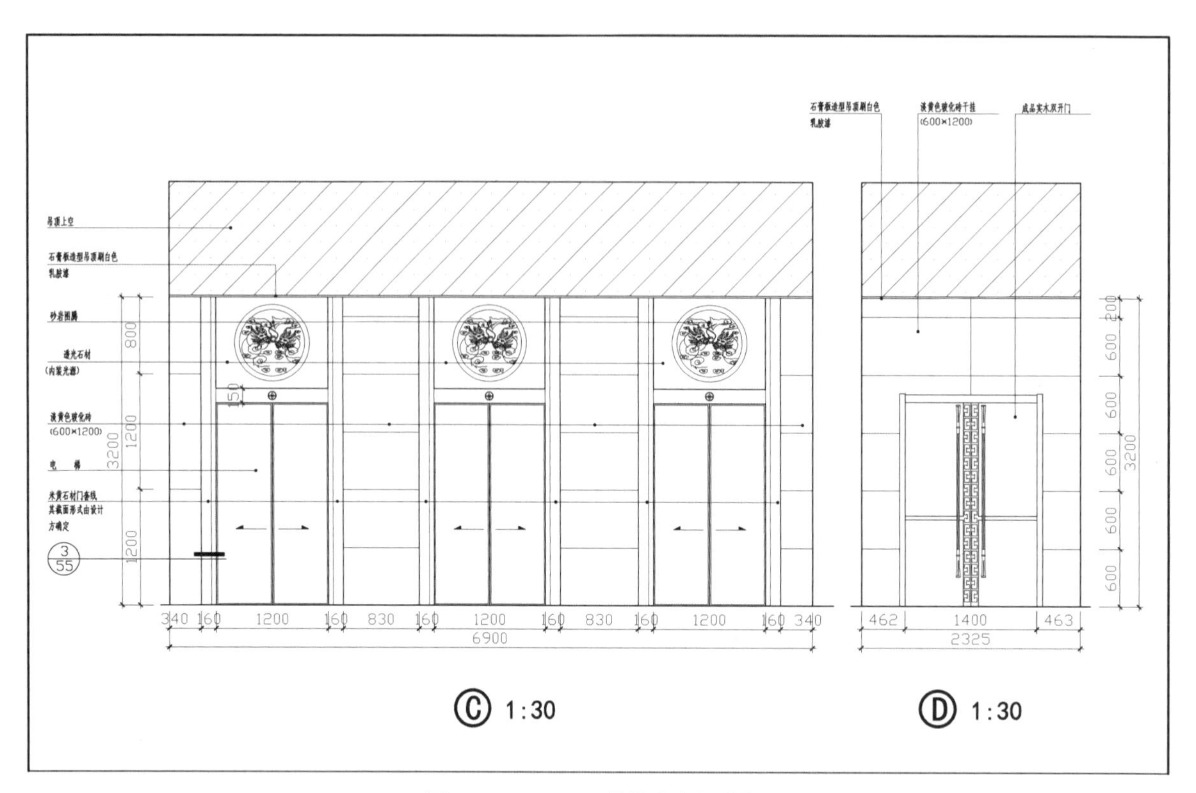

图 1-20　AutoCAD 装饰设计立面图 2

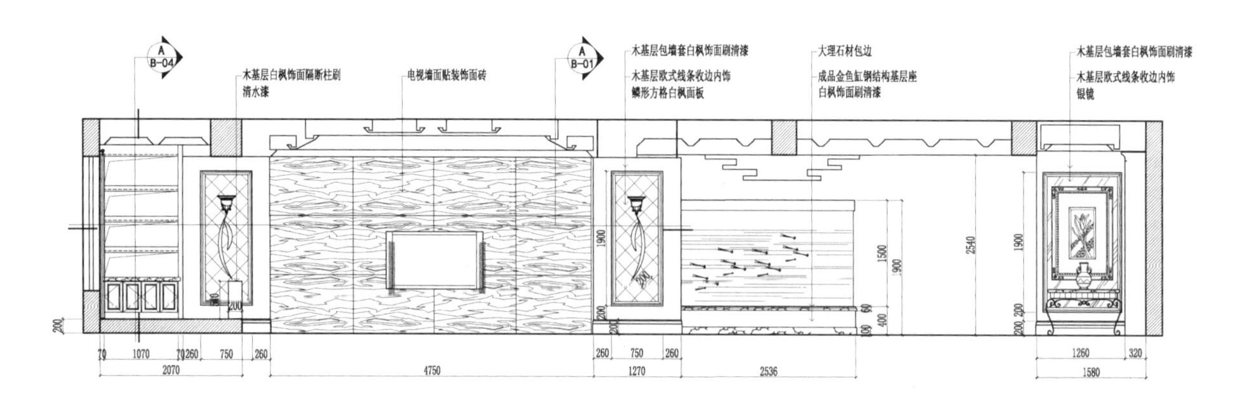

客厅A向立面布置图

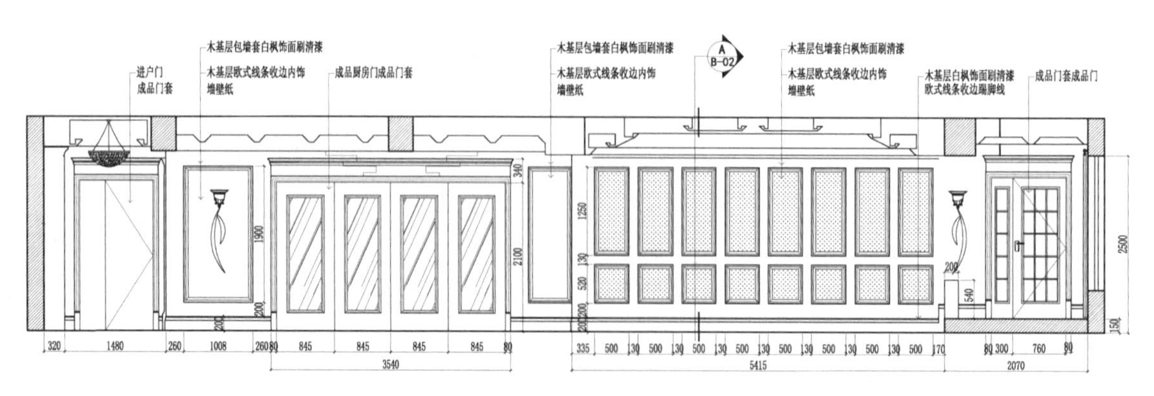

图 1-21　AutoCAD 装饰设计立面图 3

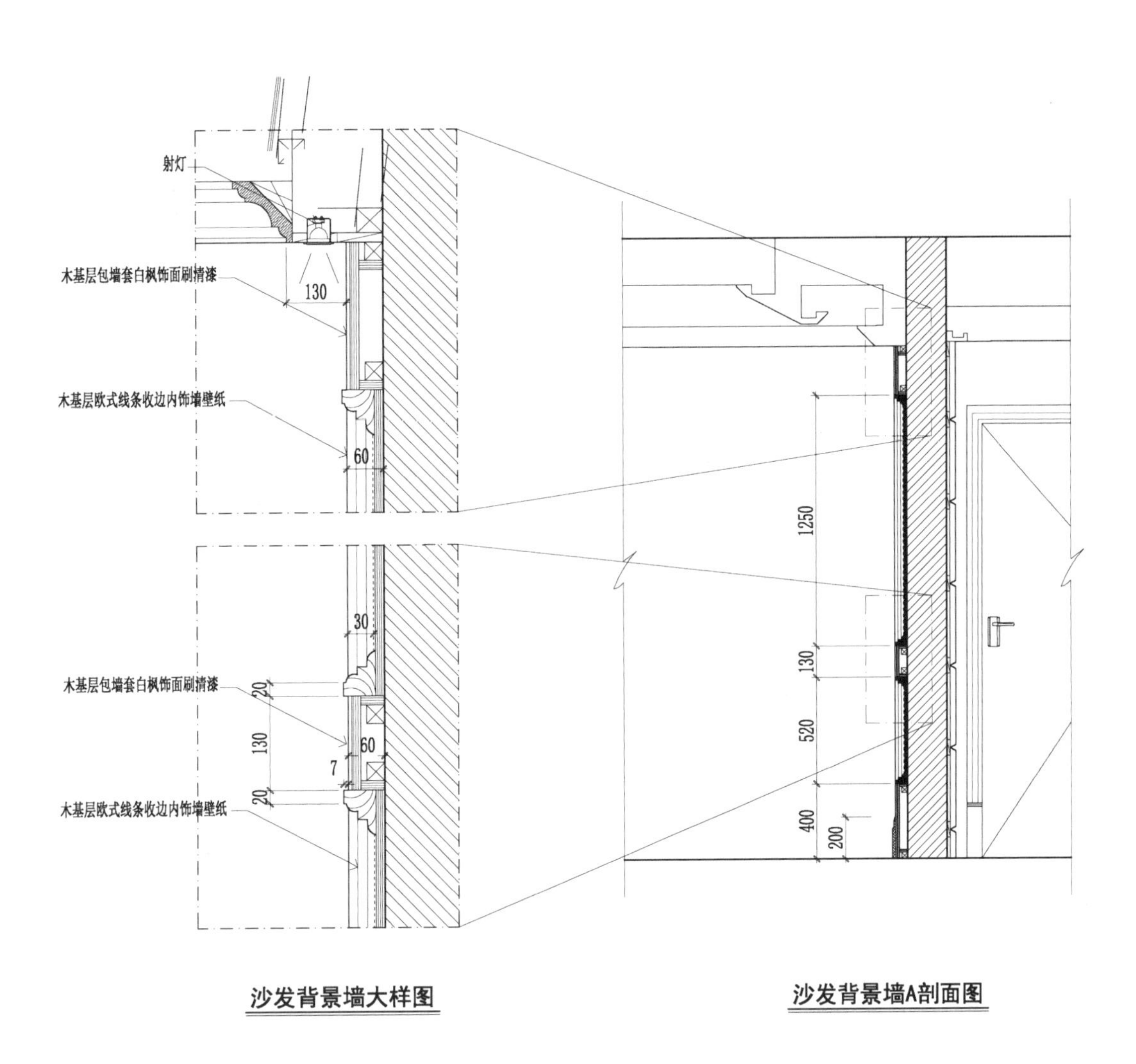

图 1−22　AutoCAD 装饰设计节点大样图

1.2.8 在水电施工图设计中的应用

水电施工是否完善将会直接影响空间使用的便利性和安全性。因此，科学地、精准地设计绘制水电施工图无论是在建筑设计还是在装饰设计中都非常重要。AutoCAD 水电系统图可以很清楚地进行水电设施设备的连接关系的表达，它是水电施工人员进行施工的依据，如图 1-23 至图 1-25 所示。

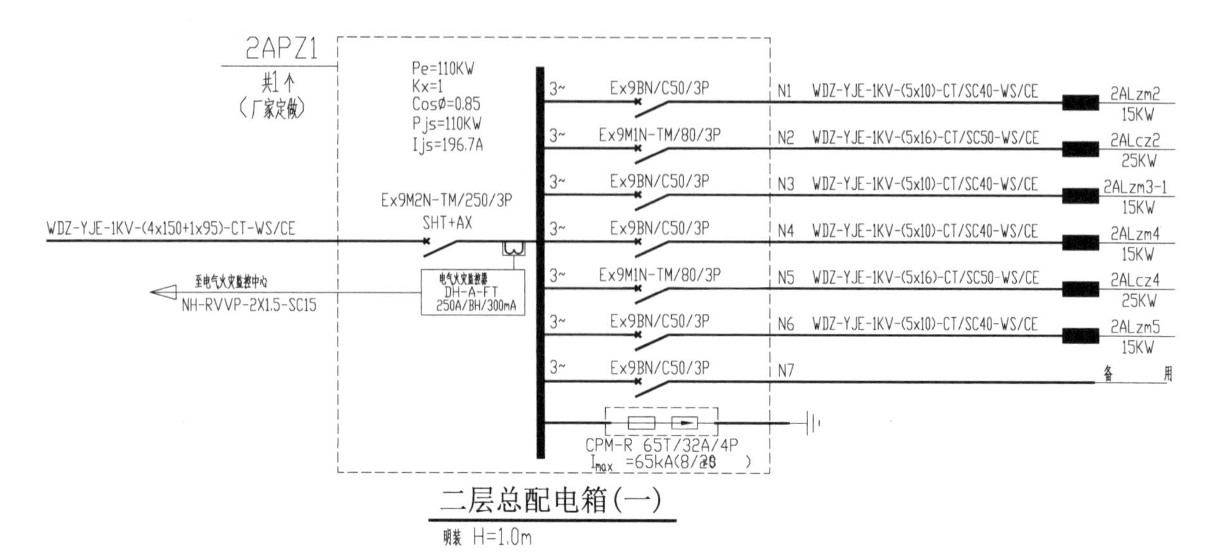

图 1-23　AutoCAD 配电系统图

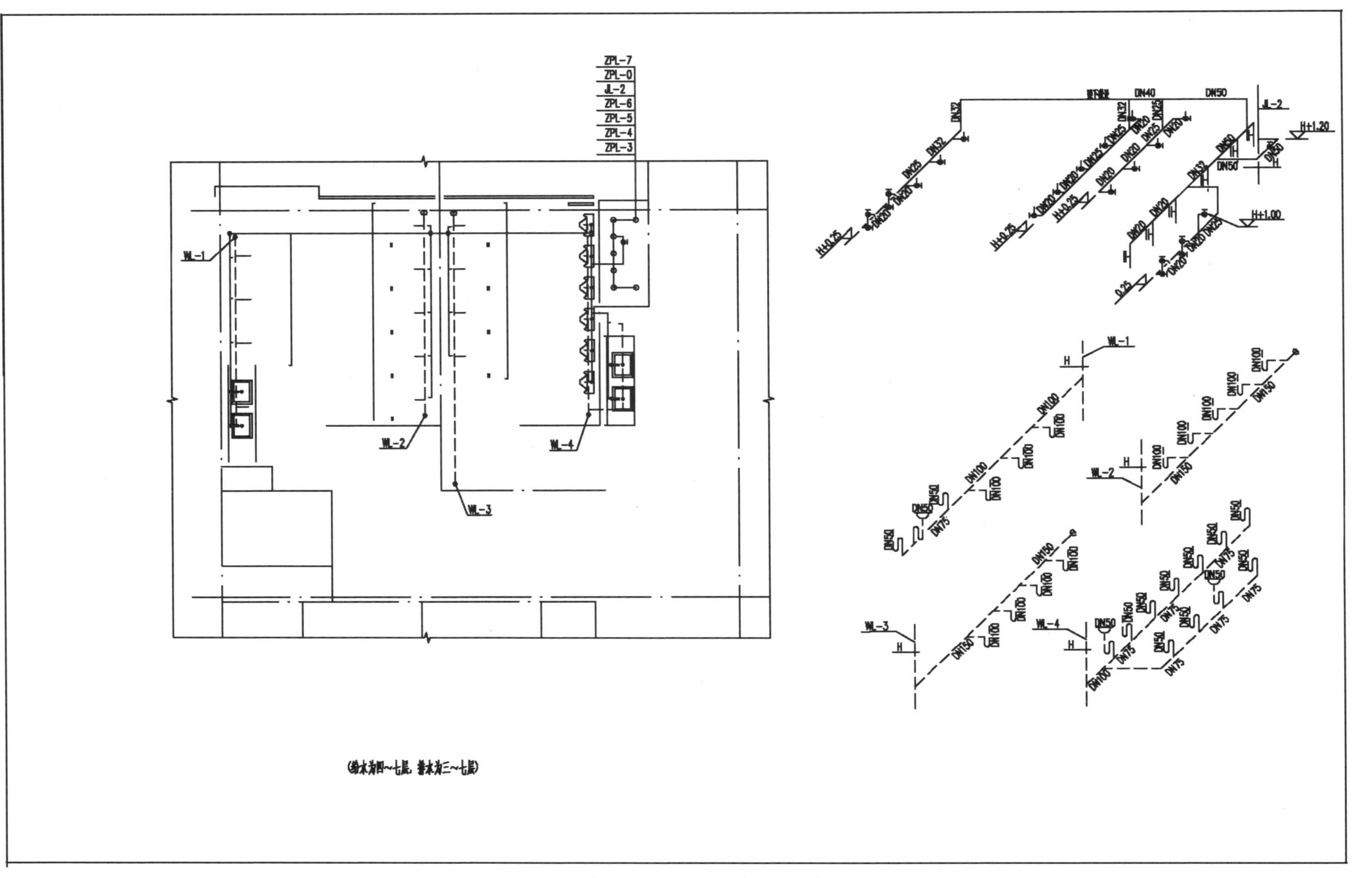

图 1-24　AutoCAD 给排水系统图 1

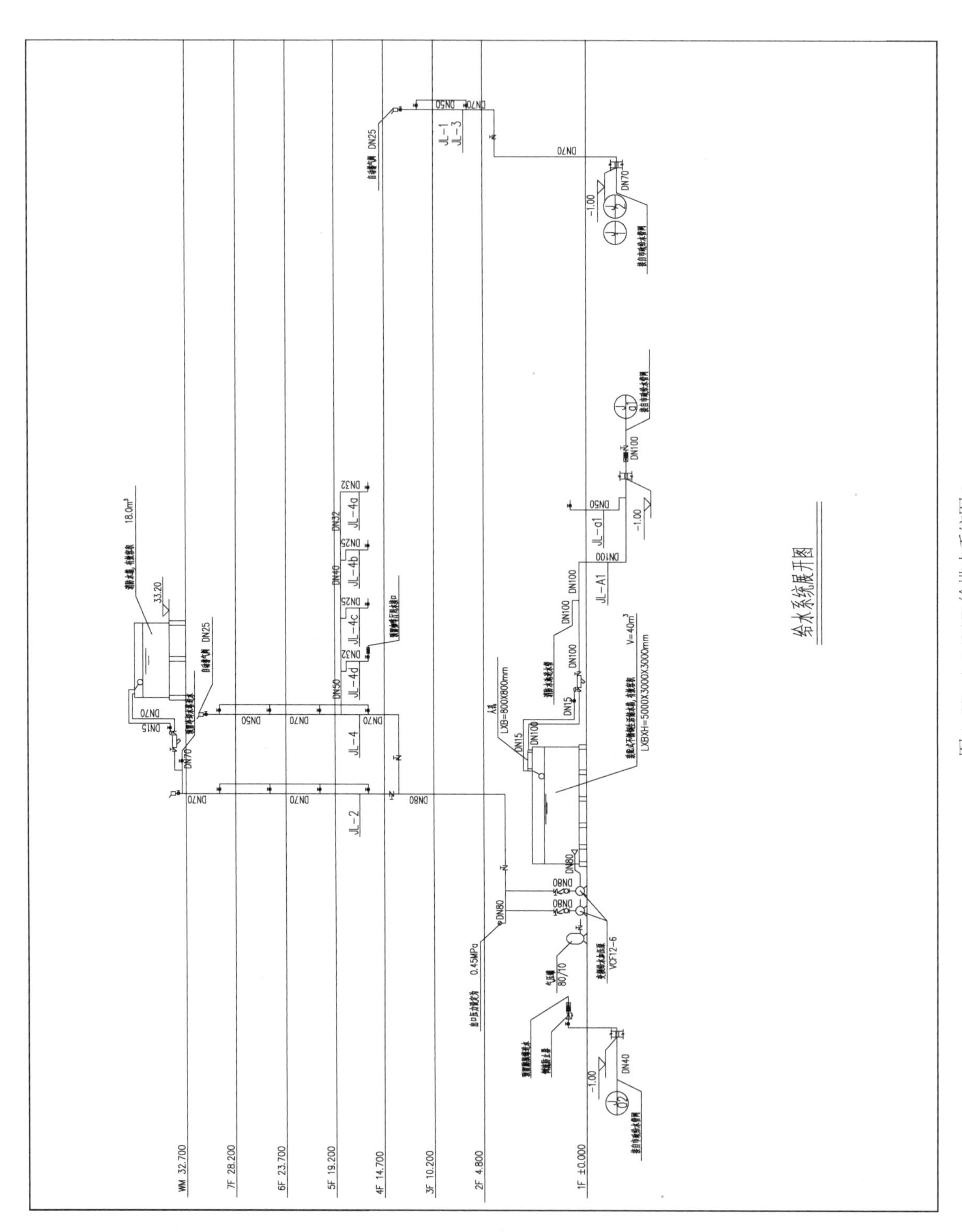

图 1-25 AutoCAD 给排水系统图 2

1.3 AutoCAD2017 的安装方法

AutoCAD 软件版本众多，无论何种系统的电脑都有合适的 AutoCAD 软件可供选择安装，相对于其他大型设计软件而言，AutoCAD 软件只算是一个对电脑系统、硬件非常低的软件，教材中我们主要以 AutoCAD2017 软件使用为例来进行讲解。

1.3.1 安装 AutoCAD2017 软件的硬件及系统需求

操作系统：

· Microsoft ® Windows ® 10（桌面操作系统）

· Microsoft Windows 8.1

· Microsoft Windows 7 SP1

CPU 类型：

· 1 千兆赫 (GHz) 或更高频率的 32 位 (×86) 或 64 位 (×64) 处理器

内存：

· 用于 32 位 AutoCAD 2017，2 GB（建议使用 3 GB）

· 用于 64 位 AutoCAD 2017，4 GB（建议使用 8 GB）

显示：

· 1360×768（px）（建议 1600×1050（px）或更高分辨率），真彩色。125% 桌面缩放 (120 DPI) 或更少（建议）。

磁盘空间：

· 安装 6.0 GB。

NET Framework：

· NET Framework 版本 4.6。

工具动画演示媒体播放器：

· Adobe Flash Player v10 或更高版本。

1.3.2 AutoCAD2017 的安装方法

首先下载 AutoCAD2017 安装包，分两个文件：1.9G 和 282M 的文件，如图 1-26 所示。这两个文件都要下载，然后我们双击 282M 的文件，它会自动解压，我们点击安装即可，如图 1-27 至图 1-32 所示。

名称	修改日期	类型	大小
AutoCAD_2017_Simplified_Chinese_Wi...	2016/5/11 16:12	应用程序	2,065,829...
AutoCAD_2017_Simplified_Chinese_Wi...	2016/5/11 15:50	应用程序	289,423 KB

图 1-26　AutoCAD2017 版安装程序

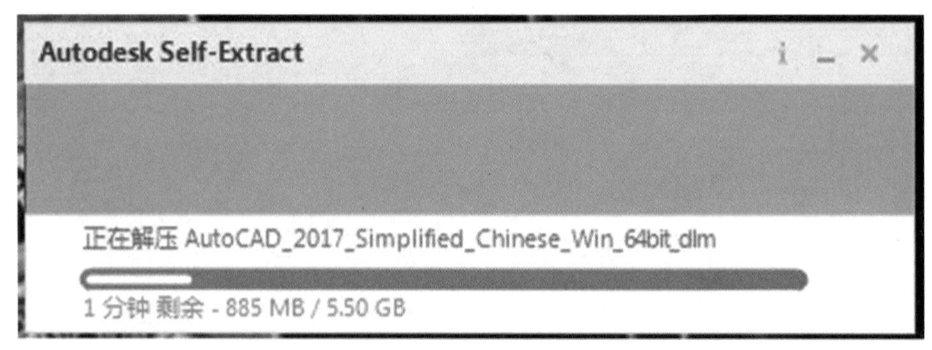

图 1-27　AutoCAD2017 版安装界面 1

图 1-28　AutoCAD2017 版安装界面 2

Autodesk® AutoCAD® 2017

AUTODESK® AUTOCAD® 2017　　AUTODESK.

安装 > 许可协议

国家或地区: China

Autodesk
许可及服务协议
认真阅读：AUTODESK仅在被许可方接受本协议所含或所提及的所有条款的条件下才许可软件和其他许可材料。
如果您选择用以确认同意本协议电子版的条款的"我接受"("I ACCEPT")按钮或其他按钮或机制，或者安装、下载、访问或以其他方式复制或使用Autodesk材料的全部或任何部分，即表示(i)您代表授权您代其行事的实体（如：雇主）接受本协议并确认本协议对该实体有法律约束力（而且您同意以符合本协议的方式行事），或者（如果不存在授权您代其行事的实体）您代表自己作为个人接受本协议并确认本协议对您有法律约束力；及(ii)您陈述并保证自己具有代表该实体（如有）或自己行事并约束该实体（如有）或自己的权利、权力和授权。除非您是另一实体的雇员或代理人并且具有代表该实体行事的权利、权力和授权，否则您不得代表该实体接受本协议。
如果被许可方不愿意接受本协议，或者您不具有代表该实体或作为个人的自己行事（如不存在该等实体）并约束该实体或作为个人的自己的权利、权力和授权，则(a)不要选择"我接受"("I ACCEPT")按钮或者点击用以确认同意的任何按钮或其他机制，且不要安装、下载、访问或以其他方式复制或使用Autodesk材料的全部或任何部分；及(b)获得Autodesk材料之日起三十（30）日内，被许可方可以将Autodesk材料（包括任何副本）归还给提供该Autodesk材料的实体，以便收到被许可方此前支付的相关许可费的退款。

◉ 我拒绝　○ 我接受

安装帮助 | 系统要求 | 自述　　上一步　下一步　取消

图 1-29　AutoCAD2017 版安装界面 3

图 1-30　AutoCAD2017 版安装界面 4

图 1-31　AutoCAD2017 版安装界面 5

图 1-32　AutoCAD2017 版安装完成

1.4 AutoCAD2017 软件界面介绍及通用操作性

1.4.1 AutoCAD2017 界面

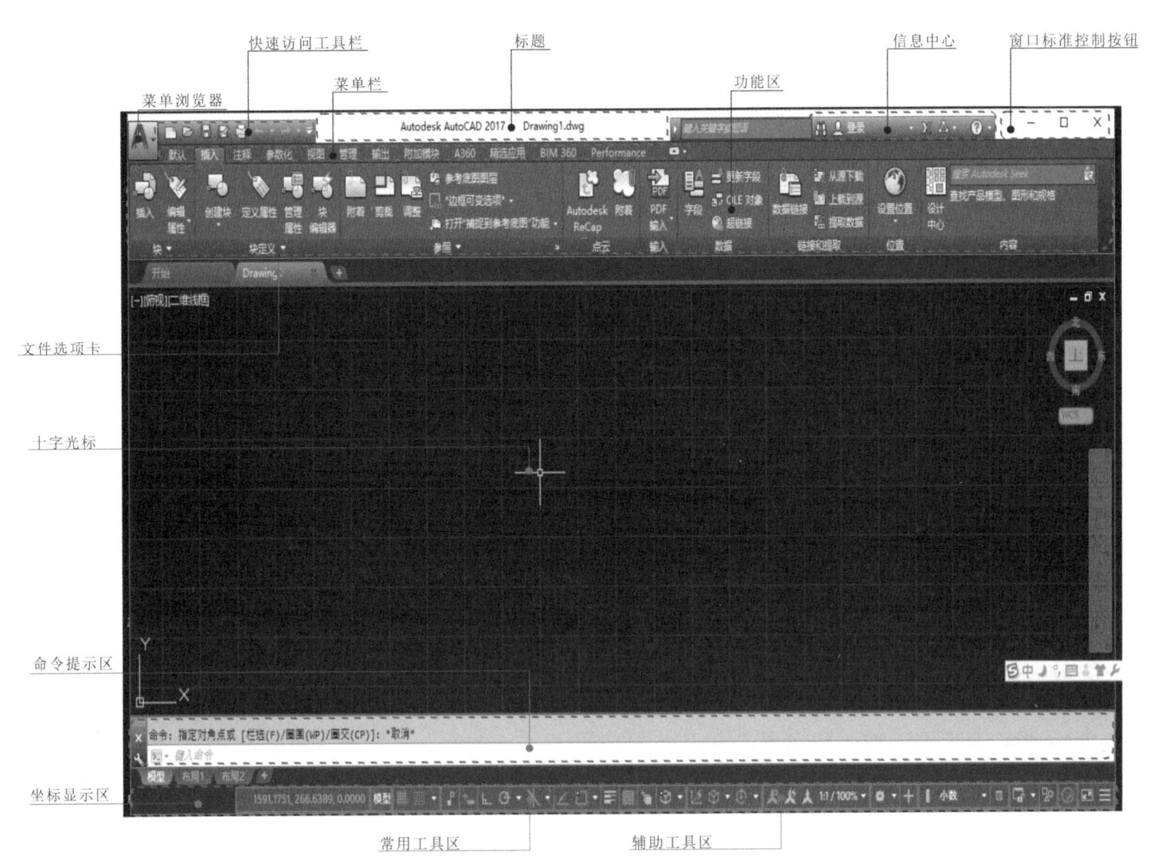

图 1-33　AutoCAD2017 软件界面

图 1-34　AutoCAD2017 菜单浏览器

菜单浏览器：

将菜单栏中经常用到的菜单命令都集中到一起。如图 1-34 所示，在菜单浏览器栏中可以查看最近打开过的文件和菜单命令。可以在新建的 AutoCAD 中创建新的页面的方法有以下三种

（1）在菜单浏览器栏点击“新建”。

（2）使用 Ctrl+N 快捷键来进行新建 [新建] 。

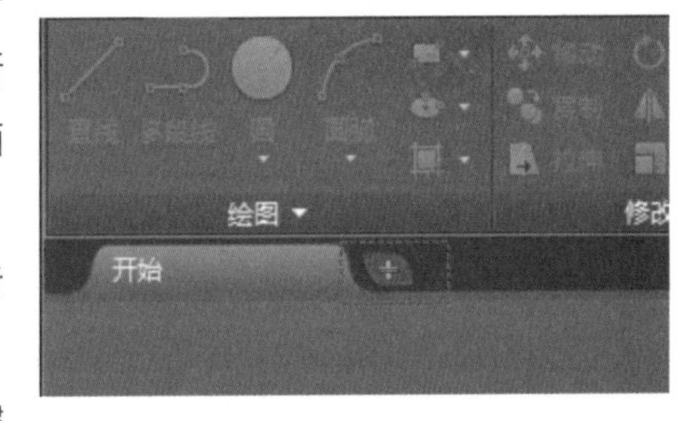

图 1-35　AutoCAD2017 新建页面按钮

（3）点击界面中的 [+] 图标，如图 1-35 所示。以上三种方法都可以创建新的 AutoCAD 文件页面，新建文件选择 acad 类型。

菜单浏览器:

打开:“打开”命令位于“新建”命令的下方，使用打开命令可以打开已创建的 AutoCAD 图形 ，也可以使用快捷键 Ctrl+O 来打开已有的 AutoCAD 文件图形。

保存:“保存”命令 的主要作用是在 AutoCAD 图形绘制的过程中及绘制后进行文件的保存。“保存”命令的快捷键是 Ctrl+S。

另存为:“另存为”命令 可以将已绘制的 AutoCAD 文件图形存储为多种格式文件，例如:图形（将当前图形保存为默认文件 .dwg 格式）；图形样板（创建可用于创建新图形的图形样板 .dwt 文件）；

图形标准（创建可用于检查图形标准的图形标准 .dws 文件）。

其他格式（将已创建文件存储为 .dwf 文件）。

dwg 转换（可将已创建的图形文件进行版本转换）。

快速访问工具栏:

快速访问工具栏可以快速对常用工具进行调用，如图 1-36 所示，例如，新建文件可以点击新建文件图标 ；打开文件可以点击打开文件图标 ；依次类推保存文件图标是 ；文件另存为图标是 ；文件打印是 ； 图标是返回（放弃）； 图标是重做。

图 1-36　AutoCAD2017 快速访问工具栏

草图与注释工具栏:

AutoCAD 草图与注释栏的作用是切换工作空间，如图 1-37 所示，其中也可以进行 AutoCAD 显示界面的调整。例如，在草图与注释栏中可以将 AutoCAD 软件界面调整成的设计师比较习惯的界面，具体调整方法是:默认 AutoCAD2017 软件界面中菜单栏未显示，如图 1-38、图 1-39 所示。

图 1-37　AutoCAD2017 草图与注释工具栏

设置 AutoCAD2017 菜单栏显示的方法是:点击草图与注释后拓展按钮 ，然后点击显示菜单栏按钮 ，点击后即可看到菜单栏显示在软件界面中，如图 1-40 所示。

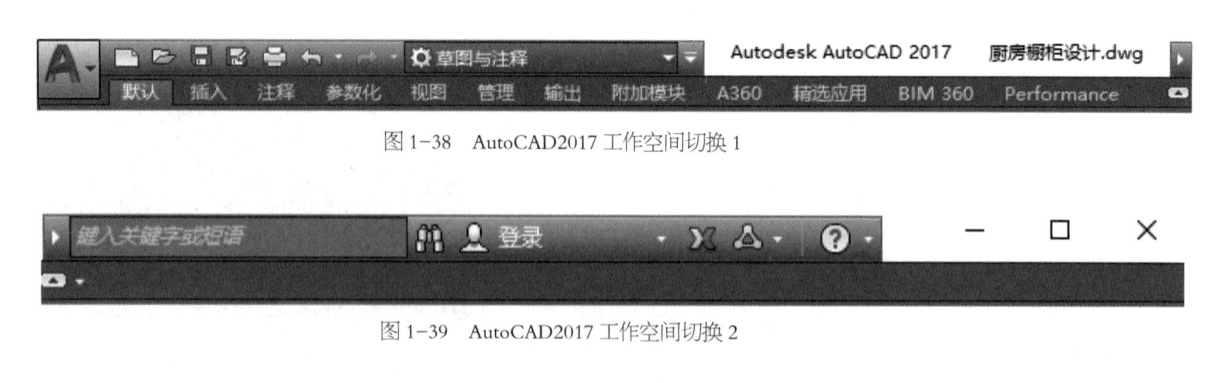

图 1-38　AutoCAD2017 工作空间切换 1

图 1-39　AutoCAD2017 工作空间切换 2

图 1-40　AutoCAD2017 菜单栏显示调整

标题栏与信息中心栏：

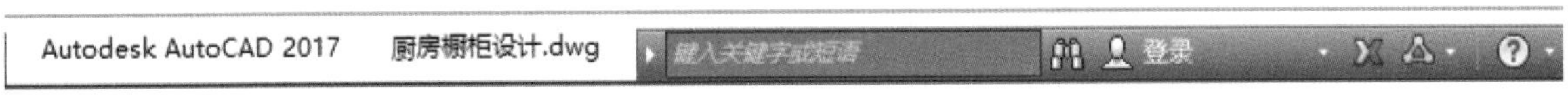

图 1-41　AutoCAD2017 标题栏

标题栏显示的是所使用的 CAD 版本及所创建的图形文件的名称，如图 1-41 上所显示，当前正在使用或创建的图形名称是“厨房橱柜设计”。信息中心栏是软件功能的拓展，在信息栏可以搜索，例如帮助、新功能专题研习、网址和指定文件及单个文件的位置等常用资源。

窗口标准控制按钮：

图 1-42　AutoCAD2017 窗口控制按钮

窗口标准控制按钮是所有软件都有的工具按钮，如图 1-42 所示，其中包含有：最小化按钮 、最大化（还原）按钮 、关闭按钮 。控制 AutoCAD 文件的最小化、还原、关闭显示效果。

AutoCAD2017 功能区：

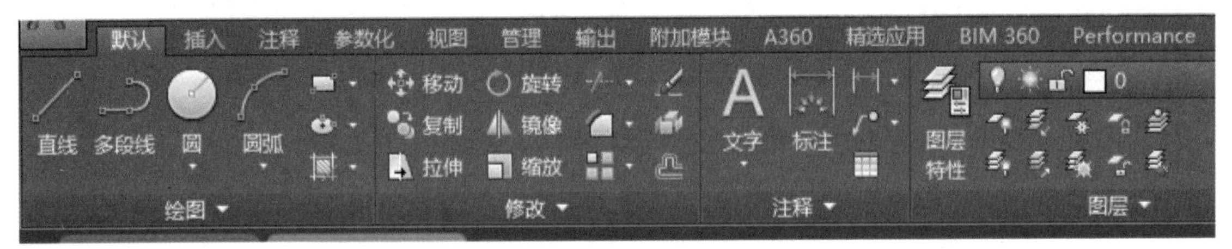

图 1-43　AutoCAD2017 功能区 1

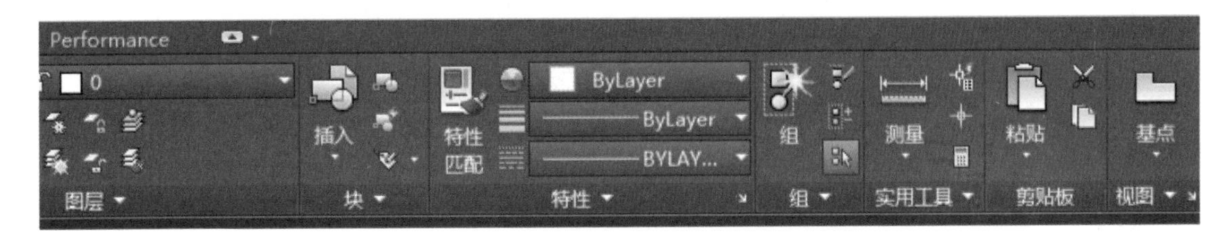

图 1-44　AutoCAD2017 功能区 2

功能区是自 AutoCAD 开始新增的界面内容，如图 1-43、图 1-44 所示。功能区将软件操作中常用功能进行简化归类，功能区及菜单栏涵盖了 AutoCAD 软件中常用的所有工具，且功能区中每一项都能拓展延伸，例如点击“默认”、“插入”、“注释”、“参数化”等选项所显示的内容都是不一样的。通过点击各个选项，能找到在使用 AutoCAD 软件进行图形创建时所需的各种工具按钮。

绘图区：

绘图区是图形绘制区域，AutoCAD 中可同时打开多个图形且每个图形都可以单独显示互不影响  ，点击 按钮可以增加绘图区页面。绘图区中背景颜色默认是黑色，可以结合显示需要进行修改设置。设置方法将在本章后部分内容进行讲解。

十字光标：

十字光标所在位置是 AutoCAD 软件界面中绘图区内，如图 1-45 所示，在 AutoCAD 软件中主要作用是定位坐标点、选择和绘制对象，经过调整后的十字光标还有作为辅助线及确定选择范围的作用。一般通过鼠标或其他触屏设备控制十字光标。当移动鼠标或者触屏点时，十字光标位置也随着进行相应的移动。AutoCAD 软件中的十字光标就像是设计师手中的画笔，随后将会对十字光标大小调整的方法进行讲解。

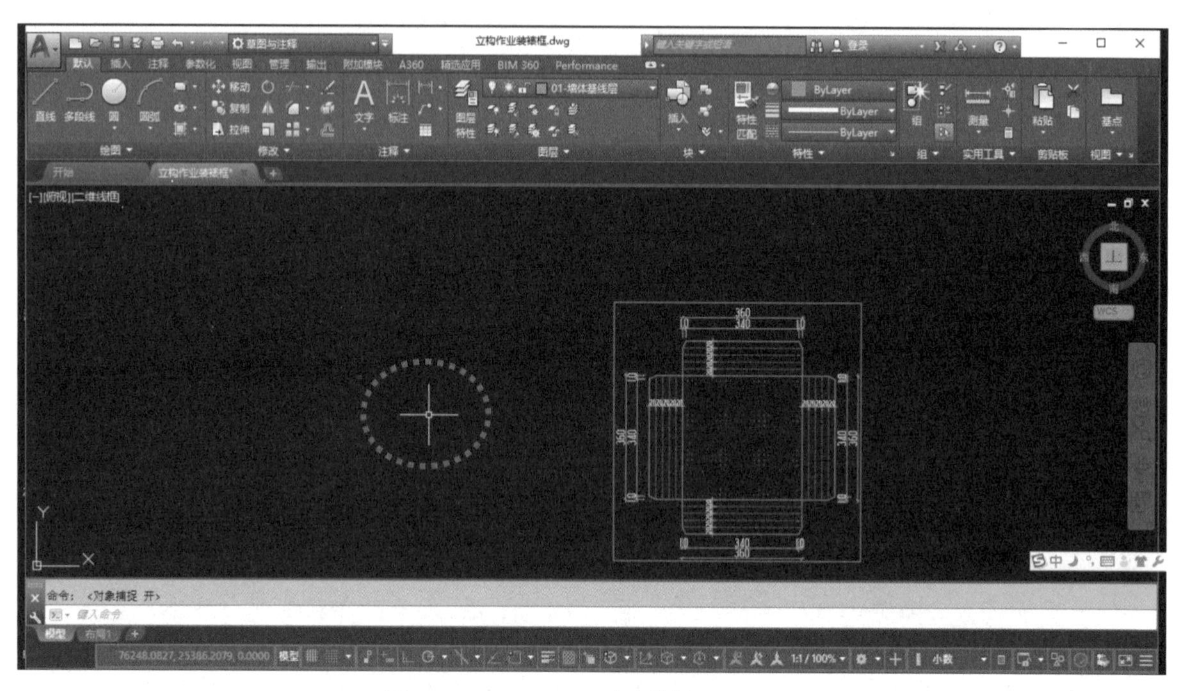

图 1-45　AutoCAD2017 十字光标

命令提示区：

命令提示栏又称命令行，如图 1-46 所示，命令行所在界面是 AutoCAD 软件界面中绘图区的下方，用于显示软件提示信息和所输入的命令及数据等，如面积、角度、坐标值、正在使用命令拓展的相关信息等。

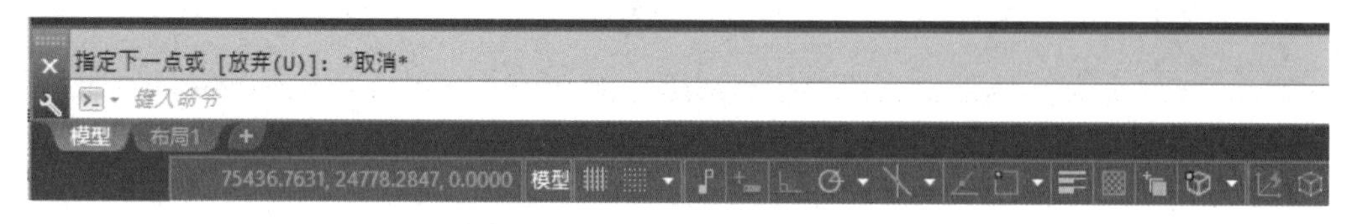

图 1-46　AutoCAD2017 命令提示区

1.4.2 AutoCAD2017 软件的通用操作

与其他软件一样，在 AutoCAD 软件使用过程中也可以使用部分在其他软件中通用的操作命令，例如：

新建文件：Ctrl 键 + N 键；打开文件：Ctrl+O。

保存文件：Ctrl+S；文件另存为：Ctrl+Shift+S。

文件复制：Ctrl+C；文件粘贴：Ctrl+V。

文件打印：Ctrl+P；返回：Ctrl+Z。

1.4.3 AutoCAD2017 快捷键输入的方法

在 AutoCAD 软件中，多数操作或是命令的输入都可以使用快捷键来实现，使用例如“直线”快捷键“L”。快捷键的具体方法是：输入 L 然后点击一下空格键进行命令确认，确认后就可以用鼠标在绘图区进行绘图了。这里需要提示的是，不是所有命令都是点击一下空间键进行确认，有的命令的输入需要点击两下空格键；还有的命令需要 L 一空格键一字母一再空格键，具体方法将在后面的章节中进行讲解。

1.5 AutoCAD2017 软件使用前的调试

“工欲善其事，必先利其器”，AutoCAD 软件功能强大，操作简单，正确的操作方法也很重要，这里推荐大家在正式使用 AutoCAD 软件前对软件进行调试，便于后面灵活、快捷使用，AutoCAD 软件操作前需要调试以下内容：

① 另存为的版本。

② 自动保存时间。

③ 绘图区背景颜色。

④ 十字光标大小。

⑤ 拾取框大小。

⑥ XY 轴坐标锁定。

⑦ 图层设置。

提示： AutoCAD 软件使用前调试非常重要，可以大大提高绘图效率，确保图形交换输出时的可靠性、使用性。

1.5.1 AutoCAD 软件另存为的版本设置：

AutoCAD 软件几乎每一年都会推出一个新的版本，因此在实际工作中每个公司或者设计师所使用的 AutoCAD 版本也是不一样的，例如，有的设计师使用的是 AutoCAD2007，有的设计师使用的是 AutoCAD2016 或 AutoCAD2017。AutoCAD 软件的文件保存有一个特点“高版本软件可以方便地打开低版本软件所绘制的图形；反之，低版本软件是不能打开高版本软件直接存储的高版本的图形”。如何理解呢？假设设计师甲所使用的 AutoCAD 版本是 2007，设计师乙所使用的 AutoCAD 版本是 2017，他们因为工作上的需要会经常交换图纸文件，结合上面所讲，我们知道设计师乙可以很方便的查阅设计师甲所绘制的图形文件，而设计师乙的图纸如果直接保存发送给设计师甲。其用 AutoCAD2007 查阅的话会显示“图形文件无效”，如图 1-47 所示。

要解决这种问题就需要调整 AutoCAD 软件的另存为的版本，设置方法有四种，这里主要介绍下一劳永逸的方法，具体操作如下：在 AutoCAD 软件中，在绘图区任意位置单击鼠标右键——选择选项进入到选项设置页面，如图 1-48 所示。

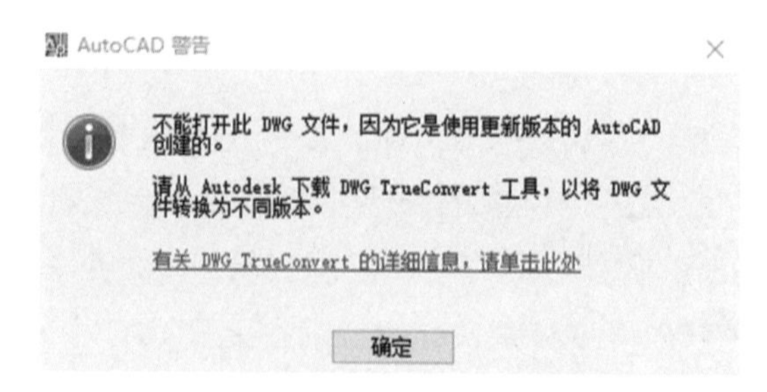

图 1-47　AutoCAD 警告提示窗口

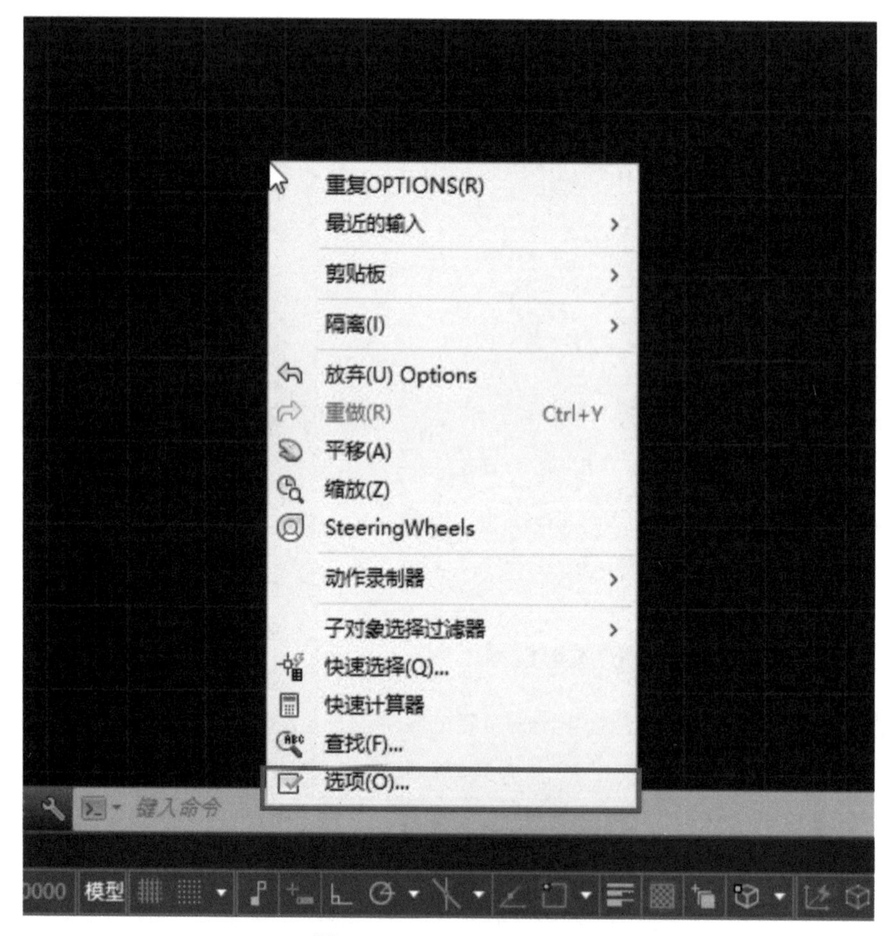

图 1-48　AutoCAD 选项窗口

进入选项设置页面后选择“打开和保存”子目录，在“文件保存”“另存为（S）”子目录下将默认保存版本“2013.dwg”改成“2004.dwg”，如图 1-49 所示。

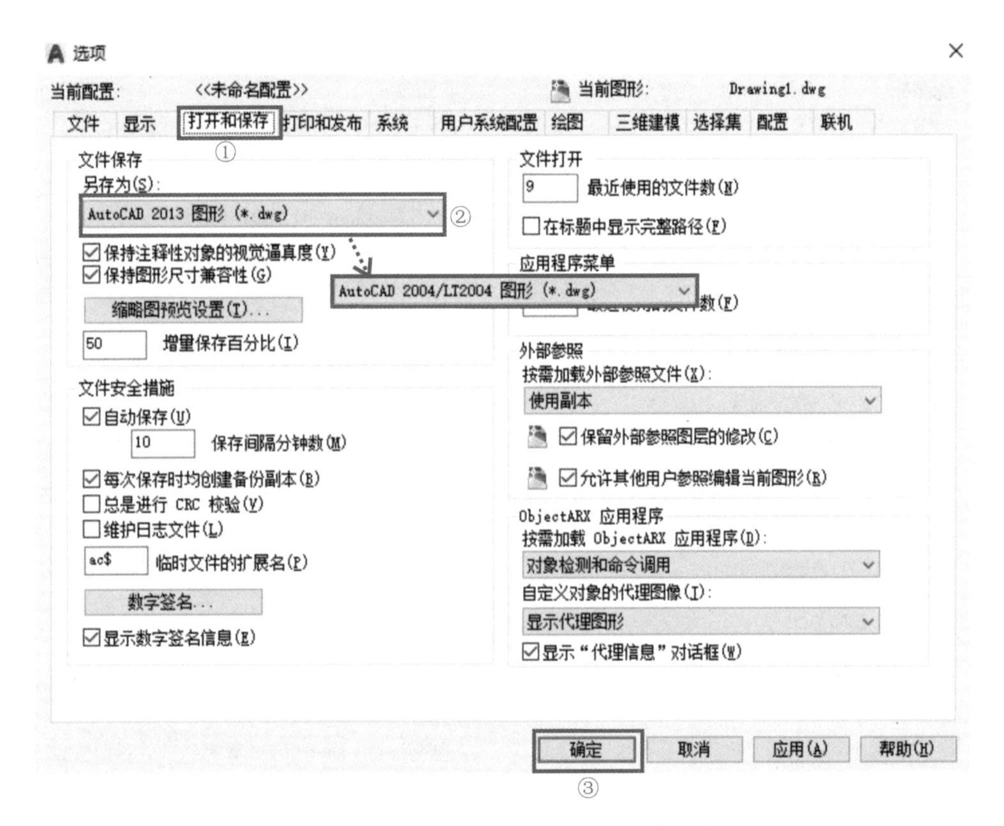

图 1-49　AutoCAD 选项窗口另存为版本设置

经过以上步骤设置之后，在进行 AutoCAD 绘图保存时只需要同时按住 Ctrl+S 键就可将高版本软件（如 AutoCAD2017）所绘制的图形另存为低版本软件（AutoCAD2017 以前的各种版本，如 AutoCAD2004、2006、2007）皆能打开的文件版本。

1.5.2 十字光标大小调整

十字光标在 AutoCAD 中的作用不仅仅是光标，还可兼做“尺子”用来进行图形排布、排版，使图形排布整齐有序，十字光标大小调整的方法步骤是：

① 在绘图区单击鼠标右键，进入选项设置窗口，在“显示”子目录上点击。

② 找到“十字光标大小 (Z) ”向右拖动下方的滑条或者直接在滑条前输入框内输入数值 100，回车确定。

③ 设置完成后点击窗口下方“应用并关闭”键，进行保存确认，完成十字光标大小调整。

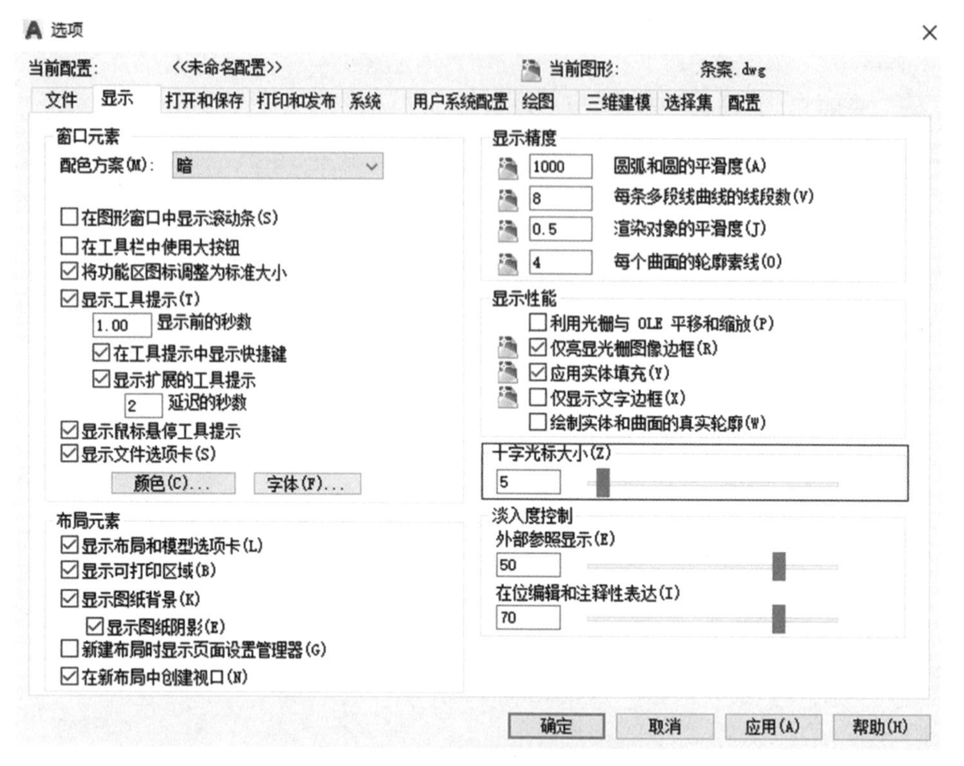

图 1-50　十字光标设置大小设置默认参数

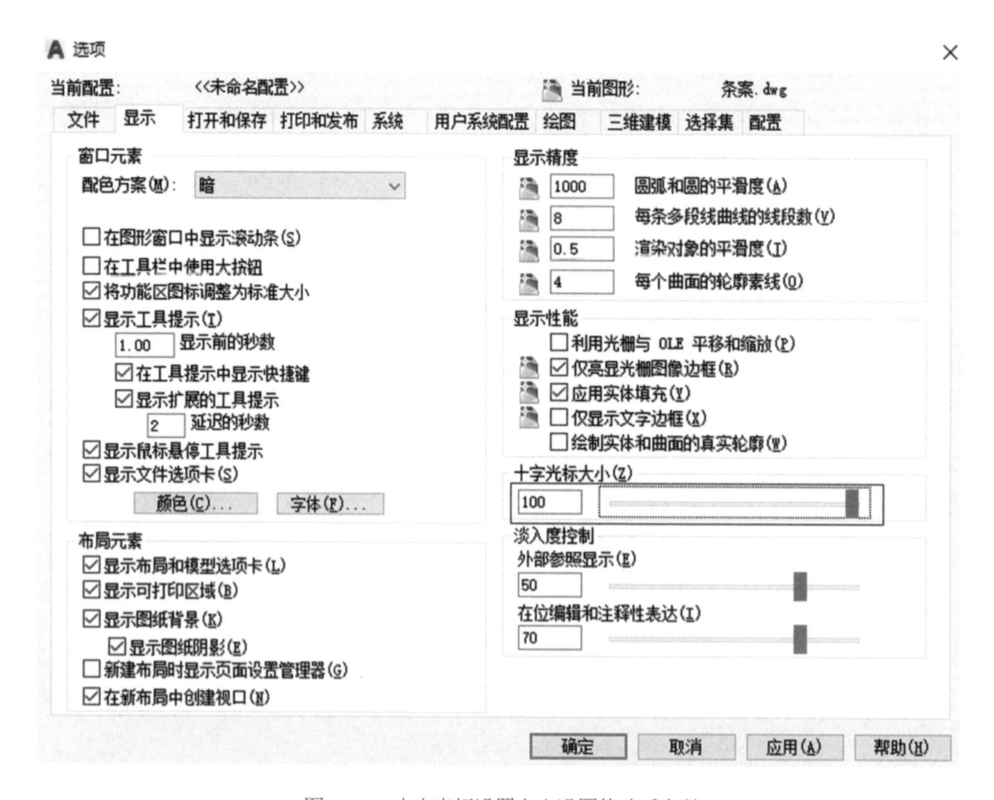

图 1-51　十字光标设置大小设置修改后参数

1.5.3 背景颜色显示调整

在 AutoCAD 绘图时多数时间使用的是黑色的背景，但有时在进行设计绘图展示时也需要调整背景颜色，提高图形显示识别效果，背景颜色的调整设置方法是：

① 在绘图区单击鼠标右键，进入到选项设置窗口，在“显示”子目录上点击。

② 找到“颜色（C）”按钮点击，进入“图形窗口颜色”窗口。

③ 在“图形窗口颜色”窗口中将颜色由默认的黑色调整到需要的颜色（一般多用白色），然后确定，完成图形背景颜色的调整。

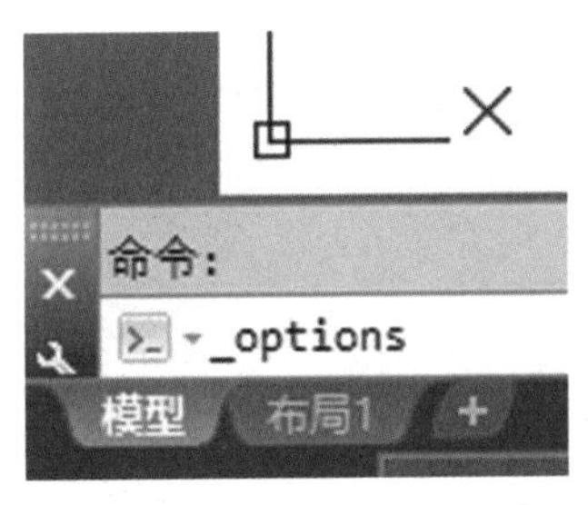

图 1-52　模型空间颜色设置

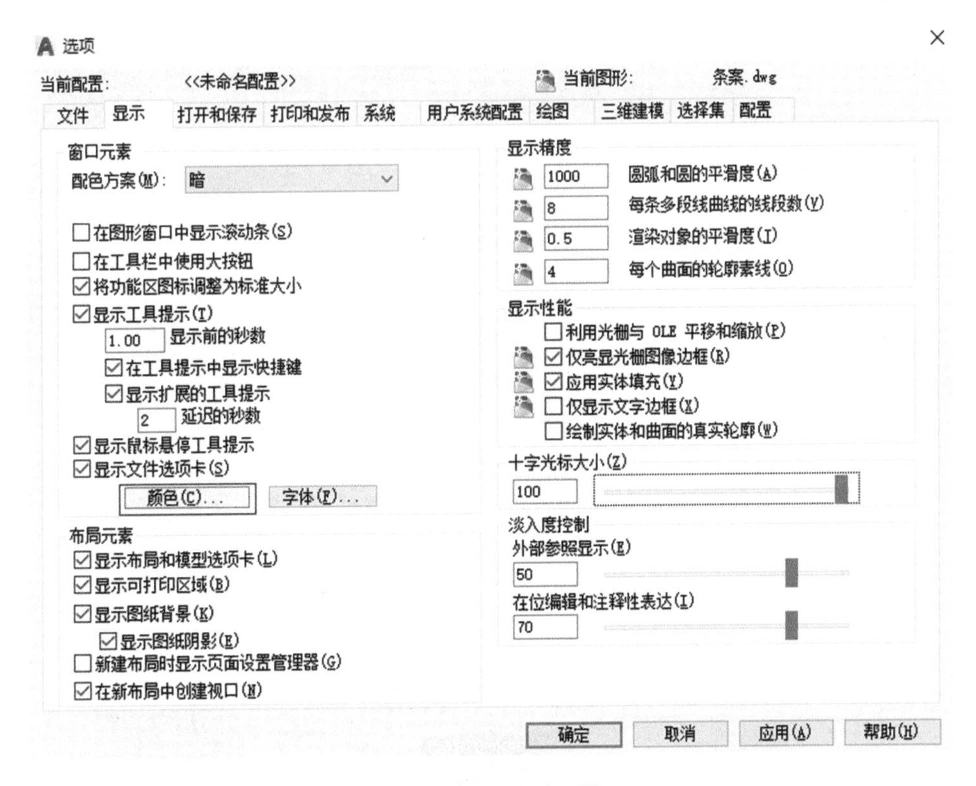

图 1-53　界面颜色设置

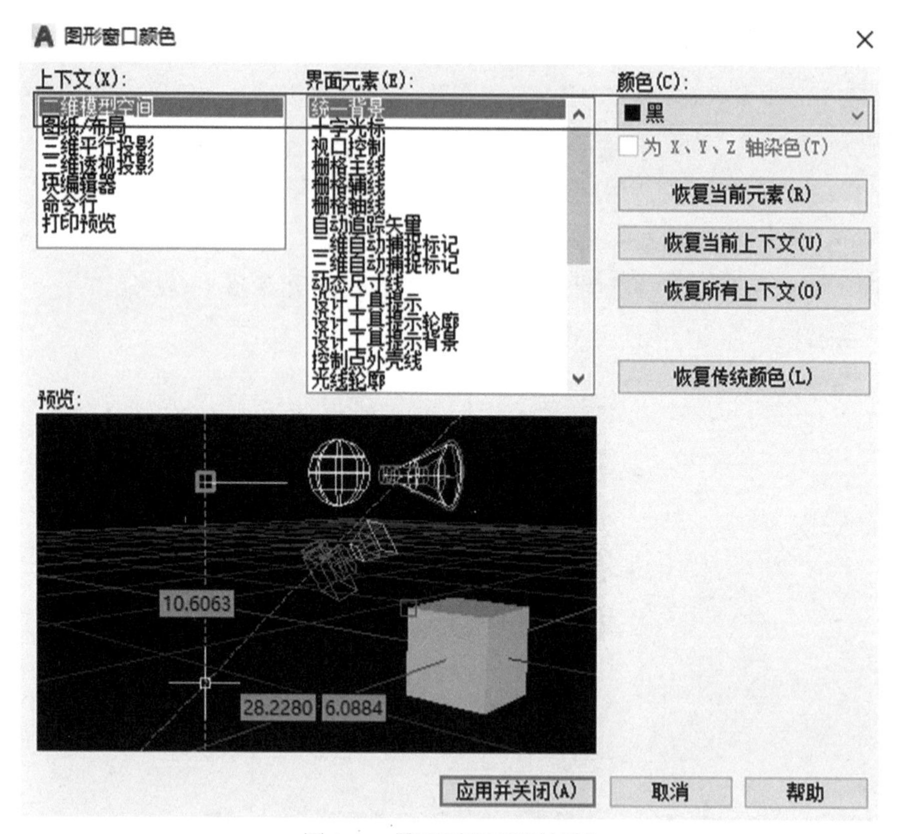

图 1-54　界面颜色设置默认颜色

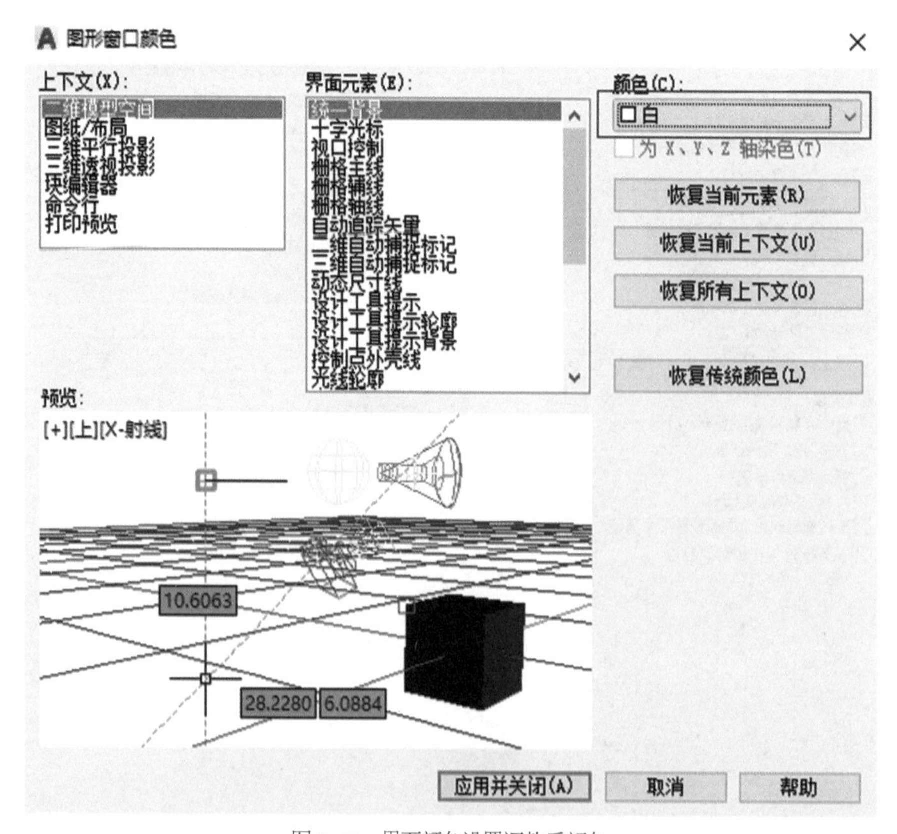

图 1-55　界面颜色设置调整后颜色

1.5.4 拾取框大小调整

在设计绘图时当使用编辑工具，例如删除工具、移动工具、复制工具、镜像工具、偏移工具等。进行对象选择时光标会变成一个拾取框 ，利用拾取框在要选择的对象上点击即可选择对象，但是当图形比较复杂时，默认拾取框在进行对象选择时操作效率低，故需要对拾取框大小进行调整，拾取框大小调整的方法步骤是：

① 在绘图区单击鼠标右键，进入到选项设置窗口，在“选择集”子目录上点击。

② 找到“拾取框大小（P）”设置，向右移动滑条，移至滑条 1/3 处。

③ 在窗口下方点击“确定”或“应用”按钮，完成拾取框大小调整。

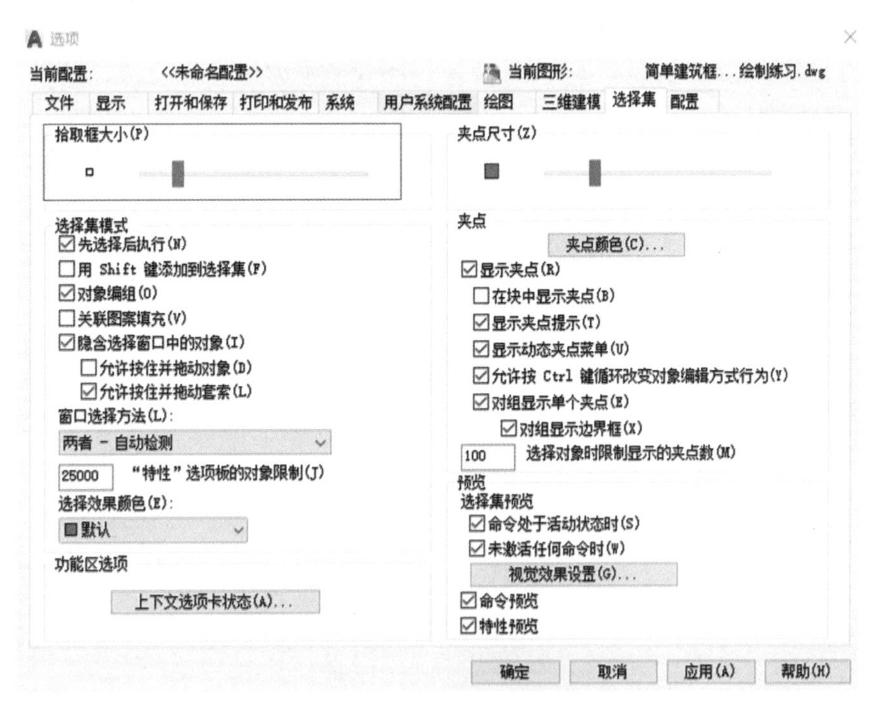

图 1–56　拾取框大小设置窗口

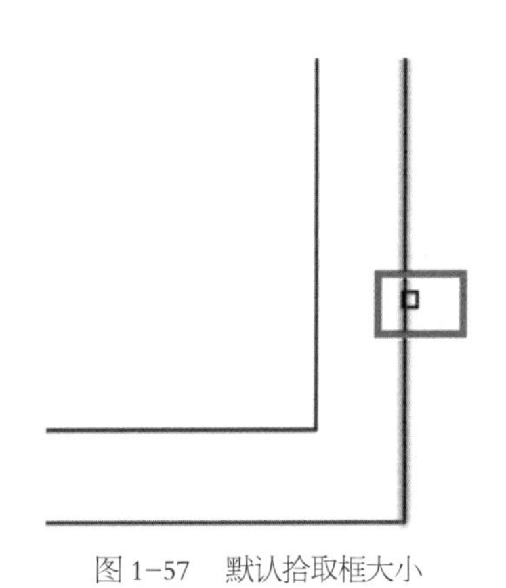

图 1–57　默认拾取框大小

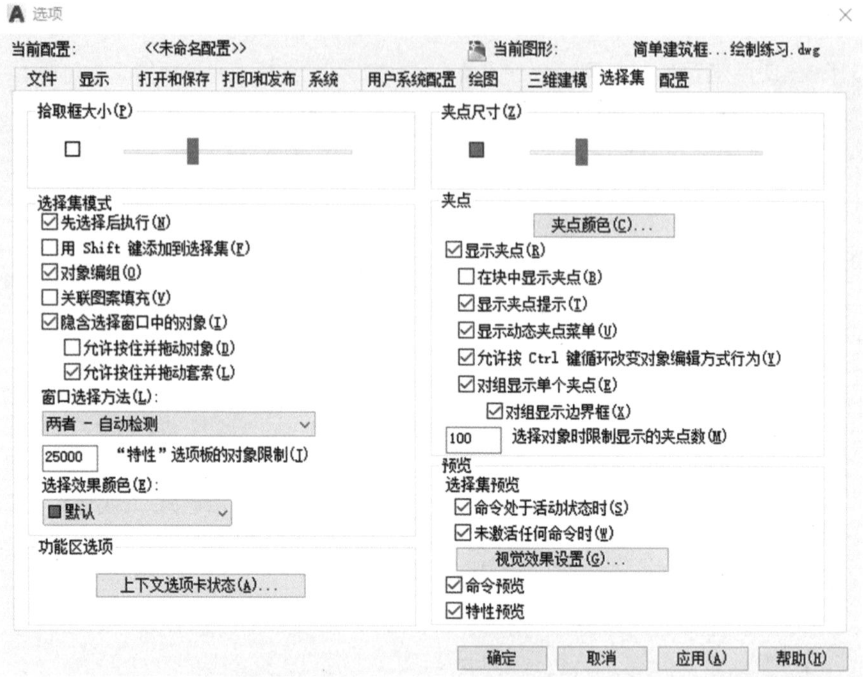

图 1-58　拾取框大小设置调整

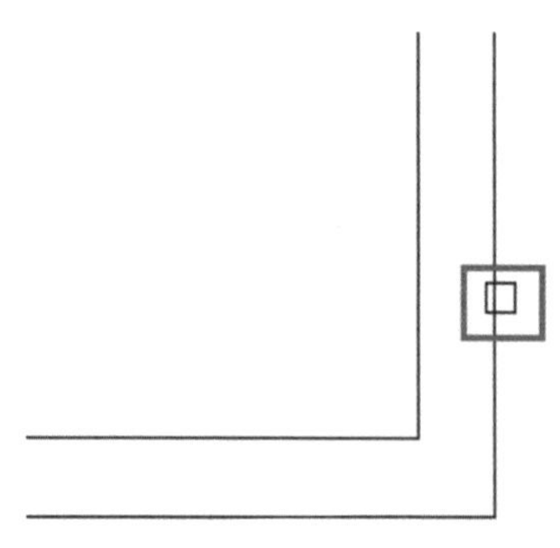

图 1-59　拾取框大小设置后显示

1.5.5 XY 坐标轴锁定

在使用 AutoCAD 软件进行设计绘图操作时，坐标轴 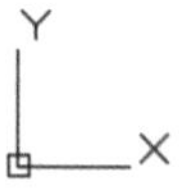 经常跟随光标移动，影响绘图，可将坐标轴关闭，具体方法有两种分别是：

（1）快捷键法

① 输入 UCS 设置快捷键 UC，单击空格键，确认。

② 在弹出的 UCS 设置窗口中选择点击“设置”，去掉“开”前面的勾选。

③ 点击 UCS 设置窗口下方的确定按钮，完成坐标轴锁定关闭操作。

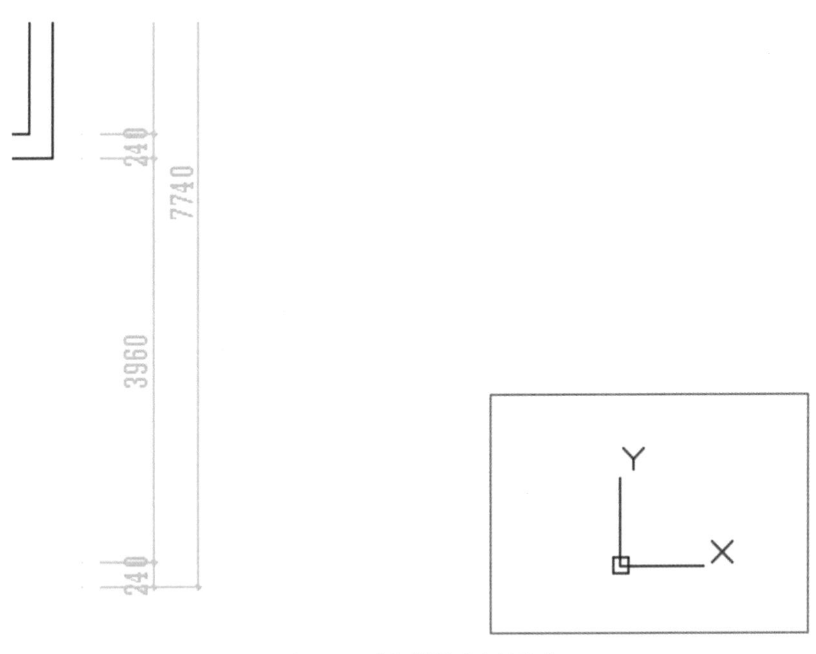

图 1-60　坐标轴跟随光标移动

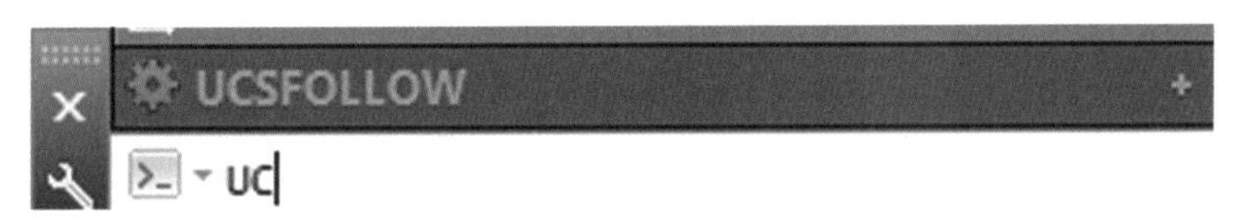

图 1-61　坐标轴设置快捷键输入

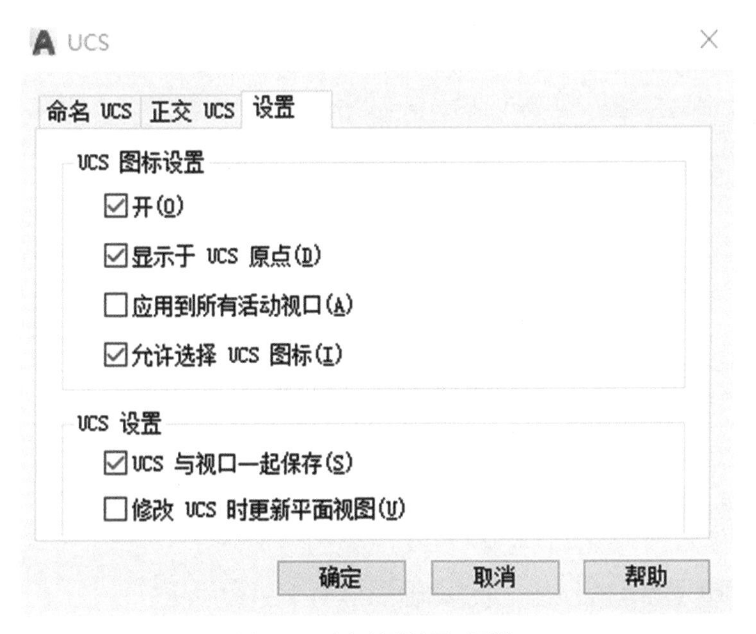

图 1-62　坐标轴默认显示设置

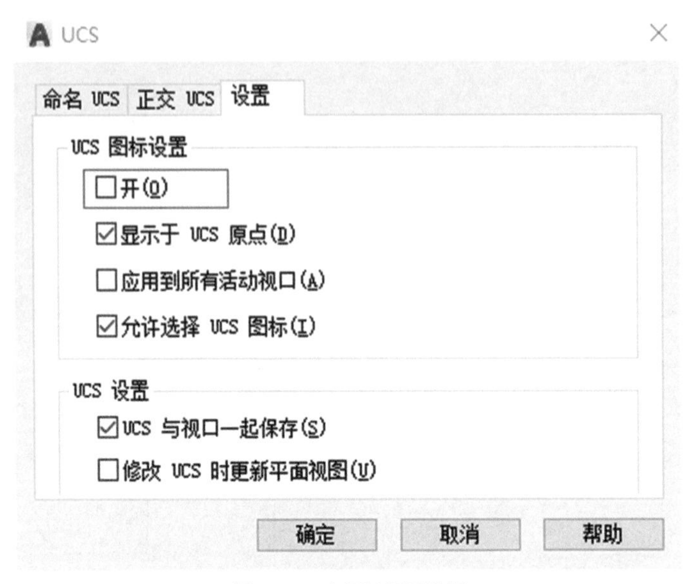

图 1-63　坐标轴显示关闭

（2）菜单栏设置法

① 在菜单栏点击“视图”按钮 视图(V)，找到“显示（L）”点击。

② 选择“USC 图标（U）”点击，去掉“原点”前面的勾选。

③ 完成对坐标轴的锁定操作。

1.5.6 AutoCAD 软件使用注意事项

为尽可能发挥 AutoCAD 软件的特点，使用 AutoCAD 软件绘图时要注意如下事项：

① 使用前对软件进行过调试，直到出现最习惯的界面及形式。

② 操作 AutoCAD 软件时应双手操作，切忌单手操作，正确的操作应该是一手握鼠标，一手按键盘，手、脑、心并用。

③ 基本上每个 AutoCAD 软件命令都有相对新的快捷键，尽可能地使用快捷键输入的方式进行绘图。

④ 在进行数值输入时必须仔细确认所输出的数值与所显示的数值是否一致，养成严谨绘图的好习惯。

⑤ 养成边画边保存的习惯，将因不可预料原因导致的停电、断电、软件卡顿所造成的损失降至最低。

1.6、AutoCAD2017 软件捕捉设置

AutoCAD 软件相对于徒手绘图更精准在很大程度上是因为 CAD 软件具有“捕捉”功能，根据个人软件使用习惯，“捕捉”的设置是很多设计师在使用 AutoCAD 软件前都必须进行的操作，捕捉的设置可以帮助我们快速地找到各种点，提高绘图的效率。

捕捉的按钮是在常用工具区，快捷键是 F9，具体设置方法是：

① 将捕捉模式打开，打开后的捕捉按钮呈蓝色显示。

② 用鼠标左键单击捕捉按钮右边的下拉三角块，点击捕捉设置 

，在弹出的“草图设置”窗口中选择“对象捕捉”，如图 1-64 所示。

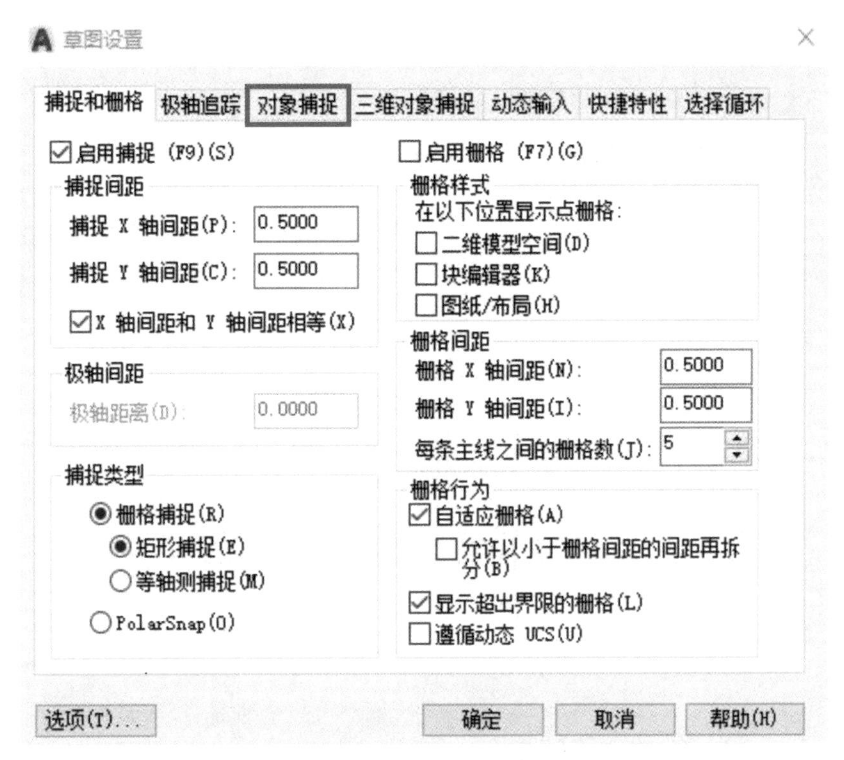

图 1-64　AutoCAD 捕捉设置窗口

③ 进入“对象捕捉”页面下，点击“全部捕捉”按钮，然后点击“确定”即可完成捕捉的设置，如图 1-65、图 1-66 所示。

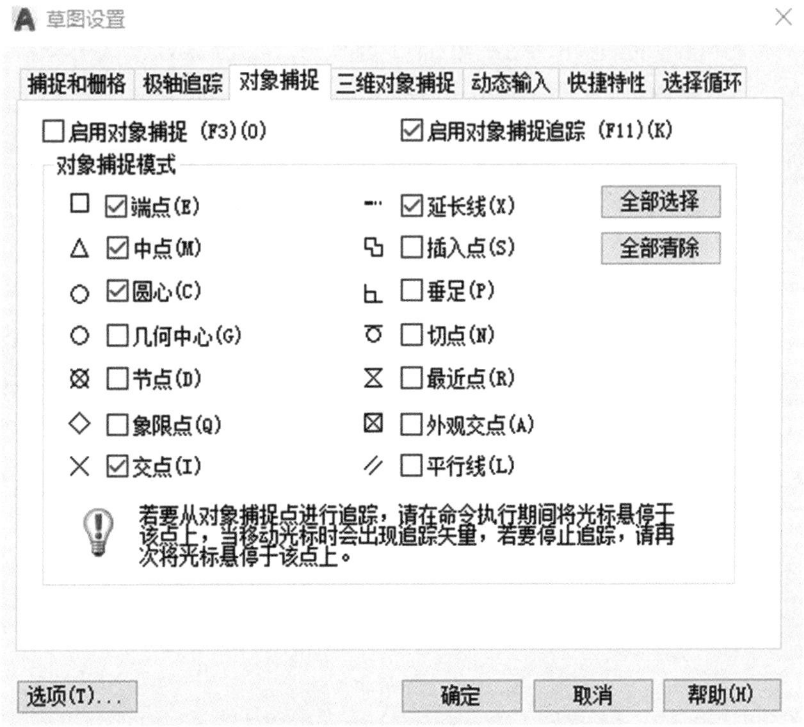

草图设置

捕捉和栅格　极轴追踪　对象捕捉　三维对象捕捉　动态输入　快捷特性　选择循环

启用对象捕捉 (F3)(O)　启用对象捕捉追踪 (F11)(K)

对象捕捉模式

端点(E)　延长线(X)　全部选择

中点(M)　插入点(S)　全部清除

圆心(C)　垂足(P)

几何中心(G)　切点(N)

节点(D)　最近点(R)

象限点(Q)　外观交点(A)

交点(I)　平行线(L)

若要从对象捕捉点进行追踪，请在命令执行期间将光标悬停于该点上。当移动光标时会出现追踪矢量，若要停止追踪，请再次将光标悬停于该点上。

选项(T)...　确定　取消　帮助(H)

图 1-65　AutoCAD 对象步骤默认窗口

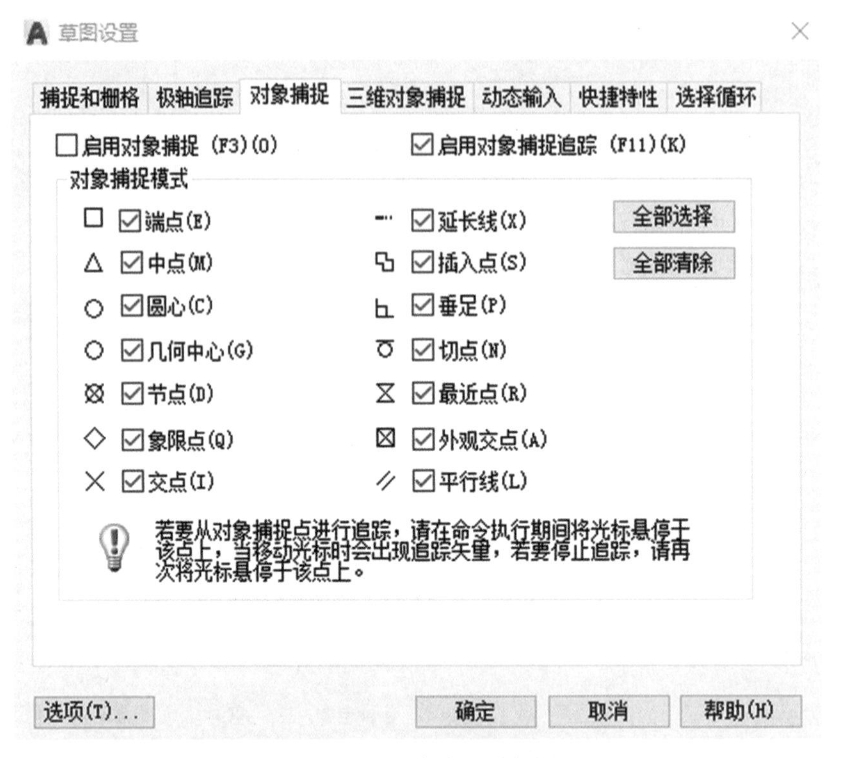

图 1-66　AutoCAD 对象步骤设置后的显示

1.7 将 AutoCAD 软件界面自定义为经典界面

多数设计师在使用 AutoCAD2017 前使用过其他版本的 AutoCAD 软件，不管使用何种版本的 AutoCAD 软件，最终的目的都是快捷、专业的绘制所需的图形。AutoCAD2010 以前版本的 AutoCAD 软件界面中均自带“经典界面样式”，但是从 AutoCAD2015 开始后软件不再自带“经典界面样式”。“经典界面样式”界面已成为众多经常使用 AutoCAD 软件的设计师非常习惯的界面形式，AutoCAD2017 也可通过设置将界面显示效果调整成与其他 AutoCAD 软件版本一样的效果。具体方法如下：

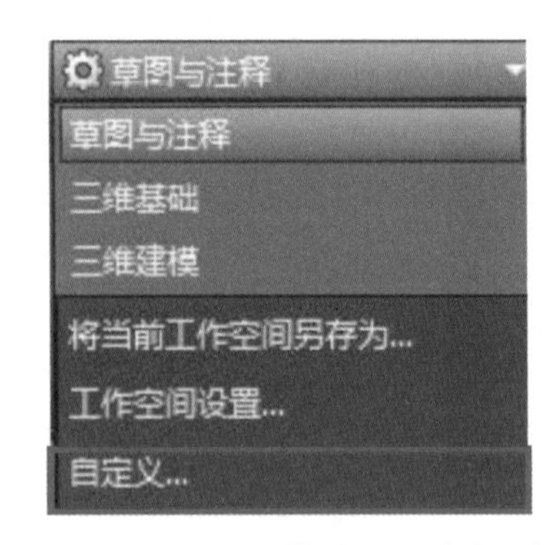

图 1-67　AutoCAD 草图与注释自定义窗口

① 打开AutoCAD 软件在软件界面中找到“草图与注释” 草图与注释，“下拉三角块” 找到“自定义”选项，在弹出的“用户自定义界面”，如图 1-67 所示，中点击“ACAD”前面的加号图标将子目录显示出来，如图 1-68 所示。

② 将鼠标光标放到“工作空间”选项上点击鼠标右键选择“新建工作空间，如图 1-69 所示。此时在“工作空间”选项中多出“工作空间 1”子项。

③ 鼠标右键点击“工作空间 1”子项对其重命名为“经典界面样式”，如图 1-70 所示。

④ 点击“经典界面样式”，在右边的“自定义工作空间内容（C）”项下点击“菜单子项”，如图 1-71 所示。

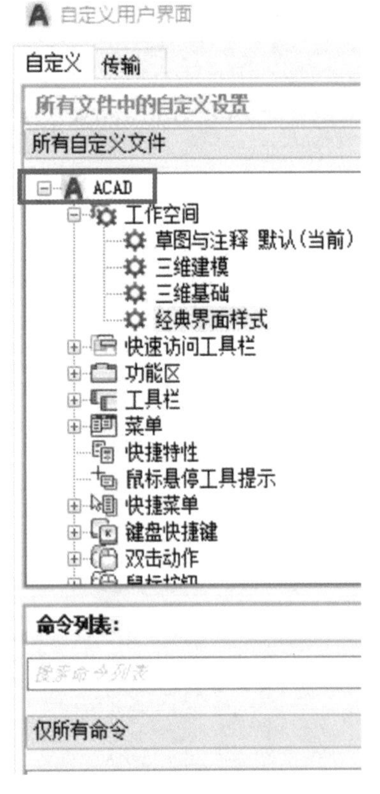

图 1-68　AutoCAD 自定义用户窗口

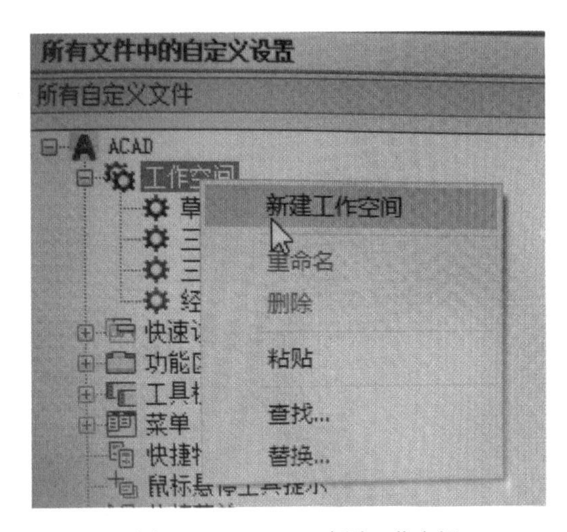

图 1-69　AutoCAD 新建工作空间

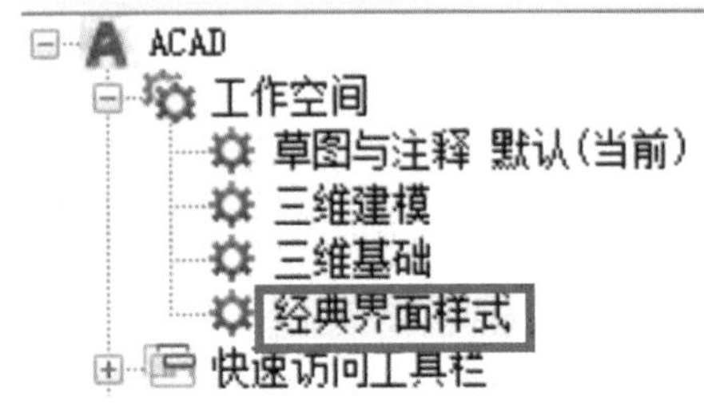

图 1-70　AutoCAD 新建工作空间命名

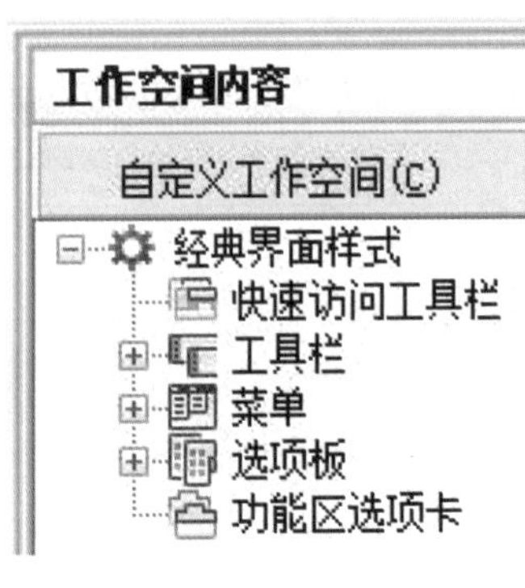

图 1-71　AutoCAD 界面设置 1

⑤ 回到左边，“所有自定义文件”找到“ACAD”。点击“工具栏” 卷展栏展开其子项，依次将“标准”、“图层”、“特性”、“修改”逐一拖拽到右边“自定义工作空间”，卷展栏下放在“工具栏”选项上。经过拖拽调整后，在右边工具栏下会出现拖拽过来的子项，如图 1-72、图 1-73 所示。

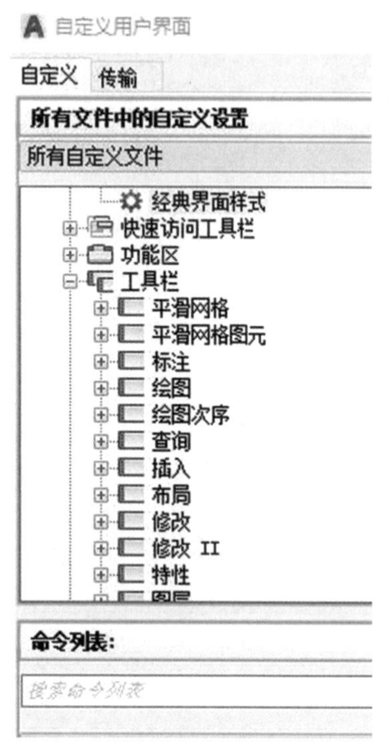

图 1-72　AutoCAD 界面设置 2

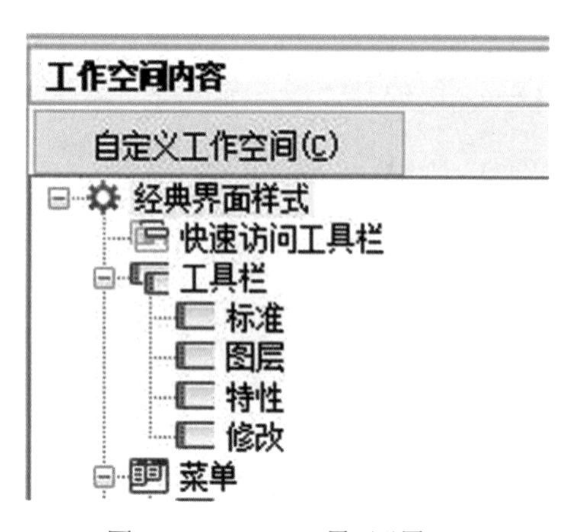

图 1-73　AutoCAD 界面设置 3

⑥ 同样的方法将左边“菜单”的子项“文件”、“编辑”、“视图”、“插入”、“格式”、“工具”、“绘图”、“标注”、“修改”、“参数”、“窗口”、“帮助”依次逐一拖拽到右边“自定义工作空间（C）”卷展栏下的“菜单栏”选项下。

⑦ 点击右下角“确定（O）”或“应用（A）”保存设置，此时回到 AutoCAD 软件界面中会发现“草图与注释”下拉选项中多出了一个“经典界面样式”。点击“经典界面样式”，在显示为“功能区当前没有加载任何选项卡或面板”区域单击鼠标右键，点击“关闭”关掉不需要的空白显示条。

图 1-74　AutoCAD 界面设置 4

⑥ 在标准栏后方空白区域点击鼠标右键，如图 1-74 所示。选择“AutoCAD”，点击“标注”、“绘图”，此时 AutoCAD2017 软件界面显示效果变成与其他版本 AutoCAD 软件一样，如图 1-76 所示。

图 1-75　AutoCAD 界面设置 5

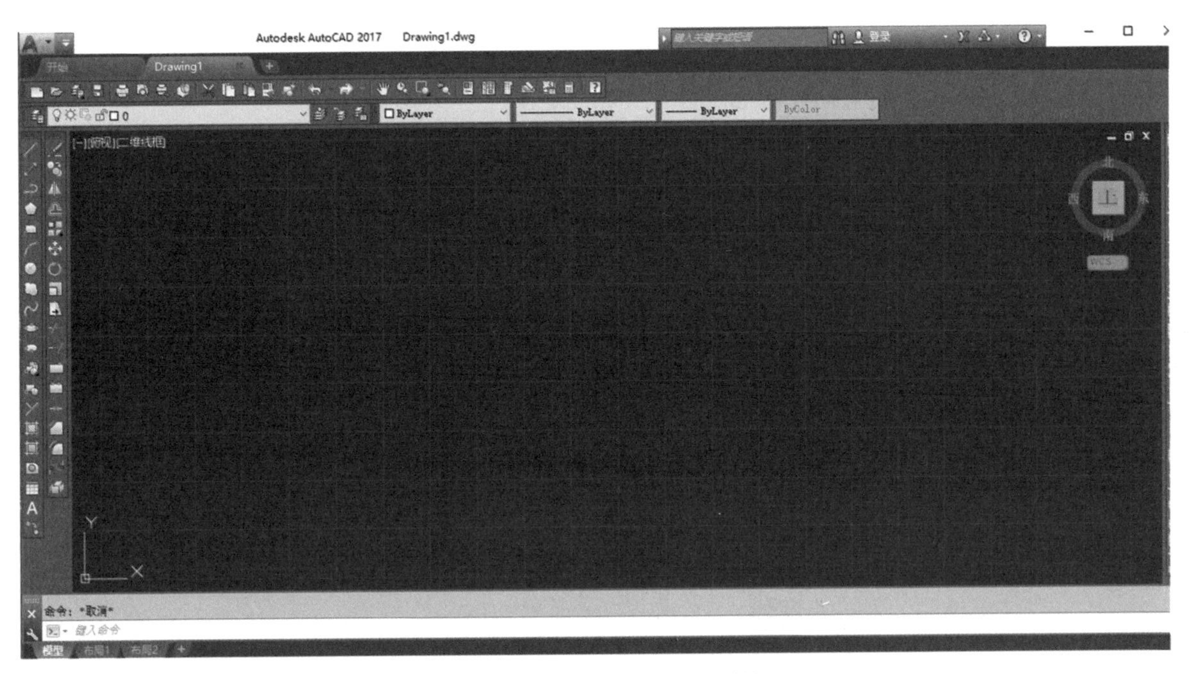

图 1-76　AutoCAD 界面调整后效果

第 2 章　AutoCAD 二维绘图工具

2.1 直线工具与正交

2.1.1 直线工具

直线工具如图 2-1 所示，是 AutoCAD 软件中使用频率最高的工具之一，几乎所有图形或与图形相关的附属部分都是由直线来构成的。直线的绘制可以点击图标 也可以输入直线工具的快捷键“L”。

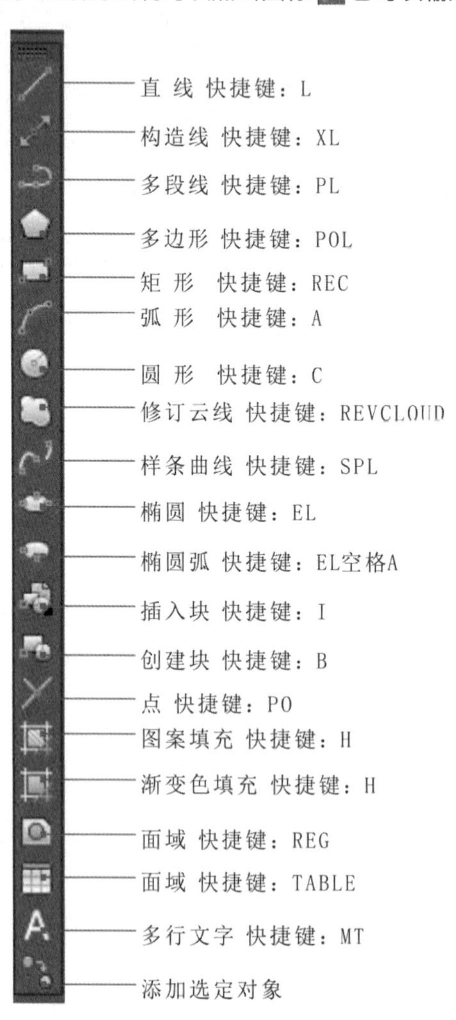

图 2-1　AutoCAD2017 绘图工具条

① 图标使用方法是：单击直线图标 ，然后将光标移到绘图区，单击鼠标左键软件“指定第一个点”，选择任意方向再次点击，两点之间形成一条直线，完成任意直线的绘制。

② 快捷键使用方法：输入直线快捷键 L，单击空格键，将光标移到绘图区，软件提示“指定第一个点”，点击鼠标左键选择任意方向再次点击，两点之间形成一条直线，完成任意直线的绘制。

在使用以上方式绘制直线的时候，我们会发现所绘制的直线很多时候是任意角度的直线与坐标轴 X、Y 方向不平行，如果我们需要绘制与水平和竖直方向平行的直线时，我们还需要进行“正交”的设置。

提示：因使用快捷键可以大大提高绘图效率，故在本书后面讲解中会侧重于对快捷键的输入和使用。

2.1.2 正交工具

正交工具的全称是“正交限制光标”在 AutoCAD2017 软件界面位于 “常用工具区” 。正交的快捷键是 F8，在使用 AutoCAD 绘图时最常用的是绘制与 X、Y 轴方向平行的直线，正交工具的作用是无论设置的坐标轴是什么方向的，只要开启了正交，则鼠标移动的方向就会强制与坐标轴平行，绘制出平行于 X、Y 轴方向的直线。

提示：正交开启与关闭在“命令提示区”显示，如图 2-2、图 2-3 所示。

相应的图标的显示如下：正交开启时 ；正交关闭时 。在绘图时，一般根据需要开启和关闭正交，灵活使用正交快捷键 F8 控制正交工具的开启与关闭。

图 2-2　正交工具关闭提示

图 2-3　正交工具开启提示

2.1.3 指定长度直线的绘制方法

在实际设计绘图过程中经常需要绘制一定长度的直线，例如，我们测量一个房屋建筑的尺寸之后，需要将手绘框架图利用 AutoCAD 软件绘制成规范的图形，这就需要我们对直线工具的使用继续拓展。具体方法如下：

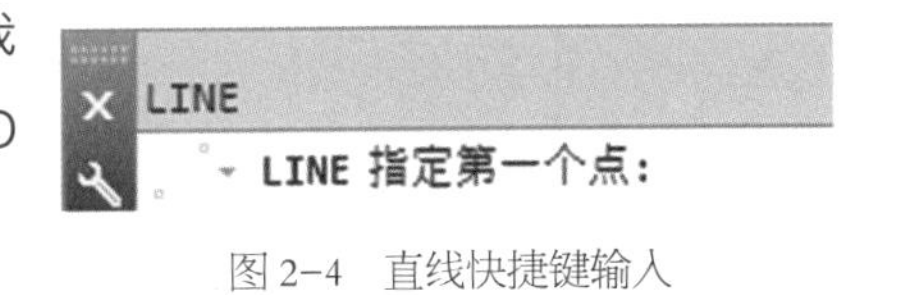

图 2-4　直线快捷键输入

① 输入直线工具，快捷键“L”，空格键确认工具使用，如图 2-4 所示。

② 移动光标到绘图区中，鼠标左键在绘图区中点一下，确定直线的一个端点，如图 2-5 所示。结合直线的特点选择是否开启“正交”，朝着直线的方向移动光标，此时，绘图区中会显示出一条有方向的线。

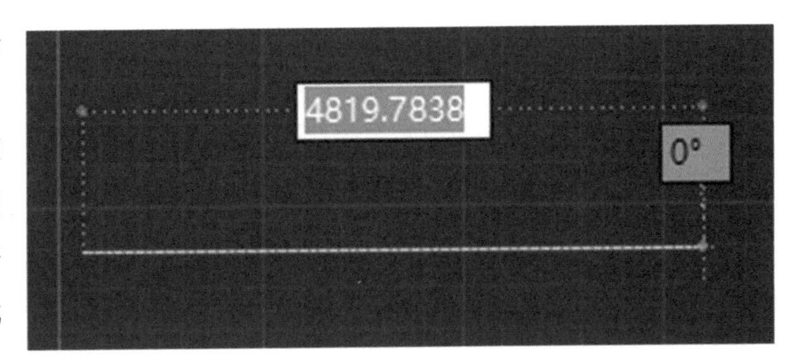

图 2-5　在绘图区绘制直线

③ 结合测量结果或设计要求输入数值，例如：500，如图 2-6 所示。点击空格键就得到了一条直线，按一下键盘上的 Esc 键（取消或退出命令），退出直线命令的使用，此时绘图区会显示刚才绘制的指定长度的直线，如图 2-7 所示。

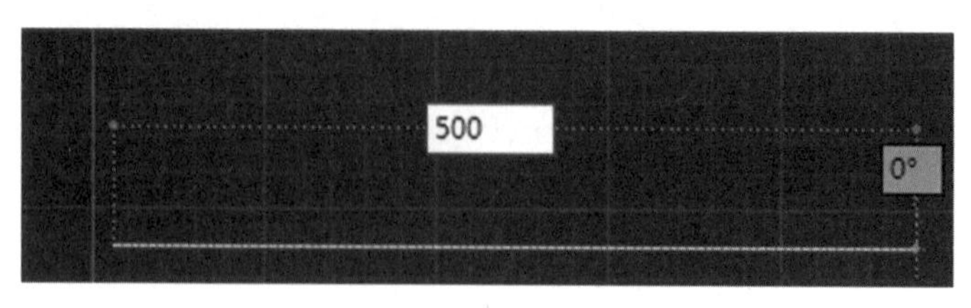

500
0°
图 2-6　输入直线长度

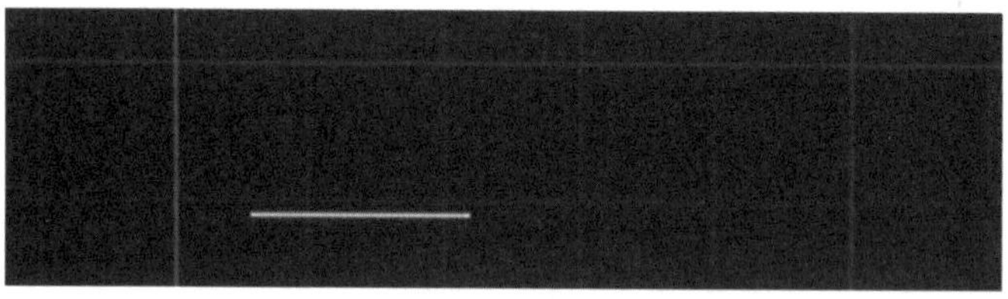

图 2-7 完成指定长度直线绘制

提示：因为直线工具在 AutoCAD 软件中使用频率非常高，故直线工具使用时有一个特点，即当我们在绘制完指定的长度的直线后，如不按 Esc 键，软件会默认继续使用直线工具，继续绘制直线。

2.2 屏幕缩放

在很多的时候我们绘制完图形之后，经常会遇到线或者图形在绘图区中显示不全，或显示一部分的情况，那么此时我们可以使用鼠标的中键滚动来实现对图形的缩略显示，如果滚动鼠标中间无法实现对图形的缩放，则可以使用屏幕缩放工具，具体如下：

① 输入屏幕缩放快捷键“Z”然后点击一下空格键进行命令使用确认，如图 2-8 所示。

② 因为我们要将所绘制的线或者图形全部在绘图区中显示，故这里我们要输入“A”如图 2-9 所示。然后点击一下空格键，滚动鼠标中键，完成对线或者图形的缩放。

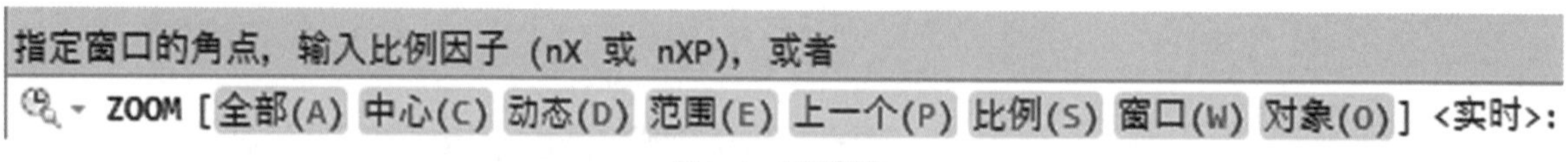

指定窗口的角点，输入比例因子 (nX 或 nXP)，或者
ZOOM [全部(A) 中心(C) 动态(D) 范围(E) 上一个(P) 比例(S) 窗口(W) 对象(O)] <实时>:
图 2-8　屏幕缩放

指定窗口的角点，输入比例因子 (nX 或 nXP)，或者
A
图 2-9　全部缩放显示代号字母输入

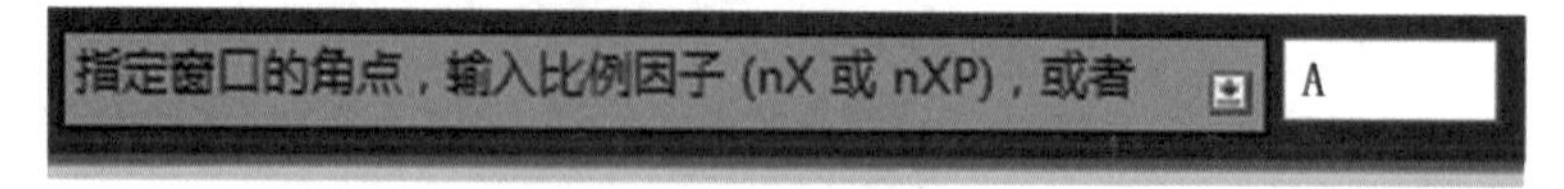

2.3 测量工具

测量工具快捷键DI是一个非常实用的工具，其作用是测量线的尺寸数据，对已绘制的线的长度进行核对，具体方法如下：

① 输入测量工具的快捷键 DI，点击一下空格键，对所输入的命令进行确认，此时命令提示区会显示 DIST 指定第一点，如图 2-10 所示。

DIST
DIST 指定第一点：

图 2-10　全部缩放显示代号字母输入

② 在要测量实现的一个端点上点击一下，如图 2-11 所示；如测量对象是短线，则可直接滚动鼠标中键进行放大或缩小显示所绘图形，如所绘图形为尺寸较大的线，则在测量时可结合“屏幕缩放工具 Z”，加上按住鼠标中键不放的平移方式进行移动以选择测量另一个端点，以此得到一根直线的长度，如图 2-12 所示。

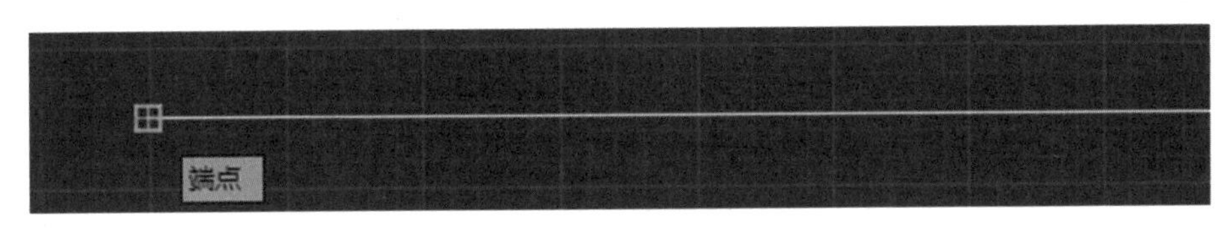

图 2-11　测量工具使用

X 增量 = 500.0000,　Y 增量 = 0.0000,　Z 增量 = 0.0000

图 2-12　测量结果

2.4 构造线和多段线

构造线 ，快捷键 XL，构造线也是直线，当“正交工具”打开时所绘制的构造线是与 X、Y 轴平行的直线，构造线的特点是无限长，看不到其端点，故在图形中构造线识别度非常高，因此构造线经常被用作辅助线或者参考线，构造线也可进行修剪、编辑等操作，故使用频率非常高。

多段线 ，快捷键 PL，多段线也是直线的一种，它的特点是：多段线无论画多少条线，只要不分解，所有的直线就像群组一样，是一个整体，在任何直线上点击一下，都能选中整个图形。多段线一般用在填充辅助时和面积计算时等使用。

2.5 圆形工具

“圆”图形，快捷键 C 也是使用 AutoCAD 绘图过程中非常常用的工具之一，“圆”在绘图中既可以直接使用圆图形，也可以在圆的基础上进行编辑操作。“圆”的具体画法如下：

① 单击圆形工具绘制图标 或者输入快捷键 C（需要单击空格键确认命令输入）。

② 任意尺寸圆的画法：在绘图区点击一下，结合需要拖拽出一个大小合适的圆，再点击一下鼠标左键，完成绘制。

指定半径圆的画法：在绘图区点击一下，拖拽出一个圆形，输入圆的半径数值，例如，输入数值 1200 后点击一下空格键，完成绘制。

提示：

① 圆图形绘制完之后找不到了？

如出现圆图形绘制完成后找不到了，可以使用前面所讲的“屏幕缩放”的方法找到。

② 如何找到圆心？

设置捕捉模式（第一章内容）将捕捉模式、对象捕捉全部选择，输入任意命令工具，例如，直线、圆等其他工具，将光标移动到圆的边上，此时圆心处会出现圆心符号 。接下来就可以在圆心上进行绘图；

③ 绘制出来的圆形呈线段显示该如何调整？

这是因为电脑系统为了优化电脑性能、提高电脑反应速度，将圆图形进行了优化显示，优化以后我们看到的圆似乎不圆滑了，如图 2-13 所示。这并不影响输出打印，若需要还原，可以输入重生成命令快捷键：RE（单击空格键确认输入），如图 2-14 所示即可还原出最开始时绘制的圆图形，如图 2-15 所示。

图 2-13　“显示为多边形”的圆　　图 2-14　重生成命令输入　　图 2-15　重生成之后的圆

2.6 矩形工具

矩形，设计绘制经常使用的形状，快捷键 REC，当矩形的相邻两边长度一样时所绘制的图形是正方形。矩形的绘制方法如下：

① 点击矩形工具图标 或者输入矩形快捷键 REC（单击空格键确认）。

② 此时软件提示“在绘图区指定第一个角点”，如图 2-16 所示。在绘图区点击一下，对角拖拽出一个矩形，如图 2-17 所示。

图 2-16　确定矩形图形的第一点

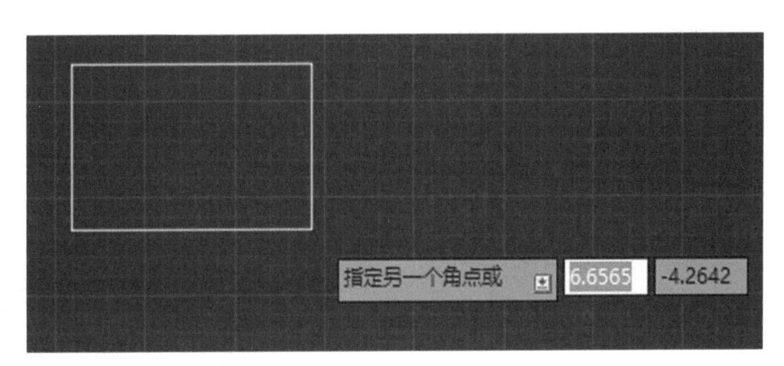

图 2-17　拖拽出的任意尺寸矩形

③ 输入矩形的两条边的尺寸用逗号“,”隔开，如图 2-18 所示。例如，绘制边长为 800×600 的矩形则输入 800,600 ，然后按空格键或者回车键确认，即可完成绘制，如图 2-19 所示。

图 2-18　矩形图形参数输入

图 2-19　完成指定参数矩形的绘制

提示：如果绘制的矩形尺寸不准确怎么办?

在使用 AutoCAD 绘制矩形时，有时会因为其他的一些操作而导致绘制出的矩形尺寸不准确，可在绘制矩形输入尺寸时以 @ 数字一、数字二的形式来输入，强制绘制的矩形尺寸与输入尺寸一致。

2.7 正多边形工具

正多边形快捷键是 POL。正多边形工具可以快速地绘制出指定尺寸的正多边形，在 AutoCAD 软件中正多边形的绘制是基于圆来绘制的，故有内接与外切于圆的正多边形图形。正多边形的具体绘制方法如下：

1. 直接正多边形画法

① 输入正多边形快捷键“POL”，如图 2-20 所示。点击一下空格键对输入的命令进行确认，此时软件提示输入正多边形边数，需要绘制多边形边数数值，输入完数值后点击一下空格键确认，例如，如要绘制正六边形则输入数值“6”，点击一下空格键，如图 2-21 所示。

图 2-20　多边形工具快捷键输入

图 2-21　输入多边形的边数

图 2-22　确定正多边形的圆心

② 在绘图区点击一点作为所绘制的正多边形的中心点，如图 2-22、图 2-23 所示，显示如图内接于圆 (I) 的含义是：在一个圆圈内，且各角点均与圆相接，输入字母 I，如图 2-24 所示；外切于圆（C）的含义是：正多边形在圆圈外，边与圆的关系是相切。结合绘制需要输入内接或外切的字母代号 I 或者 C。

图 2-23　正多边形绘制提示

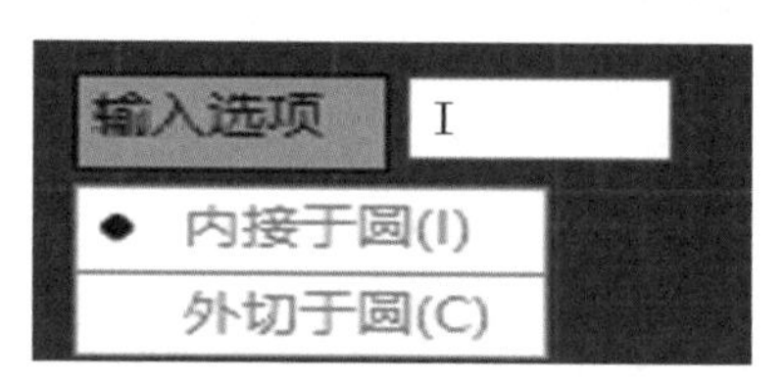

图 2-24　正多边形绘制形式选择

③ 输入字母后，软件提示输入参考圆的半径，此时输入需要的数值点击一下空格键进行确认输入，例如，输入数值 600，点击一下空格键，如图 2-25 所示，软件自动生成一个正六边形，如图 2-26、图 2-27 所示。

图 2-25　正多边形半径输入

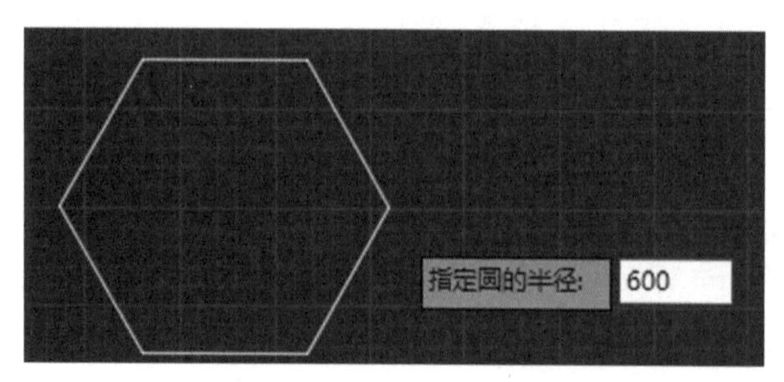

图 2-26　正多边形绘制预览

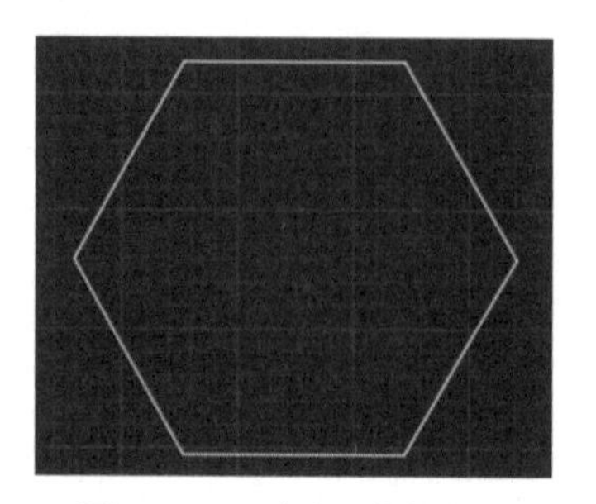

图 2-27　正多边形绘制完成

2. “间接法”绘制正多边形:

所谓“间接法”，是通过绘制辅助图形，例如圆，在已绘制圆图形的基础上绘制正多边形的方法。“间接法”绘制正多边形步骤如下:

① 首先结合所需要的正多边形大小绘制一个半径为一定数值的圆，如 R=800

② 结合前面已讲找圆心的方法找到已绘制圆的圆心，打开 CAD 软件的捕捉，输入正多边形快捷键“POL”，根据提示输入边数，从圆心拖拽出一个正多边形，结合设计要求选择内接或者外切于半径为 800 的圆的正多边形。

提示:

① 在绘制正多边形时，正交工具的开启与关闭对所绘制的正多边形起着重要的作用，若绘制正多边形之前正交工具开启，则绘制的正多边形一定多有边与数轴平行，反之则没有。

② 正多边形边数越多越接近于圆。

2.8、圆弧工具

圆弧是圆或者椭圆的一部分，圆弧的快捷键是 A，一般采用“三点式”方法绘制圆弧，具体操作如下:

图 2-28　圆弧绘制定点

① 点击圆弧工具图标 或者输入圆弧工具快捷键 A（需要点击一下空格键进行确认命令）。

② 在绘图区点击一下，如图 2-28 所示。点击第二下然后移动鼠标，即可得到下列弧形，图 2-29。

③ 点击一下圆弧，将圆弧上相关点都显示出来：移动三个点中的任何一个点就可以改变圆弧弧度，如图 2-30 所示。

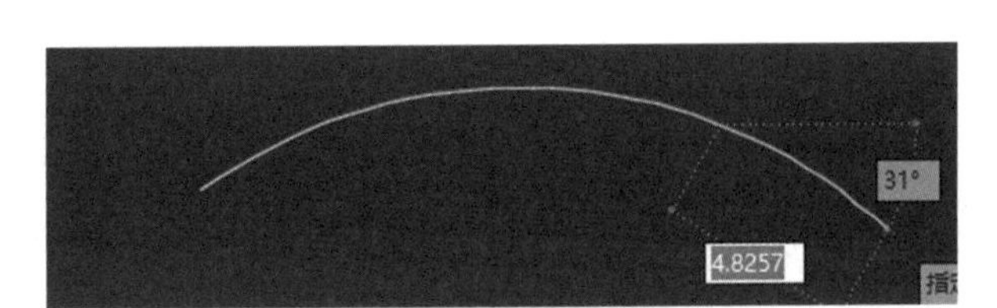

图 2-29　圆弧绘制第二点

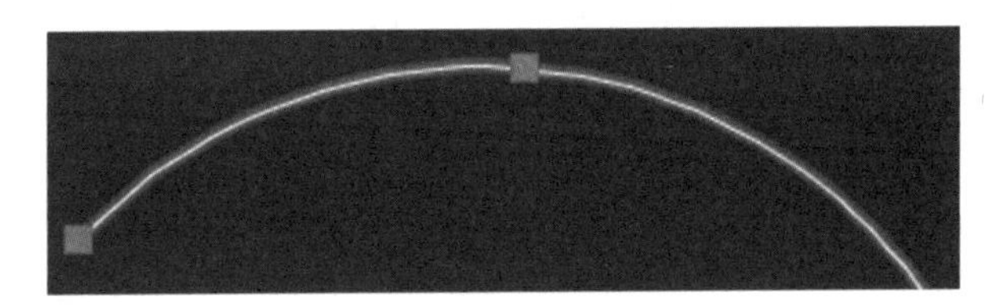
图 2-30　圆弧绘制弧度调整

2.9 样条曲线和修订云线

样条曲线图标是 ，快捷键是 SPL，样条曲线所绘制的线是一系列的光滑的曲线，一般用来绘制一些不规则的曲线类型，在家装图纸绘制中也用来绘制连接灯具的电线，样条虚线其实就是曲线版的“多段线”。

修订云线图标是 ，快捷键是 REVCLOUD, 修订云线是由连续圆弧组成的多段线，有时用于图纸批注，如图 2-31 所示。

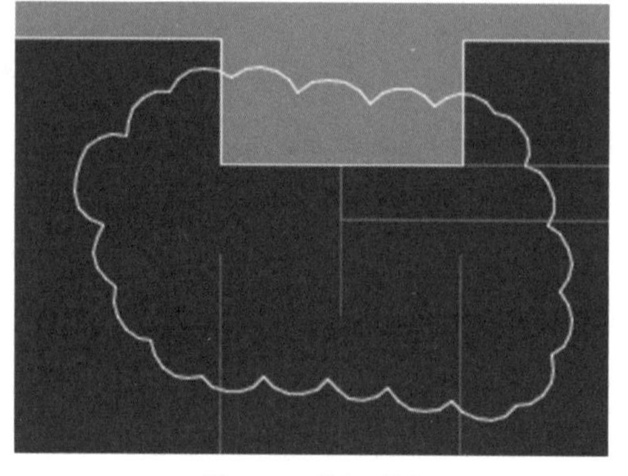

图 2-31 修订云线

2.10 椭圆工具

椭圆工具图标是 ，快捷方式是 EL。椭圆的绘制方法与圆的绘制方法比较类似，圆是半径相等，只有一个半径数值，而椭圆有长轴和短轴也因为长短轴的尺寸不一样而形成了椭圆的各种形状，如蛋形、橄榄球形，类圆形等。椭圆的绘制方法如下：

① 点击椭圆工具图标或者输入快捷键 EL，如图 2-32 所示（需要按空格键一次，进行命令确认）。

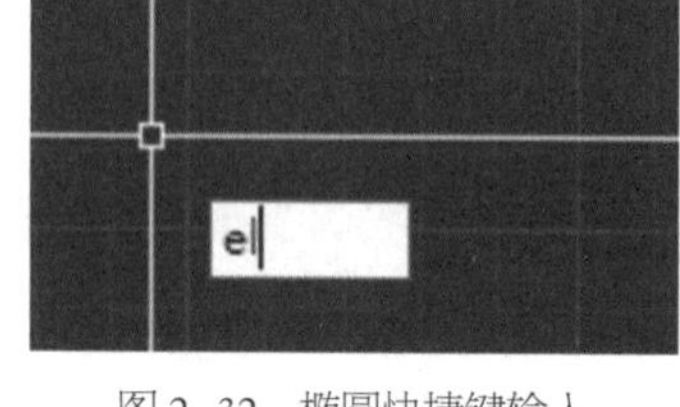

图 2-32 椭圆快捷键输入

② 在绘图区点击一下，向左右或者上下方向拖拽，确定椭圆的一条轴，如图 2-33 所示。在绘图区再点击一下然后移动光标，确定椭圆的另外一条轴，可以看到椭圆图形已出现。

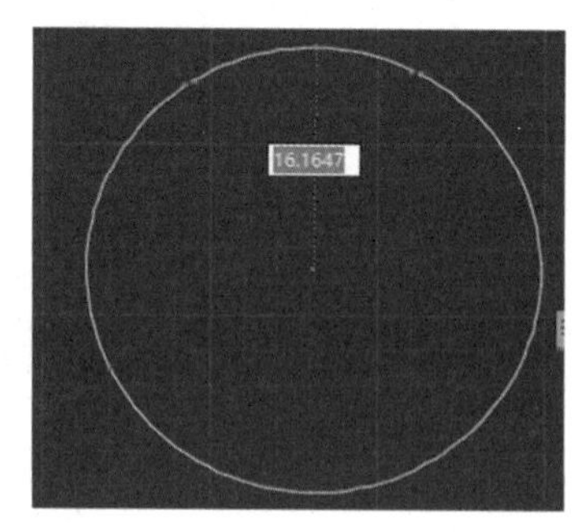

图 2-33 椭圆绘制第二点

③ 移动光标时椭圆形状发生变化，当椭圆形状达到要求后再点击下鼠标左键，完成椭圆图形绘制，如图 2-34 所示。

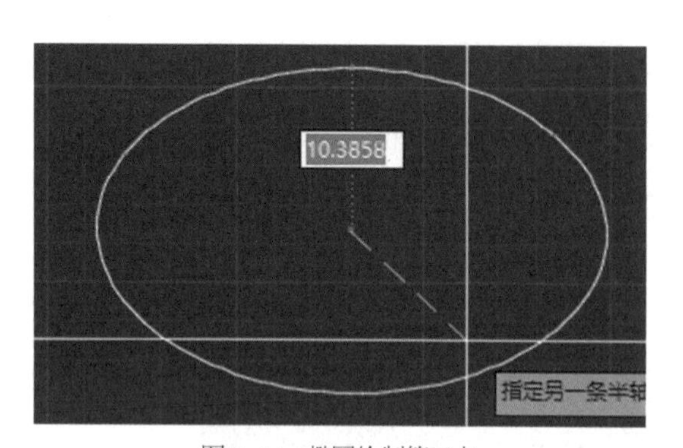

图 2-34 椭圆绘制第三点

2.11 多线工具

多线工具，快捷键是 ML。多线位于 AutoCAD 的工具栏的 “绘图” 绘图(D) 目录下，多线是同时绘制两条平行线的工具，在 AutoCAD 软件中多线可以进行设置和编辑。多线的使用方法如下：

① 输入多线命令快捷键 ML 后点击空格键或者回车键一下， ML 在绘图区点击一下，可直接绘制多线。

② 如要对多线样式进行设置可在输入多线快捷键后，按照需要选择多线的对齐形式和比例，具体方法是调整对齐形式，输入对齐设置的字母 J，如图 2-35 所示。对齐形式有上、无、下三种形式，如图 2-37 所示。设置比例输入 S 比例，多线比例指的是多线两条平行线之间的间距。例如，在绘制建筑墙线是可以将比例 S 设置为 120、240、380 等数值。

当前设置：对正 = 下，比例 = 120.00，样式 = STANDARD
MLINE 指定起点或 [对正(J) 比例(S) 样式(ST)]:

图 2-35　多线命令输入

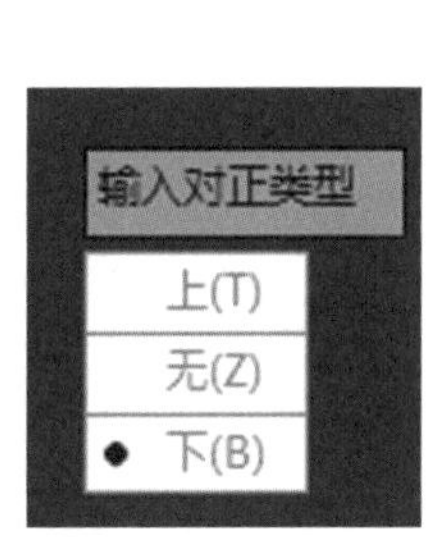
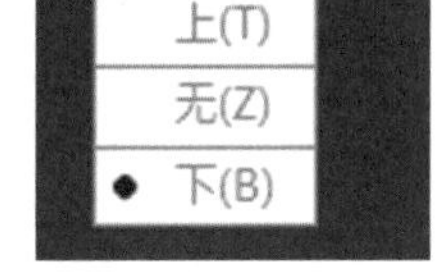

图 2-36　多线样式选择

“上”的对齐效果 参考线
“无”的对齐效果 参考线
“下”的对齐效果 参考线

图 2-37　多线对齐效果示意

多线对齐效果（在捕捉开启的情况下）“上”表示多线的上面边和参考线对接；“无”表示多线的中线与参考线重合，一般可作为建筑轴线绘图法使用；“下”表示多线的下面的边与参考线对接。

下面以图纸，如图 2-38 所示，示范多线的使用方法：

① 输入多线工具命令 ML（空格键或回车键确认），如图 2-39 所示。输入 S 设置多线比例为 240，如图 2-40 所示。点击回车键或空格键确认。

图 2-39　多线绘制第一点

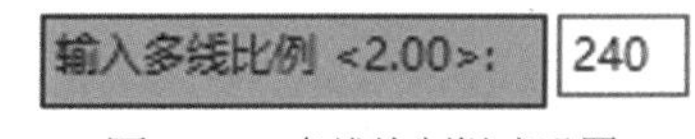

图 2-40　多线绘制样式设置

3580
240 3100 240
240
3680 3200
240
3680

图 2-38　参考图形

② 结合图形尺寸采用与绘制指定长度直线相同的方法绘制建筑轮廓图形，输入 3580 后点击回车键或空格键，如图 2-41 所示。移动光标改变多线绘制方向，输入 3680 后点击回车键或空格键，如图 2-42 所示。

指定下一点: 3580

图 2-41　多线绘制参数输入

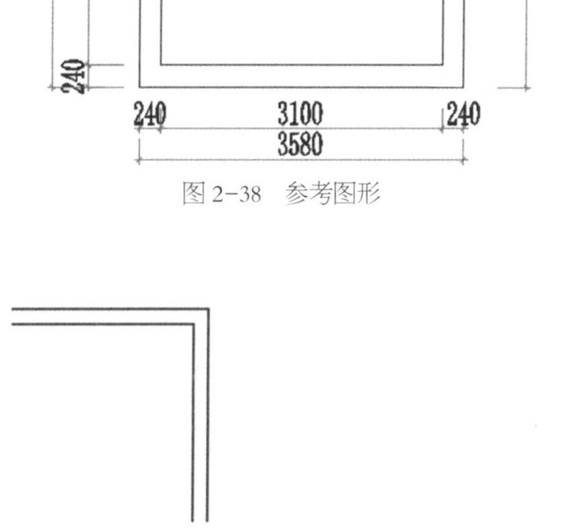

图 2-42　多线绘制第二边图

③ 移动光标改变多线绘制方向，输入 3580 后点击回车键或空格键，继续重复本操作输入竖向 3680 尺寸，点击 ESC 键退出多线命令使用得到图 2-43。

④ 在已绘制多线图形上双击，弹出“多线编辑窗口”，如图 2-44 所示。结合本图实际选择“角点结合”，分别在重合的相邻两条边上点击，点击之后得到图形如图 2-45 所示。

2-43　多线绘制图形围合

图 2-45　多线绘制完成

图 2-44　多线编辑工具窗口

第 3 章　AutoCAD 二维编辑工具

在使用 AutoCAD 软件进行绘图时，除了使用前面的“二维绘图工具”进行绘图外，还需要对已绘制的图形进行再编辑，AutoCAD 具有强大的编辑、修改功能，并且将多数常用的二维编辑工具都集中于“修改工具条”上，如图 3-1 所示。

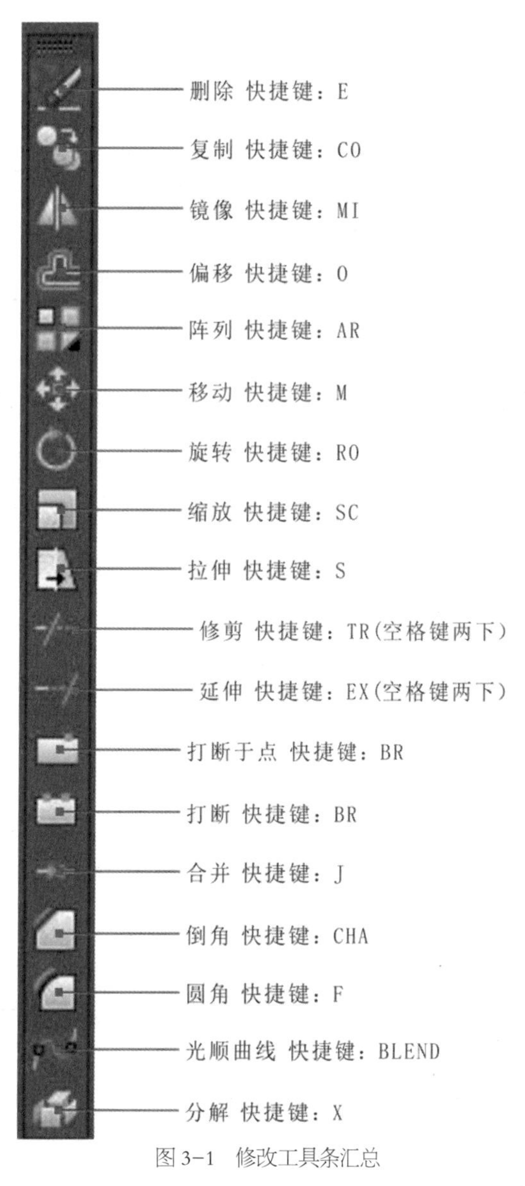

图 3-1　修改工具条汇总

3.1 AutoCAD 的选择

AutoCAD 图形在绘制或再编辑的过程中，很多时候要进行全选、单线、群组、块，还需要进行多项内容的选择，根据选择对象的多少分为全选、直接选择、框选、交叉窗口选择四种，可根据选择范围大小使用最佳方法。

① 全选

全选，可以直接使用 Ctrl+A, 可以快速地将图形的全部内容选择，选择之后可进行其他的操作，例如，删除、复制、移动、镜像等操作。在 AutoCAD 中，线或者图形被选中是呈蓝色显示如图 3-2 所示。

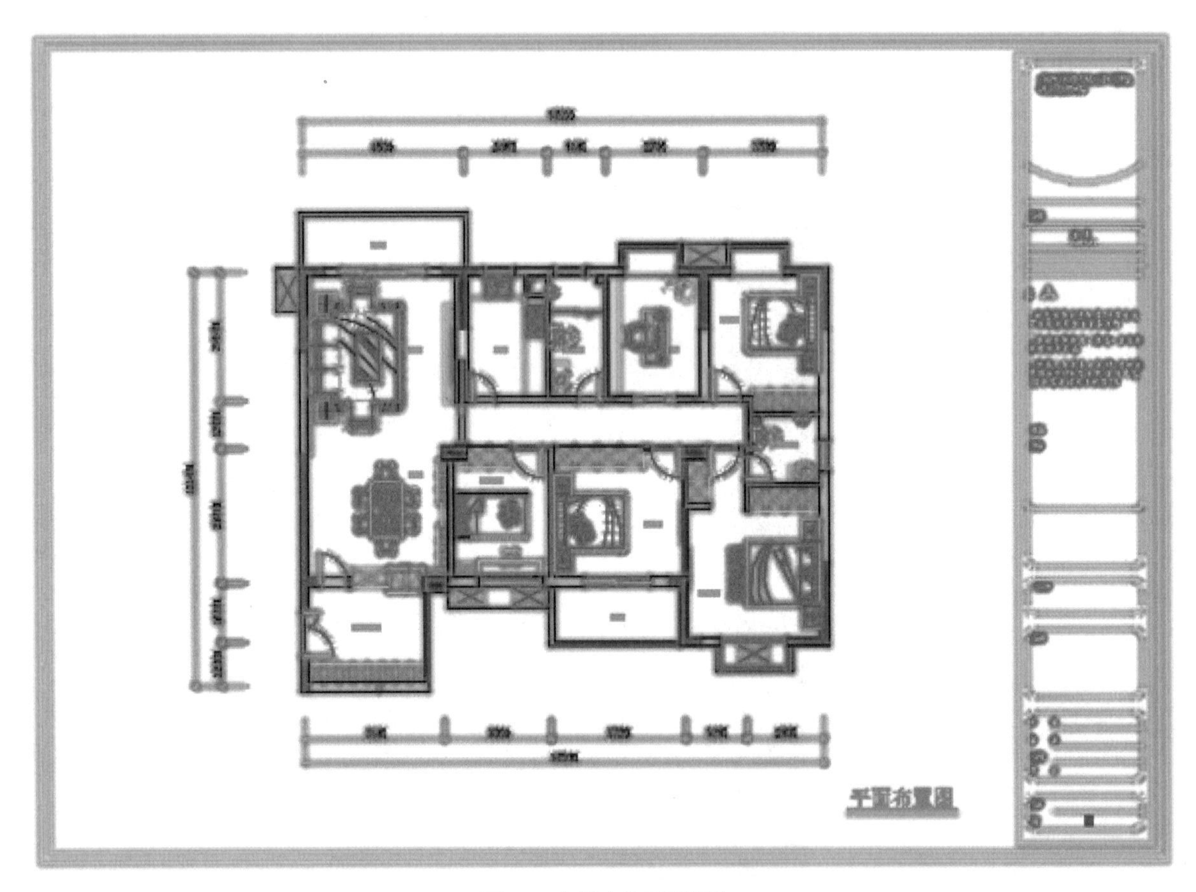

图 3-2　图形全选显示效果

② 直接选择

直接选择工具是 AutoCAD 软件只中最常用的选择方式，操作也非常简单，直接在要选择的对象上单击鼠标左键即可完成操作，直接选择一般用于单线或者已成组成块的图形。

③ 框选

框选，顾名思义，就是在绘图区从左上方到右下拖拽出一个选框，如图 3-3 所示，选择规律为：选框呈蓝色半透明显示，选框范围实线界定，只有线或者图形全部在选框当中的才能被选中。例如，图例图 3-4 中衣柜的全部线及墙的短线全部在选框范围内，所以被选中，床图形已成组且只有一部分在选框里，故床图形未被选中。

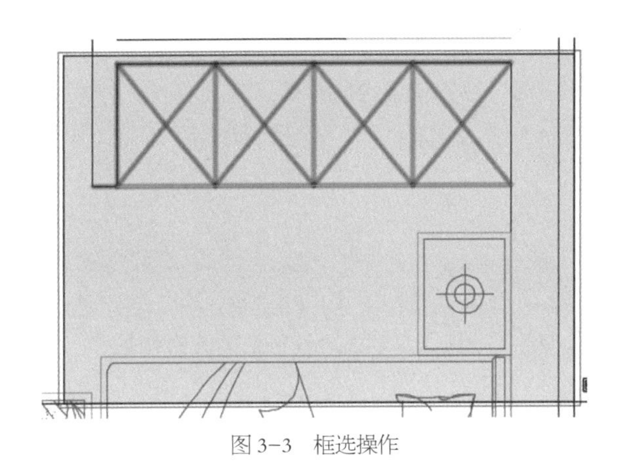
图 3-3　框选操作

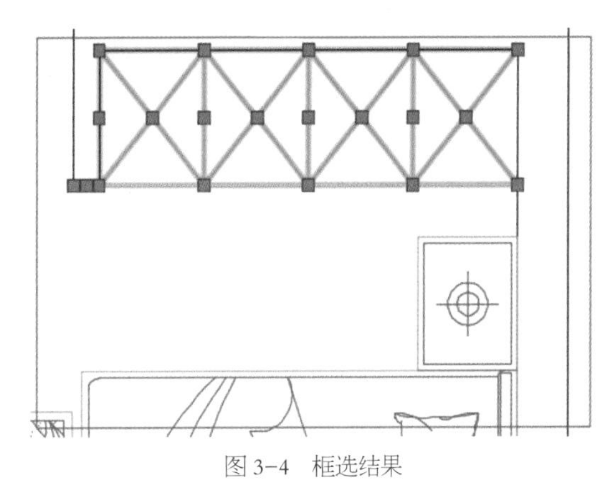
图 3-4　框选结果

④ 交叉窗口选择

交叉窗口选择同框选相比，选择范围更大、更灵敏。交叉窗口选择的操作是从绘图区的右下到左上的，如图 3-5 所示。其规律为：选框范围呈绿色半透明区域显示，选框范围虚线界定，只要是被选框触及，无论是图形的全部还是部分，都会被选中。例如图中，墙和床图形有的部分并不是全部都在选框范围内，但是因为被选框触及到了而被选中，得到如下选择结果，如图 3-6 所示。

图 3-5　交叉窗口选择操作

提示：在进行选择时如果要选择的内容比较多可以进行多次选择。另外在进行精确选择时可以配合鼠标中键使用，滚动鼠标中键可以放大画面，得到精确的选择范围。

3.2 删除工具

删除工具是 快捷键 E，也是 AutoCAD 软件中非常常用的工具之一，删除工具可以删除图形绘制过程中错误的或者多余的辅助部分等，简单且作用巨大。在 AutoCAD 软件中除了可以使用删除工具对图形进行删除外，还可使用键盘上的 Delete 键删除图形。具体操作如下：

① 删除工具的图标使用方法：点击一下删除工具 图标，移动光标到要删除的对象上点击一下，然后点击一下空格键或者回车键，选中部分删除。

② 删除工具的快捷键的使用方法：输入 E 点击一下空格键或者回车键进行确认，在需要删除的部分上点击一下，单击空格键，选中部分删除。

③ 对于要删除的部分较多时可使用 Delete 键删除。可在前面“AutoCAD 的选择”的基础上使用①、②的方法进行删除操作。

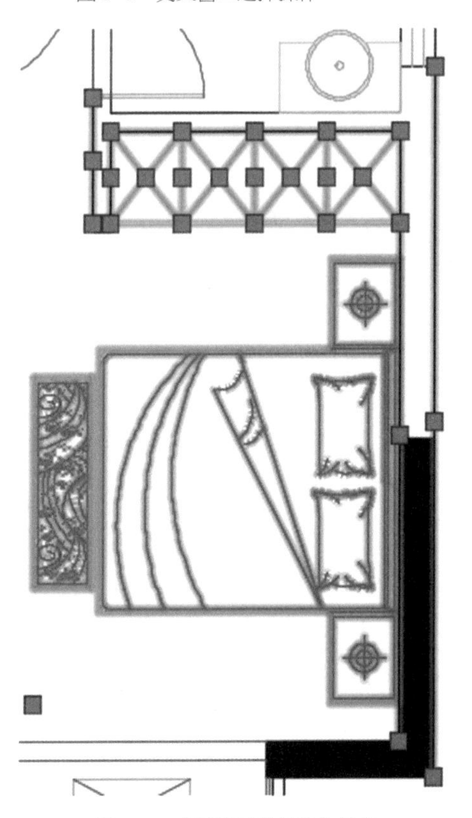
图 3-6　交叉窗口选择操作结果

提示：在使用删除工具删除图形时，误将有用的部分删除怎么办？

在使用 AutoCAD 软件过程中误删除或其他因操作不当而导致的错误经常会有，这是可以使用返回：Ctrl+Z，也可以多步数返回到之前的图形。

3.3 复制工具

复制工具图标是 快捷键 CO，在 AutoCAD 软件中，复制工具也是常用的工具之一，使用复制工具可以快速地将图形进行克隆，复制除了使用 CO 外也可使用 Ctrl+C 复制 ,Ctrl+V 粘贴的方法操作。CO 可以将选择对象进行多次复制。具体操作如下：

① 图标的使用：点击复制图标 ，按照软件提示在需要复制的对象上点击一下，按一下空格键或者回车键确认，移动光标将要复制的内容移到新的位置，单击鼠标左键，完成复制操作。

② 快捷键的使用：选中要复制的内容，输入复制命令 CO，单击空格键或者回车键确认输入，在复制内容上点击一下或者在旁边点击一下确定，以参照点。进行复制，移动光标将复制内容移到新位置之后再单击鼠标左键，完成复制操作。

提示：

① 复制时参照点的选择？

参考点是 AutoCAD 软件中经常遇到的使用提示，参照点可以在图形上，也可以在图形外，可结合捕捉来进行使用，能提高操作效率。

② 指定距离的移动复制？

在复制时可以根据需要进行移动复制，具体操作是：选择移动对象后，在绘图区点击一下，移动光标确定复制的方向，输入数值，单击空格键，完成指定距离的复制操作。

3.4 镜像工具

镜像工具是 ，快捷键 MI，是 AutoCAD 软件中功能非常强大的工具之一，在绘制对称型图形的作用十分强大。观察图例中床图形，如图 3-7 所示。找到规律：对称型，故在绘制时其实只需要绘制一半，另外一半镜像即可完成，大大提高了绘图效率。床图形镜像操作过程如下：

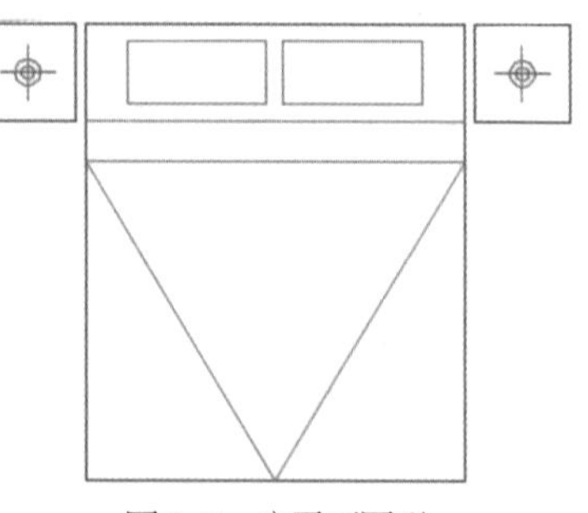

图 3-7　床平面图形

① 绘制完可镜像部分后，使用框选的方式选择要镜像范围。

② 设置捕捉，这里用到的是中点捕捉。点击镜像图标或输入镜像快捷键 MI。

③ 点击床图形的上边的中点移动光标，找到下边的中点，点击鼠标左键确认。

④ 此时软件提示“是否要删除源对象？”本图例图 3-8 中不需要，所以输入字母 N，完成绘制。

指定镜像线的第二点：
MIRROR 要删除源对象吗？[是(Y) 否(N)] <否>:

图 3-8　镜像工具操作

提示：什么是源对象？什么是目标对象？

源对象是最开始选择的图形，是基础或基本的含义。源对象是进行编辑或操作的模板，目标对象是通过在源对象上操作之后再使其与源对象一样或一致的对象。

镜像是 Y 和 N 的输入？

镜像操作过程中经常会遇到是否删除源对象 Y 或 N 的选择，其实容易判断，如果在镜像是不需要保存源对象（原图形）就输入 Y，反之则输入 N。

参照点是 AutoCAD 软件中经常遇到的使用提示，参照点可以在图形上，也可以在图形外，可结合捕捉来进行使用，结合实际进行选择处理。例如，在进行精确操作时就可将参照点选在图形的端点上，其他情况时则可以将参照点选在图形外，灵活使用，能提高操作效率。

3.5 成块工具

成块工具，图标是  ，快捷键 B。成块的作用类似于生活中的保鲜膜包裹物品，其操作是将零散的图形以整体的形式进行“组合”，“组合”的图形变成一个新的整体。例如上节案例中“床”平面图形是由线和简单的几何形组成的，当绘制完“床”图形后，它可能是其他图形的一部分，也可能在用在其他的平面户型图中作为平面家具进行设计表达。但经常 AutoCAD 图形要经过几次操作，需要调整修改，那么此时图形的移动就显得非常重要。

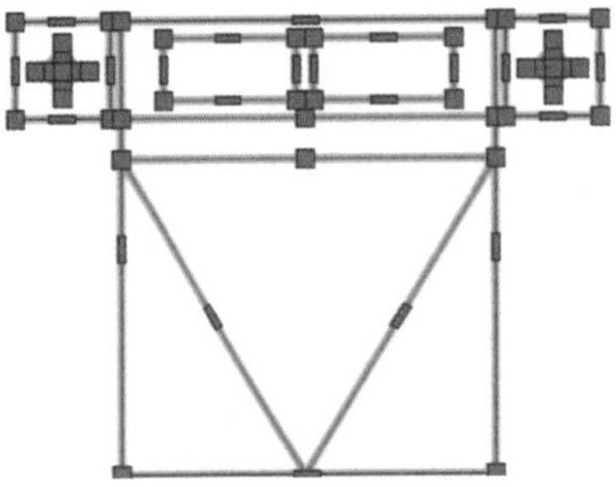

成块之后的图形在进行选择时只需要在图形上任意位置点击一下就能将其选中，便于进行后面的各种操作。成块工具操作如下：

① 框选所要成块的图形的所有组成部分（包括线、基本图形、文字或标注），在案例中，我们需要框选组成床平面图形的各个组成部分，线、圆形、矩形，如图 3-9 所示。

图 3-9　图形选择显示

② 输入成块快捷键 B，弹出“预定义”窗口，如图 3-10 所示。在预定义窗口“名称”栏中输入名称“床”点击确认，完成成块操作，如图 3-11 所示。

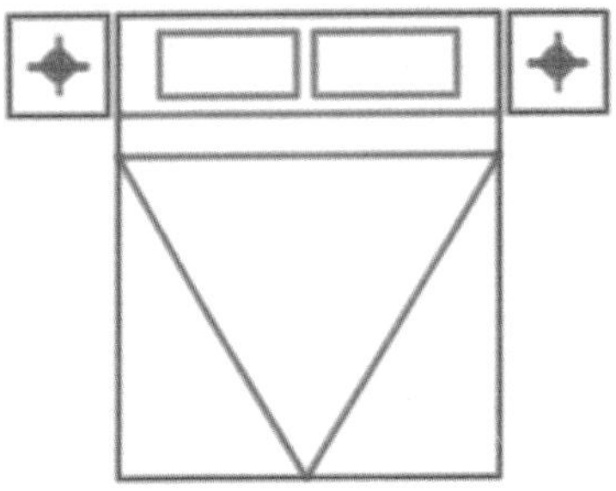

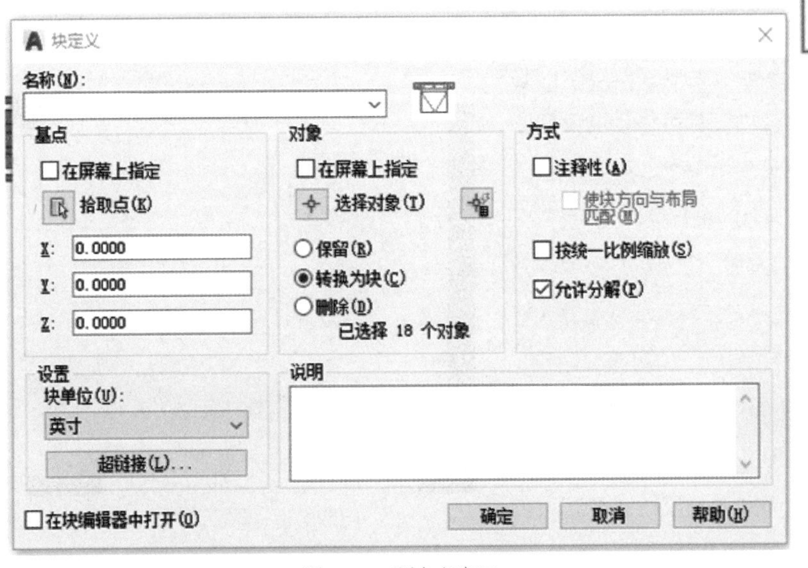

图 3-10　预定义窗口

图 3-11　图形成块后

提示： 在将图形成块操作时，经常会遇到图形的组成部分不在组成的块中的情况？

在 AutoCAD 中，成块的图形比较复杂时，就需要多次选择以便将图形的组成部分全部选中“成块”。

成块之后的图形在进行选择、复制和移动等操作时非常轻松，建议大家在使用 AutoCAD 软件时要养成成块的好习惯，提高绘图的效率和准确性。

3.6 分解工具

分解工具图标是 ，快捷键是 X 或者 .X（点 X）。一般简单图形使用 X 键就可以分解，复杂图形可以使用 .X 进行分解。分解的含义是将整体图形或者已成块的图形分解成零散的图形，便于后期编辑、修改。分解工具可将已绘制的矩形、正方形、多段线，或已成组的图形按照绘图需要进行分解。分解工具的具体操作如下：

① 点击“分解”工具图标或者输入快捷键 X（需要单击空格键确认命令输入），按软件提示，选择要分解的对象，在案例图形上点击一下即可选择到图例中的所有图形。

② 单击空格键对图例进行“分解”，此时图例由整体图形变成零散图形，结合设计需要删除电脑图形，得到新图形。

③ 为便于后期修改调整，将已分解修改的图形再次成组，如图 3-13 所示。

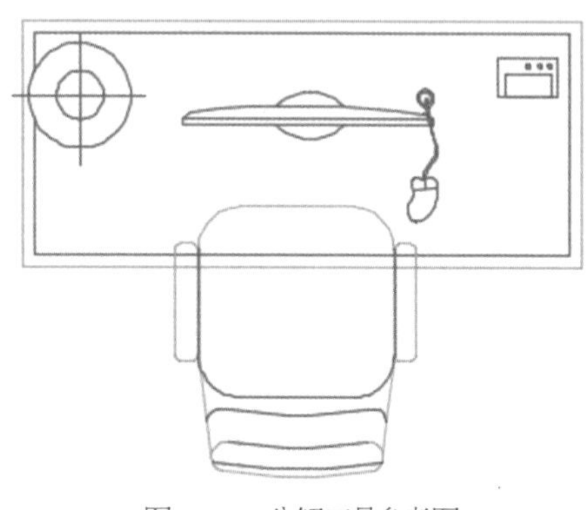

图 3-12 分解工具参考图

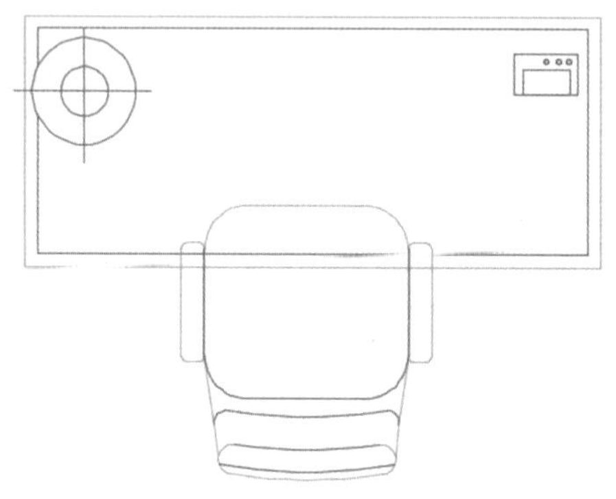

图 3-13 经过分解后图形

3.7 移动工具

移动工具图标是 ，快捷键 M，也是 AutoCAD 软件中使用频率非常高的工具之一。移动工具可移动至任意的位置，也可指定距离移动。在移动工具使用中也涉及了“基点”选择的问题，下面我们来以具体案例为例进行操作演示：

（1）任意距离移动工具的使用方法

① 首先选择要移动的对象，点击移动工具图标或者输入移动工具快捷键 M（需要单击空格键进行确认），如图 3-15 所示。

② 软件提示指点基点，如图 3-16 所示，基点可以是在图形或图形端点上，也可以是在图形外的任意位置。具体结合绘图需求进行操作，在图形上或者图形外部任意位置点击一下鼠标左键，如图 3-17 所示。

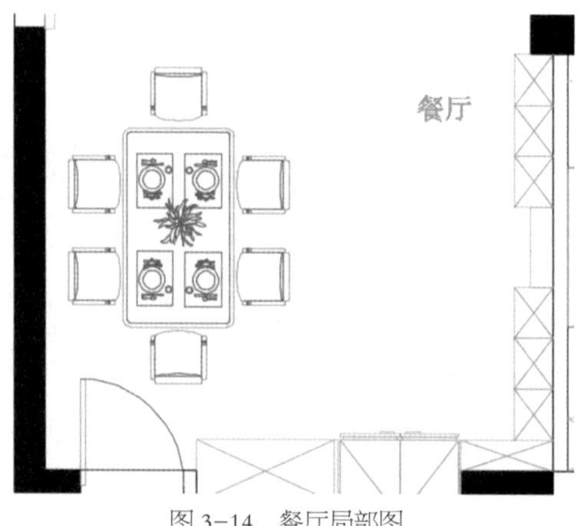

图 3-14 餐厅局部图

③ 移动光标，图形随之移动，如图如 3-18 所示。移动到合适的位置点击鼠标左键进行确认，完成任意距离移动操作如图 3-19 所示。

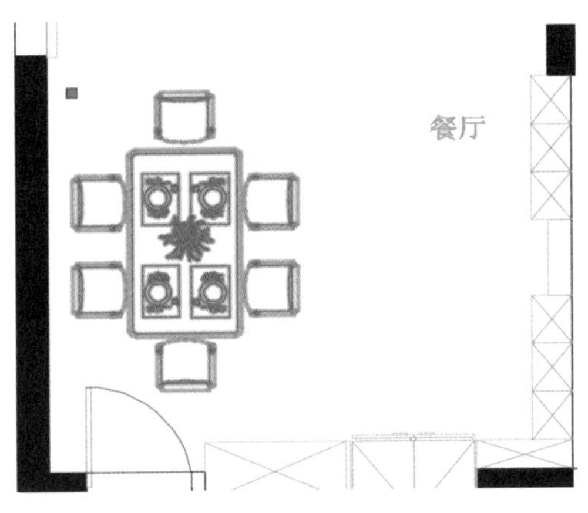

图 3-15　餐桌选中状态显示

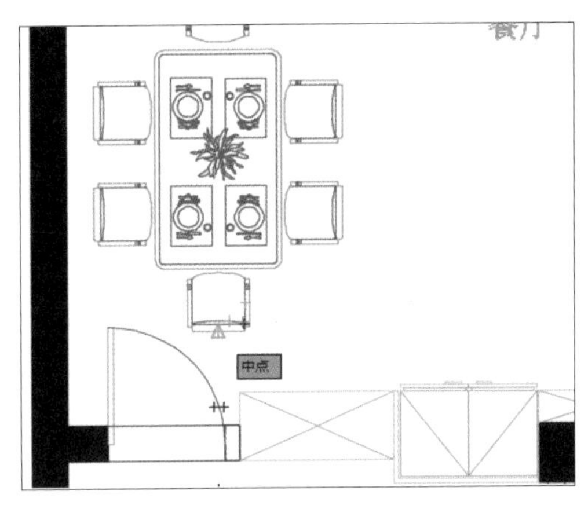

图 3-17　移动工具基点选择

命令: _move 找到 1 个
MOVE 指定基点或 [位移(D)] <位移>:

图 3-16　移动工具命令状态栏提示

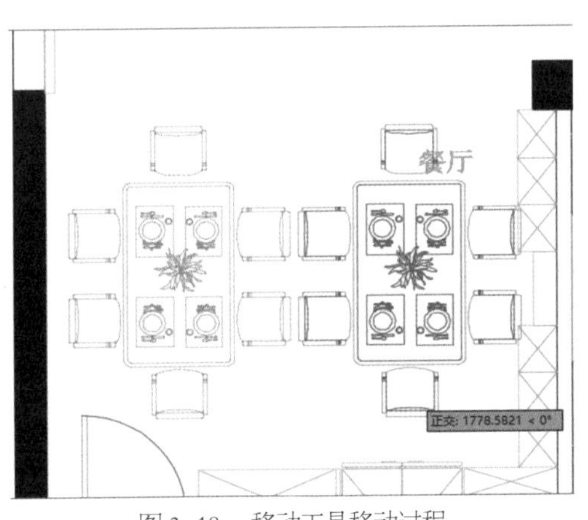

图 3-18　移动工具移动过程

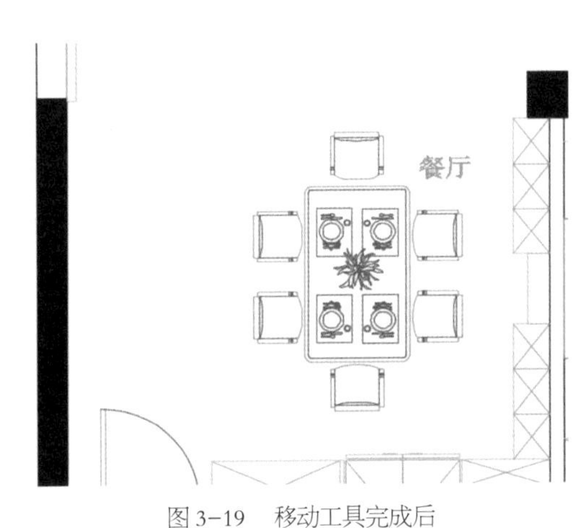

图 3-19　移动工具完成后

（2）指定距离移动工具的使用方法

① 选择要移动的对象图形，点击移动工具图标或者输入移动工具快捷键 M（需要单击空格键进行确认操作）。

② 软件提示指点基点，在图形上或者图形外任意位置点击一下确定基点。

③ 移动光标位置，确定图形移动的方向，例如，向左、向右、向上、向下或者任意位置，输入移动的距离，例如 500，输入数值后点击空格键确认。图形按照指定位置移动操作完成。

提示：指定距离移动之后，可用测量工具 DI 进行验证。

3.8 旋转工具

旋转工具图标是 ，快捷键是 RO（需要单击空格键进行确认输入）。旋转工具可以改变图形方向，可以将图形旋转任意角度，在建筑装饰设计中通常对图形的旋转是以 90° 为单位进行操作的。结合具体案例，旋转工具具体使用方法如下：

① 点击旋转工具图标或者输入旋转工具快捷键 RO（需要单击空格键进行确认输入），软件提示选择对象，如图 3-21 所示，本例中是要将床图形布置到建筑框架图中，故在床图形上点击一下，此时，床图形呈选中状态显示，如图 3-22 所示。

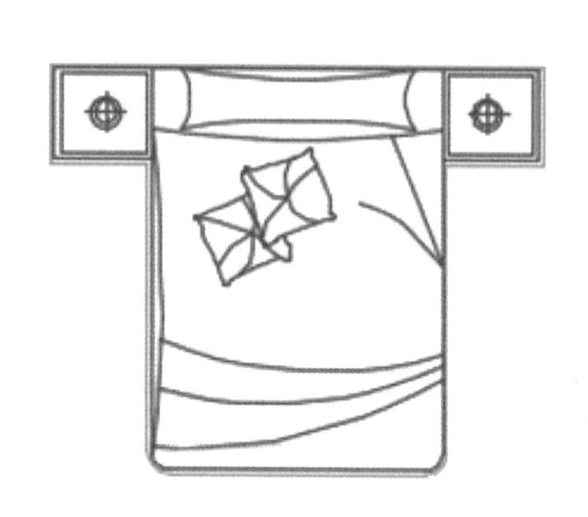

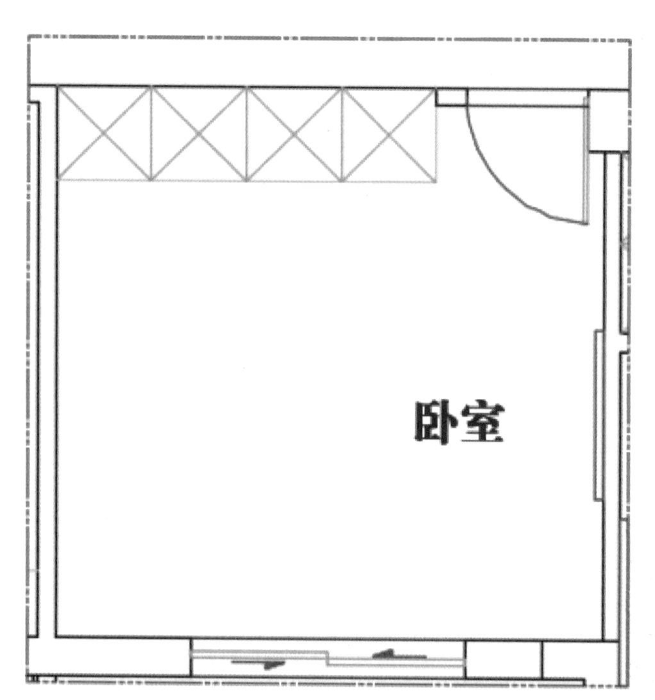

图 3-20　床和卧室局部平面图

图 3-22　床图形选中状态显示

UCS 当前的正角方向：　ANGDIR=逆时针　ANGBASE=0
ROTATE 选择对象：

图 3-21　旋转工具命令状态提示

② 单击一下空格键，软件提示指定基点，基点即参照点，案例中因为需要对床图形进行精确旋转，故将正交（F8）打开，在床图形的端点上点击一下，移动光标位置，床图形随之旋转，当床图形旋转到指定方向时单击鼠标左键完成旋转操作，如图 3-23 所示。

③ 使用移动工具（M），将旋转好的床图形移动到建筑框架图中，操作完成，如图 3-24 所示。

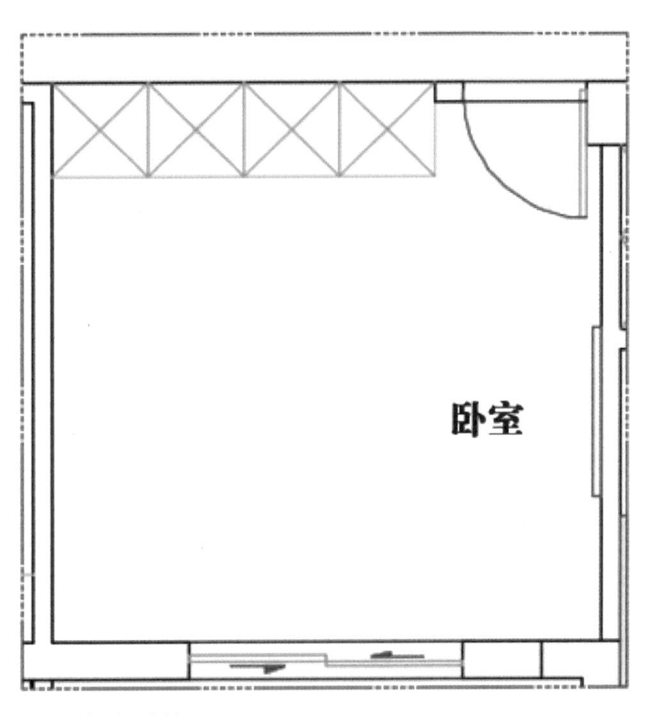

图 3-23　床图形旋转

提示： 在对图形进行旋转时，可输入角度，为确保旋转效果，建议将基点指定到图形上，对图形进行精确旋转时，建议开启正交（F8），结合不同的图形灵活地使用正交工具。

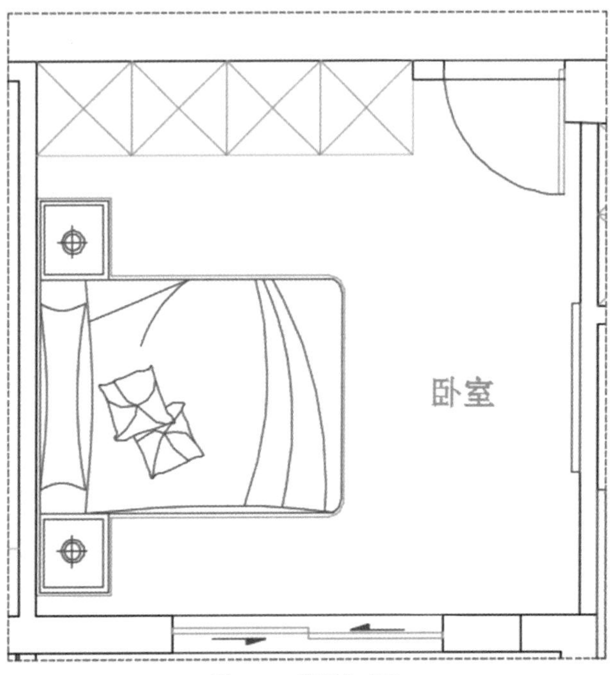

图 3-24　图形合成后

3.9 偏移工具

偏移工具图标是 ![icon]，快捷键 O。偏移工具多用在绘制建筑装饰图形的墙线、轮廓线的绘制上，使用简单，效果好。偏移工具的具体操作方法如下：

① 结合前面所学指定直线绘制方法绘制建筑墙内轮廓线，如图 3-25 所示。点击偏移工具图标或者输入偏移工具快捷键 O（需要单击空格键确认输入），软件提示，“指定偏移距离”，如图 3-26 所示。输入数值 240，如图 3-27 所示。单击空格键进行确认。此时软件提示“选择要偏移的对象”

② 移动光标在已绘制的建筑墙内轮廓上点击一下，此时软件提示“指定要偏移的那一侧上的点”，如图 3-28 所示。案例中是需要将建筑墙内轮廓线向左偏移，故将光标移动到轮廓线的左边点击一下左键，此时，建筑墙线由单线变成双线，如图 3-29 所示。

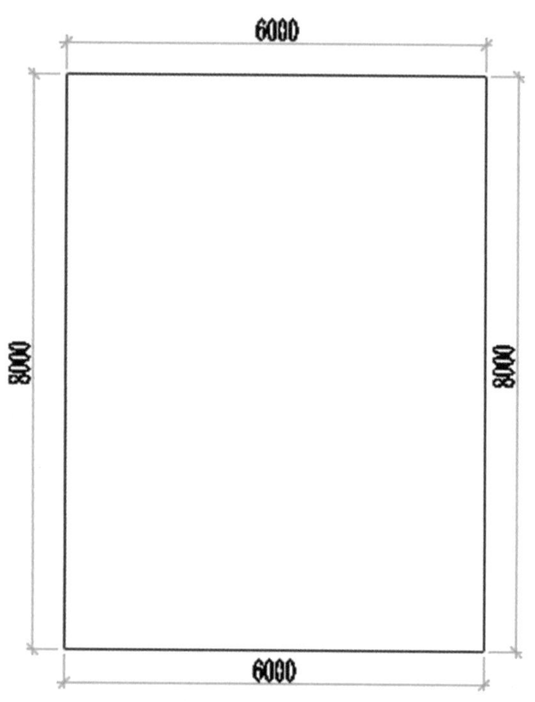

6000
8000
8000
6000
图 3-25　建筑轮廓图

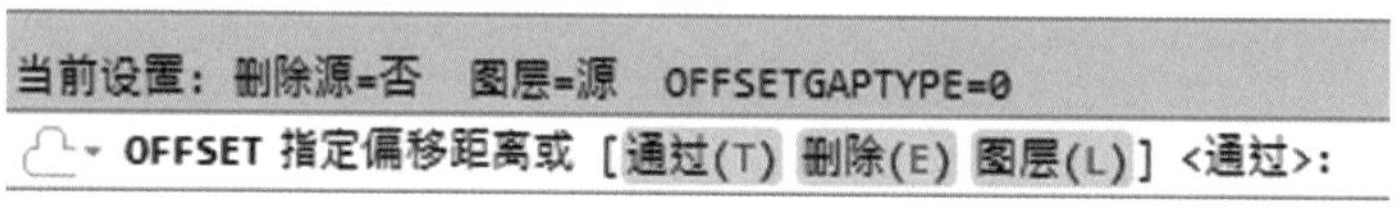

当前设置：删除源=否　图层=源　OFFSETGAPTYPE=0
OFFSET 指定偏移距离或 [通过(T) 删除(E) 图层(L)] <通过>:
图 3-26　偏移工具使用命令状态提示

指定偏移距离或 [通过(T)/删除(E)/图层(L)] <通过>: 240
OFFSET 选择要偏移的对象，或 [退出(E) 放弃(U)] <退出>:
图 3-27　偏移工具使用命令状态提示

OFFSET 指定要偏移的那一侧上的点，或 [退出(E) 多个(M) 放弃(U)] <退出>:
图 3-28　偏移工具使用命令状态提示

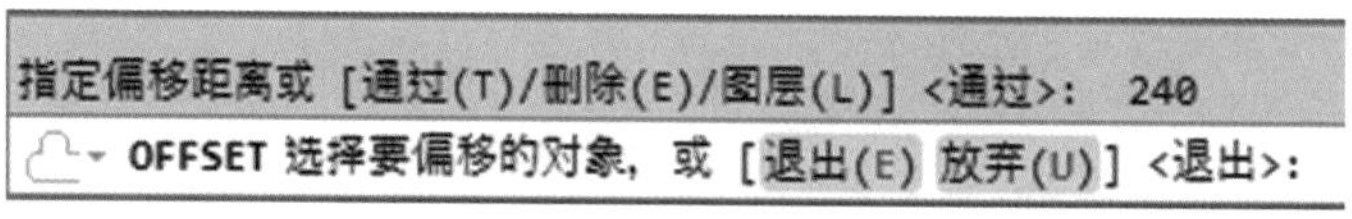

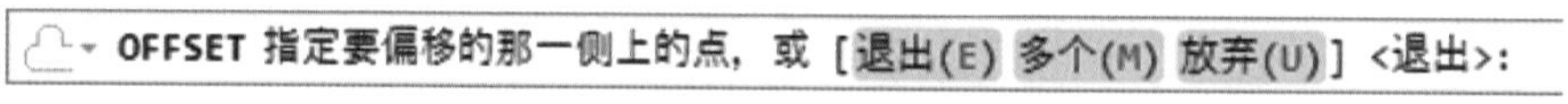

240

图 3-29　经过偏移后的建筑轮廓图

提示：偏移工具使用对象只能是线或者是未成块的图形，在已成块的图形上偏移工具使用无效；偏移工具可多次连续使用，只需单击空格键即可继续使用；偏移的方向是根据需要进行确定，向哪边偏移，就朝那个方向点击。

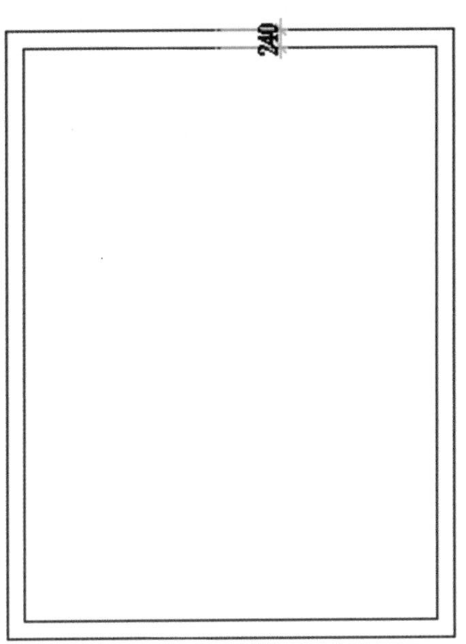

3.10 缩放工具

缩放工具图标是 ，快捷键是 SC，缩放工具在处理需要变换尺寸的图形时作用明显，当输入的倍数＞ 1 时是放大；当输入的倍数＜ 1 时是缩小，在缩放工具使用过程中也需要“指定基点”。缩放工具的具体操作方法如下：

① 点击缩放工具图标或输入缩放快捷键 SC（需要点击空格键进行确认输入），软件提示选择对象，如图 3-30 所示，选择要缩放的图形，单击空格键，此时软件提示“指定基点”，如图 3-31 所示。

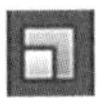

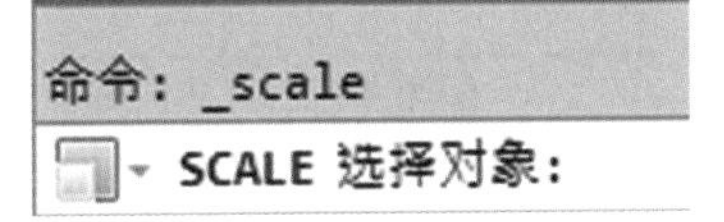

命令：_scale
SCALE 选择对象：

图 3-30　缩放工具提示

选择对象：
SCALE 指定基点：

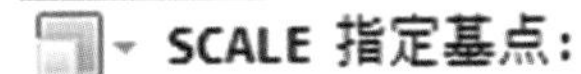

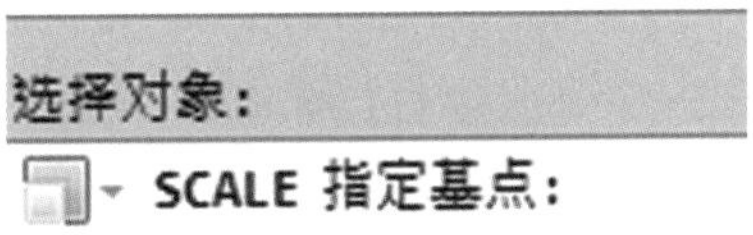

图 3-31　缩放工具提示

② 移动光标，在要缩放的图形上点击一下（将基点指定到图形上），此时软件提示指定比例因子，如图 3-32 所示。即图形缩放的倍数，输入数值 2，如图 3-33 所示。单击空格键，完成缩放操作，如图 3-34 所示。

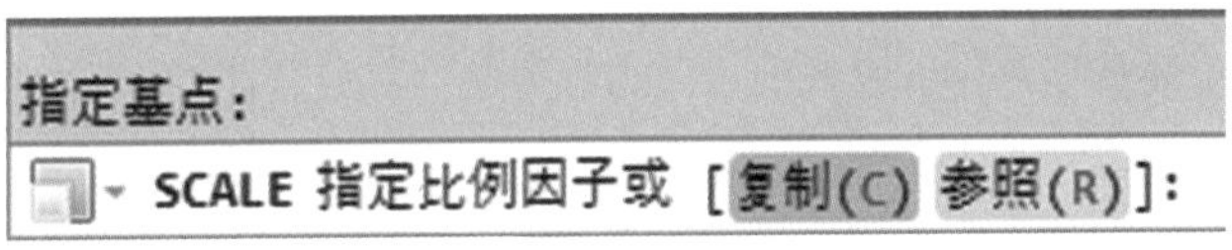

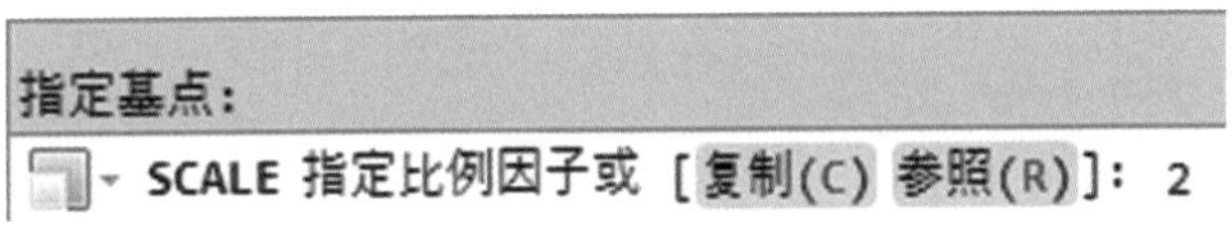

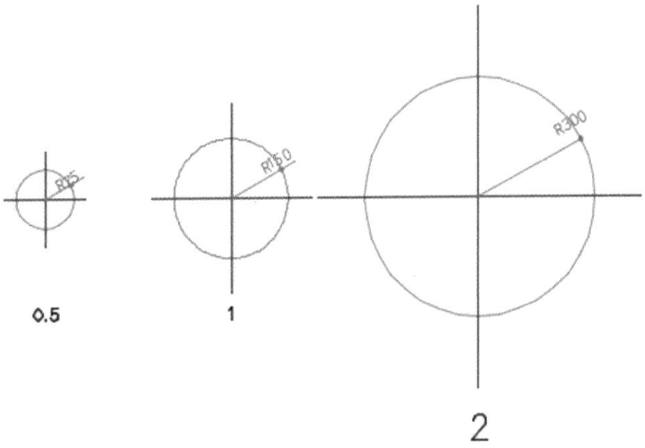

提示：在使用缩放工具对图形进行缩放操作时，建议将基点指定到图形上，以免图形缩放后找不到。

指定基点：
SCALE 指定比例因子或 [复制(C) 参照(R)]：

图 3-32　缩放工具提示

指定基点：
SCALE 指定比例因子或 [复制(C) 参照(R)]： 2

图 3-33　缩放工具提示

R150
R300
0.5
1
2

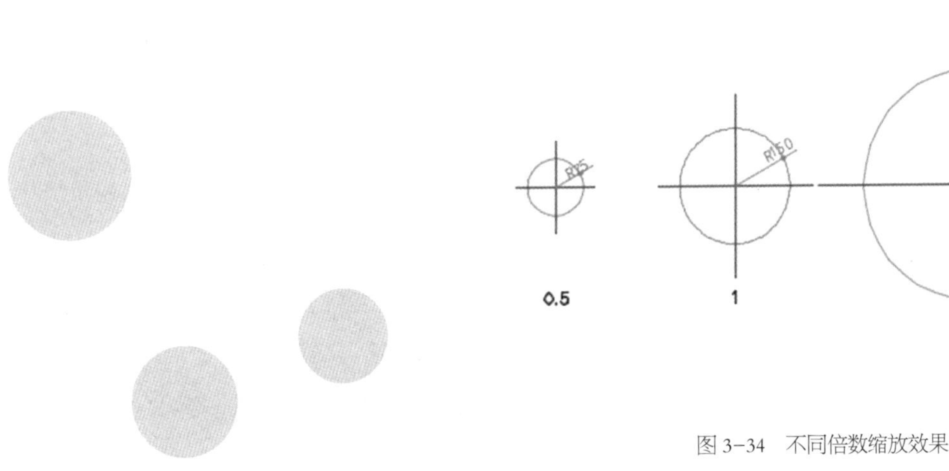

图 3-34　不同倍数缩放效果

3.11 拉伸工具

拉伸工具图标是 ，快捷键 S，其也是 AutoCAD 软件中功能非常强大的工具之一。拉伸工具的作用是对线或者图形进行拉伸，以达到修改尺寸的作用，拉伸工具的具体操作方式如下：

① 单击拉伸工具图标或者输入拉伸工具快捷键 S（需要单击空格键进行确认输入），此时软件提示“以交叉窗口或交叉多边形选择要拉伸的对象”，如图 3-36 所示。

以交叉窗口或交叉多边形选择要拉伸的对象...
STRETCH 选择对象：

图 3-36　拉伸工具状态提示

② 以交叉窗口的方式从右下到左上框选所要拉伸的点或者线，如图 3-37 所示单击空格键，此时软件提示“选择对象：指定对角点：找到 4 个”，单击空格键，如图 3-38 所示。

③ 指定基点，移动光标，图形尺寸发生变化，如图 3-39 所示。将光标移动到一定位置后单击鼠标左键完成拉伸操作，得到修改尺寸后的新图形，如图 3-40 所示。

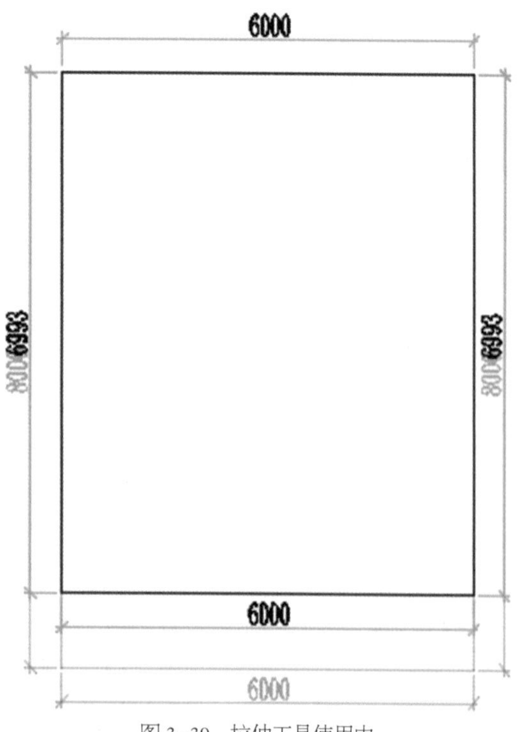

图 3-39　拉伸工具使用中

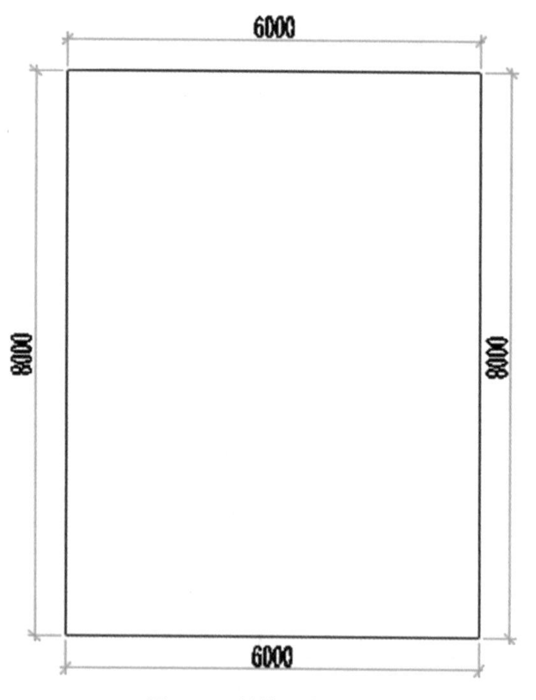

图 3-35　拉伸工具参照图

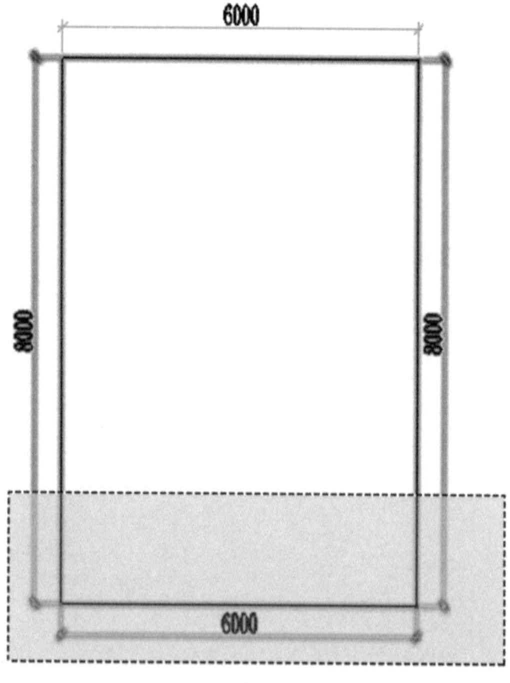

图 3-37　拉伸工具交叉窗口选择

选择对象：指定对角点：找到 4 个
STRETCH 选择对象：

图 3-38　拉伸工具状态提示

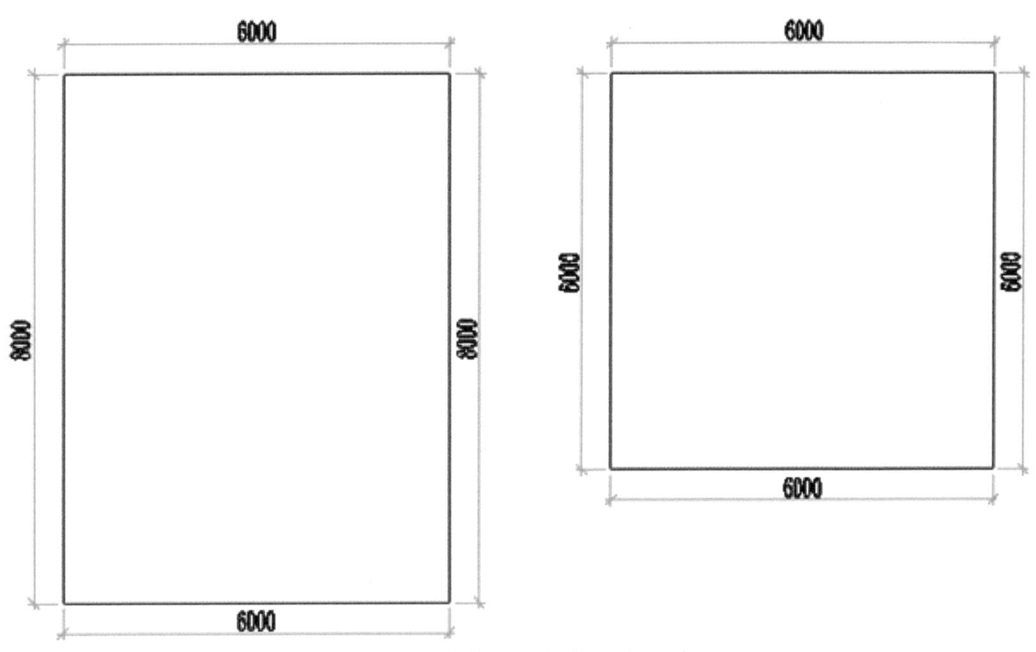

图 3-40　拉伸工具使用前后图形对比

提示：在拉伸工具的使用过程中，当选择拉伸对象时，一定是使用交叉窗口方式（从右下到左上）进行选择。

使用拉伸工具选择了拉伸对象之后也可以输入数值进行制定尺寸的拉伸操作；拉伸工具不能在成块的图形上使用。

3.12 阵列工具

阵列工具图标是 ，快捷键 AR（需要单击空格键进行确认），阵列在同一图形元素的排列中使用效果明显，陈列可分为：矩形阵列、路径阵列、极轴阵列（环形阵列），操作简单快捷。阵列工具的具体操作方式如下：

（1）矩形阵列

① 输入阵列快捷键 AR，单击空格键确认，软件提示“ARRAY 选择对象”，如图 3-42 所示。在要阵列的图形上点击一下，图形呈蓝色显示，选中状态如图 3-43 所示。

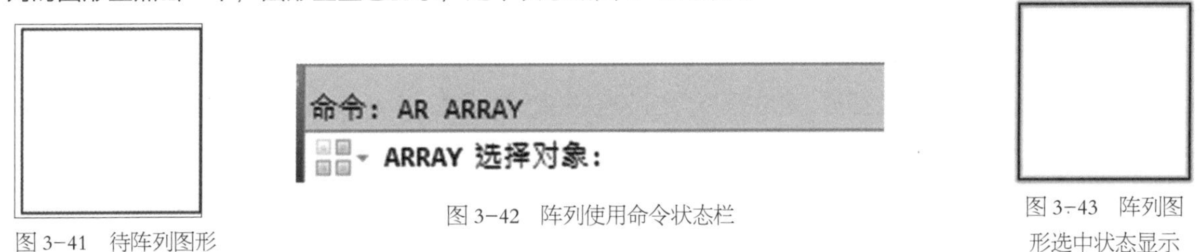

图 3-41　待阵列图形

图 3-42　阵列使用命令状态栏

图 3-43　阵列图形选中状态显示

② 单击空格键，命令状态栏提示“输入阵列类型”。矩形阵列输入代号字母“R”，如图 3-44 所示。此时软件提示“选择夹点以编辑阵列或［关联（AS）基点（B）计数（COU）间距（S）列数（COL）行数（R）层数（L）退出（X）］”，如图 3-45 所示。

③ 输入“列数”字母 COL 可以改变阵列列数；输入“行数”字母 R 可改变层数，如图 3-46 所示。

选择对象：找到 1 个
ARRAY 选择对象： 输入阵列类型 [矩形(R) 路径(PA) 极轴(PO)] <极轴>:

图 3-44 阵列类型选择显示

图 3-45 阵列效果显示

类型 = 矩形 关联 = 是
ARRAY 选择夹点以编辑阵列或 [关联(AS) 基点(B) 计数(COU) 间距(S) 列数(COL) 行数(R) 层数(L) 退出(X)] <退出>:

图 3-46 矩形阵列参数设置

（2）环形阵列

① 环形阵列方法与基本类似，输入阵列快捷键 AR，单击空格键确认，软件提示“ARRAY 选择对象”，如图 3-49 所示。在要阵列的图形上点击一下，图形呈蓝色显示即是选中状态［若要阵列对象比较复杂建议先组成块（B），便于选择］如图 3-50 所示。

指定阵列的中心点或 [基点(B)/旋转轴(A)]:
ARRAY 选择夹点以编辑阵列或 [关联(AS) 基点(B) 项目(I) 项目间角度(A) 填充角度(F) 行(ROW) 层(L) 旋转项目(ROT) 退出(X)] <退出>:

图 3-47 环形阵列参数设置

② 单击空格键，命令状态栏提示“输入阵列类型”，极轴（环形）阵列输入代号字母“PO”。单击空格键，软件提示“ARRAY 指定阵列的中心点或［基点（B）旋转轴（A）］”，如图 3-51 所示。

③ 输入基点字母 B，移动光标，将光标移动到圆的边上，圆心显示出来如图 3-52 所示。鼠标左键在圆心上点击一下，所选择图形呈环状在圆桌一圈显示，如图 3-53 所示。

图 3-48　待环形阵列图形

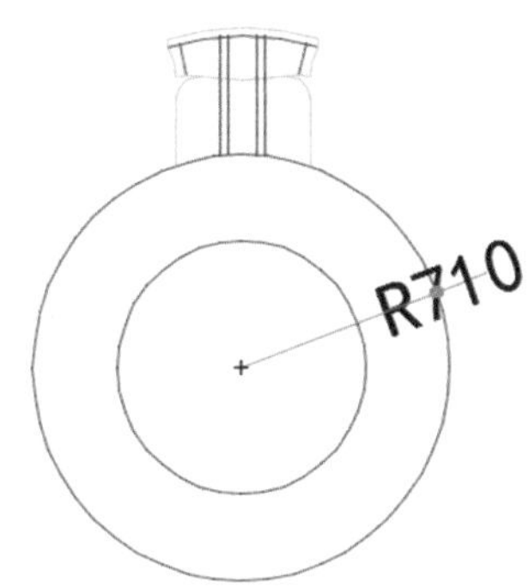

图 3-52　环形阵列圆心选中提示

选择对象：找到 1 个
ARRAY 选择对象：

图 3-49　环形阵列状态提示

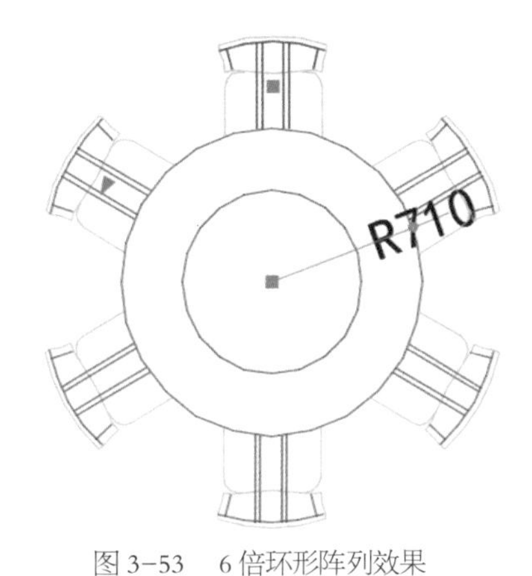

图 3-53　6 倍环形阵列效果

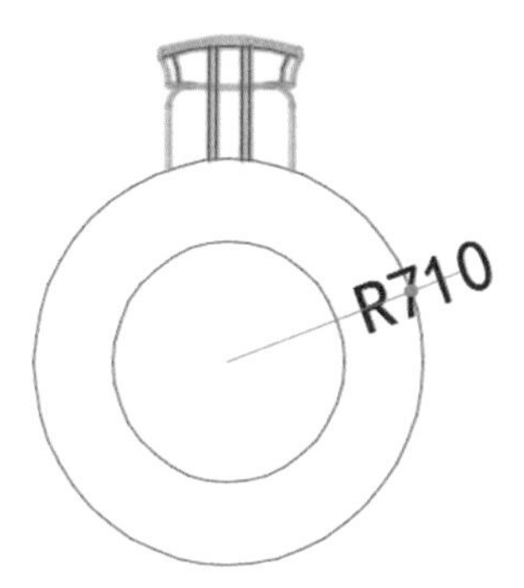

图 3-50　环形阵列图形选中状态显示

类型 = 极轴　关联 = 是
ARRAY 指定阵列的中心点或 [基点(B) 旋转轴(A)]:

图 3-51　环形阵列状态提示

④ 若需要调整阵列个数可输入“项目”代号字母 I，如图 3-54 所示；空格键，然后输入数值（本例中输入 7），如图 3-55 所示；再点击空格键，确认输入，得到新阵列图形之后单击 ESC 键退出阵列工具使用，阵列操作完成，如图 3-56 所示。

指定阵列的中心点或 [基点(B)/旋转轴(A)]:
ARRAY 选择夹点以编辑阵列或 [关联(AS) 基点(B) 项目(I) 项目间角度(A) 填充角度(F) 行(ROW) 层(L) 旋转项目(ROT) 退出(X)] <退出>:

图 3-54　环形阵列状态提示

选择夹点以编辑阵列或 [关联(AS)/基点(B)/项目(I)/项目间角度(A)/填充角度(F)/行(ROW)/层(L)/旋转项目(ROT)/退出(X)] <退出>: i
ARRAY 输入阵列中的项目数或 [表达式(E)] <6>: 7

图 3-55　6 倍环形阵列效果

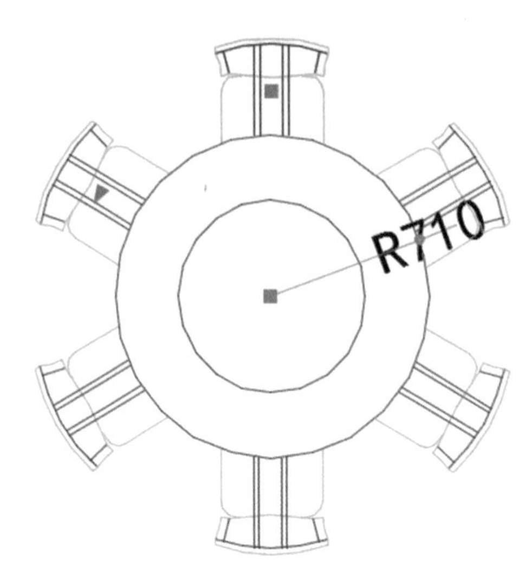

图 3-56　6 倍环形阵列效果

3.13 圆角工具

圆角工具图标是  ，快捷键 F，圆角工具作用很强大，可将成角的相邻两条边进行由直角或其他角度变换成圆弧的，如图 3-57 所示，也可将相邻两条可相交的线进行封闭（多用在使用偏移工具绘制墙线时）。圆角工具涉及半径 R，当半径 R 为小于边长的数值时，两条相邻边呈圆角显示；当半径 R 为 0 时，相邻两条线呈直角或任意角度封角显示。圆角工具具体使用方法如下：

（1）圆角工具圆角操作

① 点击圆角工具图标或输入圆角工具快捷键 F（需要单击空格键进行确认输入），软件提示“FILLET 选择第一个对象或 [放弃（U）、多段线（P）半径（R）、修剪（T）、多个（M）]”，如图 3-58 所示。

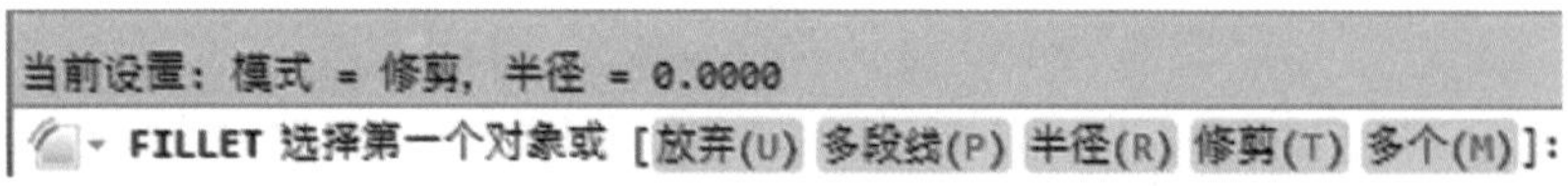

当前设置：模式 = 修剪，半径 = 0.0000
FILLET 选择第一个对象或 [放弃(U) 多段线(P) 半径(R) 修剪(T) 多个(M)]:

图 3-58　圆角工具命令状态栏

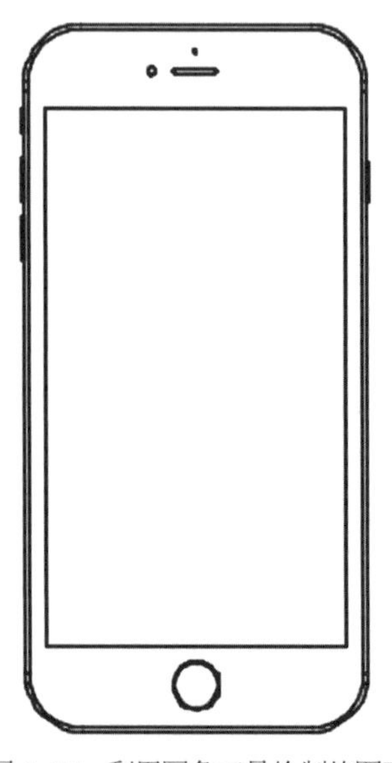

图 3-57　利用圆角工具绘制的图形

② 输入半径代号字母 R 后，单击空格键输入数值，例如 13，如图 3-60 所示。输入数值后单击空格键确认。此时软件提示“FILLET 选择第一个对象”，移动光标分别在相邻两条边上进行点击，此时原本直角的相邻两边变成圆弧，如图 3-61 所示。

③ 单击空格键，继续使用圆角工具，无需再输入 R 及数值，软件会记忆之前的输入，将其他三个角也转换成圆角显示，如图 3-62 所示。

选择第一个对象或 [放弃(U)/多段线(P)/半径(R)/修剪(T)/多个(M)]: r 指定圆角半径 <0.0000>: 13
FILLET 选择第一个对象或 [放弃(U) 多段线(P) 半径(R) 修剪(T) 多个(M)]:

图 3-60　圆角工具命令状态栏

图 3-59 绘制矩形图形

图 3-61 圆角工具命令操作

图 3-62 圆角工具命令操作完成

（2）圆角工具封角操作

① 点击圆角工具图标或输入圆角工具快捷键 F（需要单击空格键进行确认输入），软件提示“FILLET 选择第一个对象或 [放弃（U）多段线（P）半径（R）修剪（T）多个（M）]”。

② 输入半径代号字母 R 后，单击空格键输入数值，例如 0，输入数值后单击空格键确认。此时软件提示“FILLET 选择第一个对象”，移动光标分别在相邻两条边上进行点击，此时原本直角的相邻两边变成圆弧;

③ 单击空格键，继续使用圆角工具，无需再输入 R 及数值，软件会记忆之前的输入，将其余的相邻线进行闭合封角。

注意：圆角工具不能用在成块的图形中，已成块图形需要分解（X）之后才能使用圆角工具。

圆角工具使用时输入的半径数值不能超过边长，故在进行圆角操作时输入的半径 R 数值一定不能大于边长，否则无法圆角；圆角工具可在矩形、多段线图形中直接使用。

3.14 倒角工具

倒角工具图标为是 ，快捷键 CHA。倒角工具的功能是将已成角的相邻两条边进行“切角”操作，得到新的图形，如图 3-63 所示。倒角工具的使用涉及距离 D，具体操作如下：

① 绘制图 3-64，矩形（REC）尺寸为 1000×1000。

② 点击倒角工具图标或者输入倒角快捷键 CHA（需要单击空格键进行确认）如图 3-65 所示。输入字母 D，选择距离模式倒角，输入数值 200，如图 3-66 所示。单击空格键确认，如图 3-67 所示。软件提示“指定第二个倒角距离”，再次输入 200，如图 3-68 所示，单击空格键确认。

③ 软件提示“选择第一条直线”，如图 3-69 所示。在已绘制的矩形的左边的边上点击一下，此时软件提示“选择第二条边”，如图 3-70 所示。在其上面边上点击一下，第一个角倒角完成，如图 3-71、图 3-72 所示。

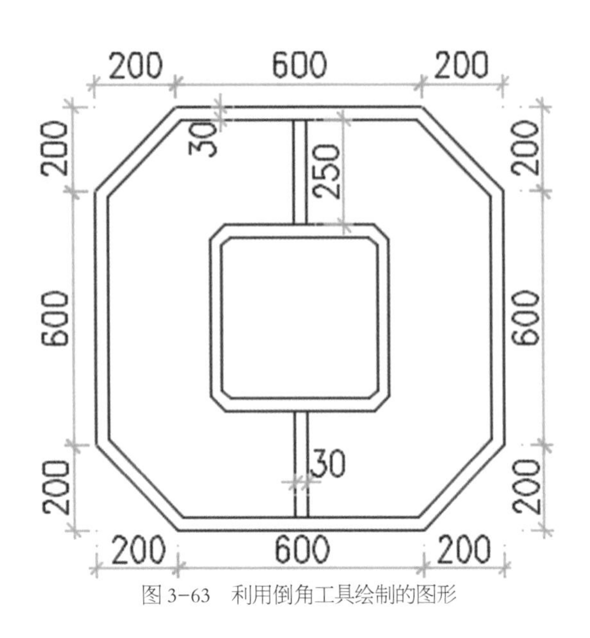

图 3-63　利用倒角工具绘制的图形

图 3-64　绘制 1000×1000 正方形

("修剪"模式) 当前倒角距离 1 = 0.0000, 距离 2 = 0.0000

CHAMFER 选择第一条直线或 [放弃(U) 多段线(P) 距离(D) 角度(A) 修剪(T) 方式(E) 多个(M)]: d

图 3-65　倒角工具命令状态栏

("修剪"模式) 当前倒角距离 1 = 0.0000, 距离 2 = 0.0000

CHAMFER 选择第一条直线或 [放弃(U)/多段线(P)/距离(D)/角度(A)/修剪(T)/方式(E)/多个(M)]: d 指定 第一个 倒角距离 <0.0000>: 200

图 3-66　倒角工具命令数值一输入

选择第一条直线或 [放弃(U)/多段线(P)/距离(D)/角度(A)/修剪(T)/方式(E)/多个(M)]: d 指定 第一个 倒角距离 <0.0000>: 200

CHAMFER 指定 第二个 倒角距离 <200.0000>: 200

图 3-67　倒角工具命令数值一输入确认

选择第一条直线或 [放弃(U)/多段线(P)/距离(D)/角度(A)/修剪(T)/方式(E)/多个(M)]: d 指定 第一个 倒角距离 <0.0000>: 200

CHAMFER 指定 第二个 倒角距离 <200.0000>:

图 3-68　倒角工具命令数值二输入

指定 第二个 倒角距离 <200.0000>: 200

CHAMFER 选择第一条直线或 [放弃(U) 多段线(P) 距离(D) 角度(A) 修剪(T) 方式(E) 多个(M)]:

图 3-69　倒角工具命令状态栏数值二输入确认

选择第一条直线或 [放弃(U)/多段线(P)/距离(D)/角度(A)/修剪(T)/方式(E)/多个(M)]:

CHAMFER 选择第二条直线, 或按住 Shift 键选择直线以应用角点或 [距离(D) 角度(A) 方法(M)]:

图 3-70　倒角工具操作

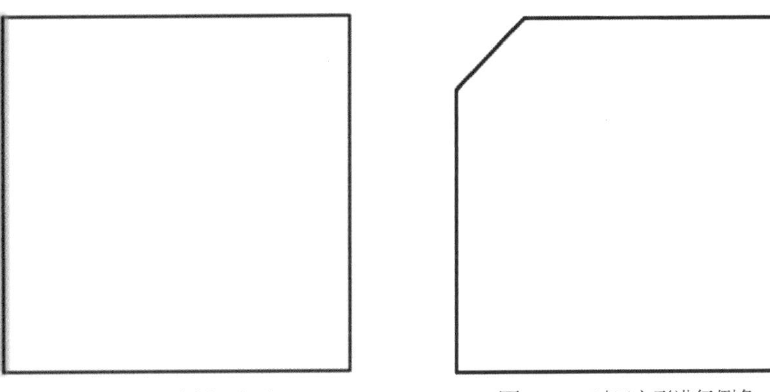

图 3-71　绘制正方形　　图 3-72　对正方形进行倒角

④ 单击空格键，继续使用倒角工具，无需再输入数值，软件默认上一次输入。继续在剩余六条边上点击得到新图形，如图 3-73 所示。

⑤ 结合前面所学对已倒角矩形轮廓向内偏移 30mm 的距离，如图 3-74 所示。完成后再向内偏移 250mm，再向内偏移 30mm，完成后得到里面的倒角图形，上下各绘制距离为 250mm、间距为 30mm 的平行线，将两个图形相连，检查数据是否准确，图形绘制完成，如图 3-75 所示。

图 3-73　对正方形所有角进行倒角　　图 3-74　对倒角正方形进行偏移　　图 3-75　对倒角正方形进行编辑

3.15 修剪工具

修剪工具图标是 ，快捷键是 TR(需要快速双空格键进行确认输入)，修剪工具是 AutoCAD 中使用频率非常高的工具之一，操作也十分简单，“哪里不要剪哪里”。修剪工具的操作方法如下：输入修剪工具快捷键 TR，快速单击空格键两下进行确认，如图 3-78、图 3-79 所示。移动光标到需要修剪的部位上进行点击，如图 3-80 所示。可进行多次点击，如图 3-81 所示。剪切后剩余部分可直接用 Delete 键删除，如图 3-82 所示。

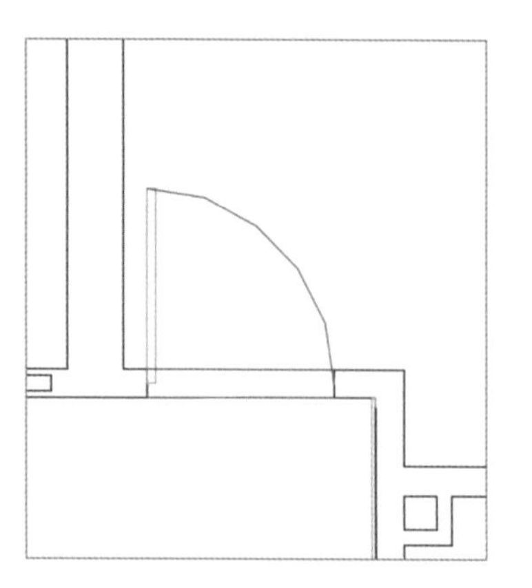

图 3-76　平开门的图形表达

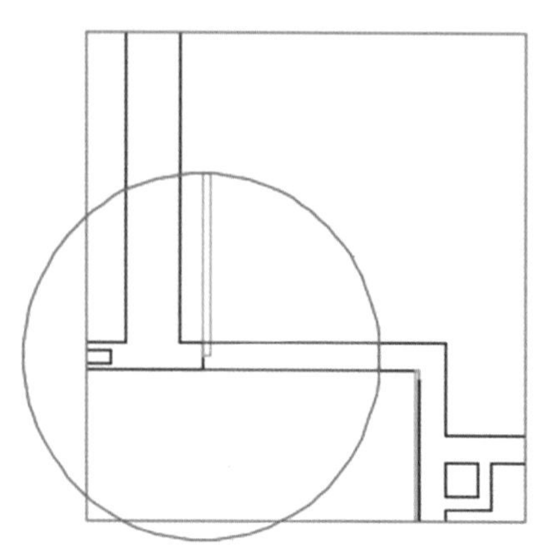

图 3-77　平开门绘制过程图

命令：*取消*
TR

图 3-78　修剪工具命令输入

选择要修剪的对象，或按住 Shift 键选择要延伸的对象，或
TRIM [栏选(F) 窗交(C) 投影(P) 边(E) 删除(R) 放弃(U)]:

图 3-79　修剪工具命令输入选项

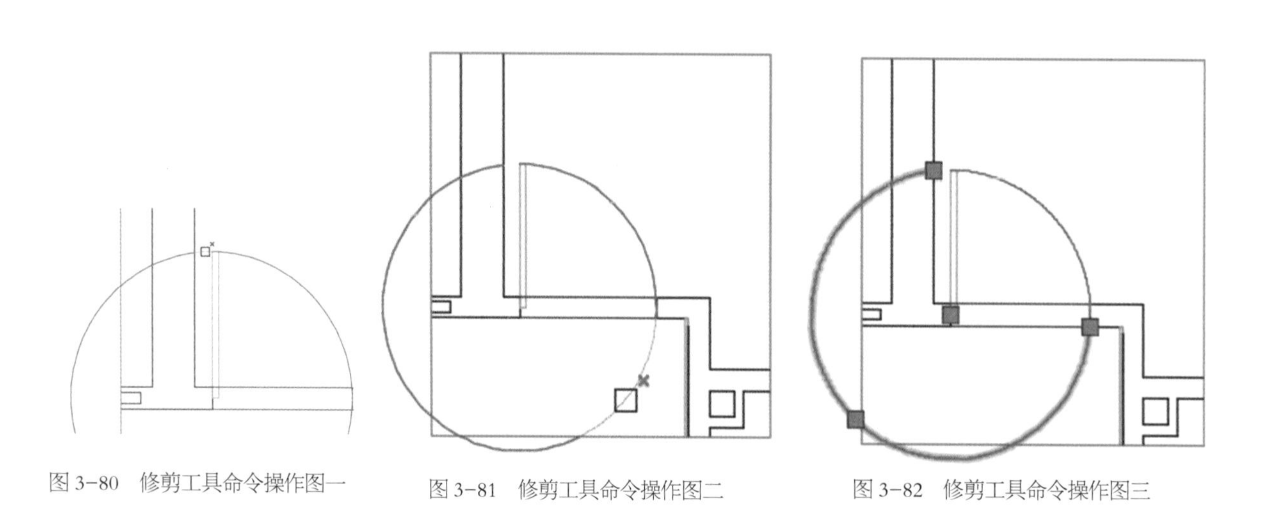

图 3-80　修剪工具命令操作图一　　图 3-81　修剪工具命令操作图二　　图 3-82　修剪工具命令操作图三

提示：修剪工具快捷键输入比图标输入更加简单高效，建议使用快捷键，在使用快捷键操作输入TR 后要快速单击空格键两下进行确认；修剪工具不能直接在已成块的图形上使用，若要使用可将成块图形分解（X）。

3.16 延伸工具

延伸工具图标是 ，延伸工具快捷键EX（需要快速双击空格键进行确认输入），延伸工具是对能相交的两条或多条直线进行的操作，通过使用延伸工具，可使直线相交。具体操作如下：

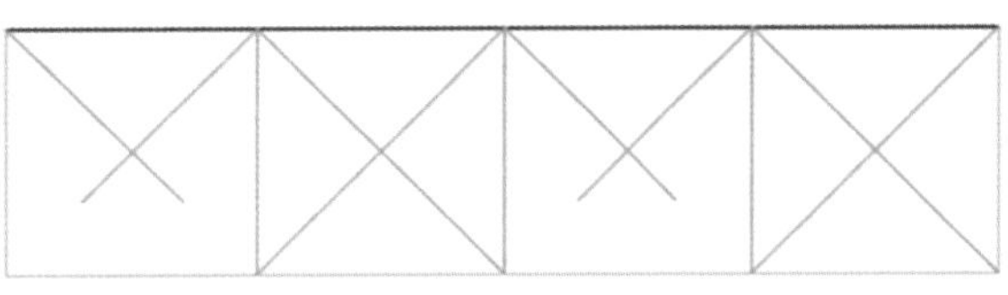
图 3-83　衣柜图形表达

① 输入延伸快捷键 EX，如图 3-84 所示。快速双击空格键，软件提示“选择要延伸的对象”，如图 3-85 所示。

图 3-84　延伸工具命令输入

② 移动光标到要延伸的线上进行点击，直线延伸，如图3-86 所示。继续在需要延伸的线上点击，延伸操作完成，如图 3-87 所示。

选择要延伸的对象，或按住 Shift 键选择要修剪的对象，或
EXTEND [栏选(F) 窗交(C) 投影(P) 边(E) 放弃(U)]:

图 3-85　延伸工具命令状态栏

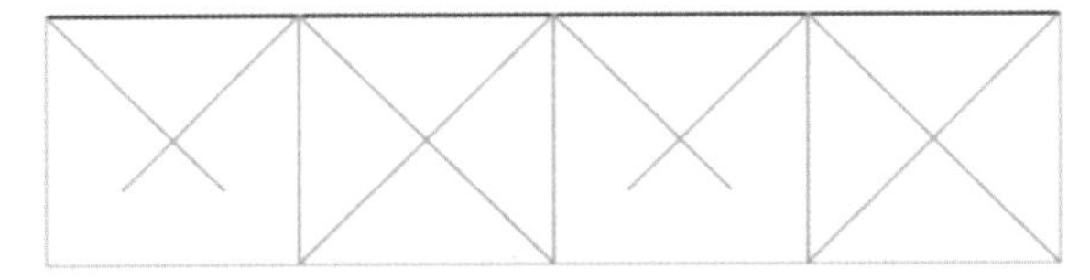
图 3-86　延伸工具使用

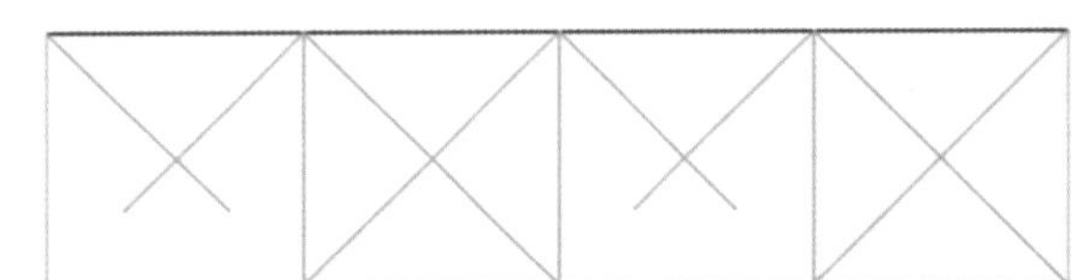
图 3-87　延伸工具调整后的衣柜图形

3.17 对齐工具

对齐工具快捷键是 AL，对齐工具在处理旋转工具（RO）无法达到精确对齐操作时，作用明显。通常对齐操作需要结合垂足捕捉进行操作，对齐工具具体操作如下：

① 输入对齐快捷键 AL，单击空格键确认输入，如图 3-89 所示。软件提示“选择对象”，如图 3-90 所示。在图例中煤气灶图形上点击一下，如图 3-91 所示。单击空格键，软件提示“指定第一个源点”，如图 3-92 所示。

图 3-89　对齐工具命令输入

命令：AL ALIGN
ALIGN 选择对象：

图 3-90　对齐工具命令输入

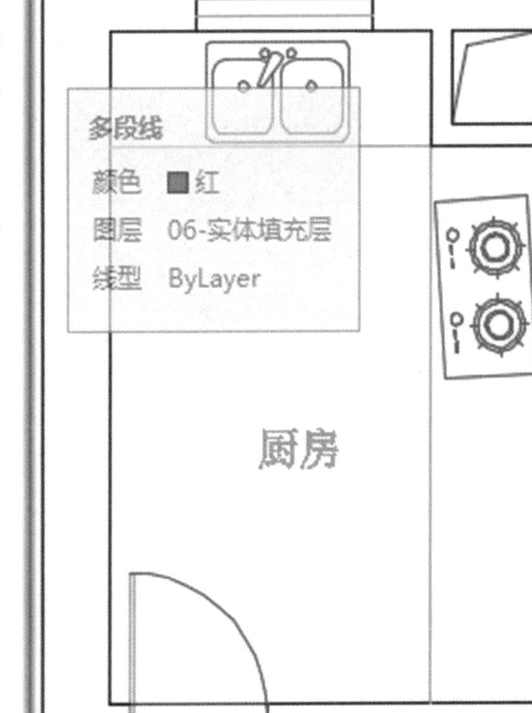

图 3-88　待对齐图形

厨房

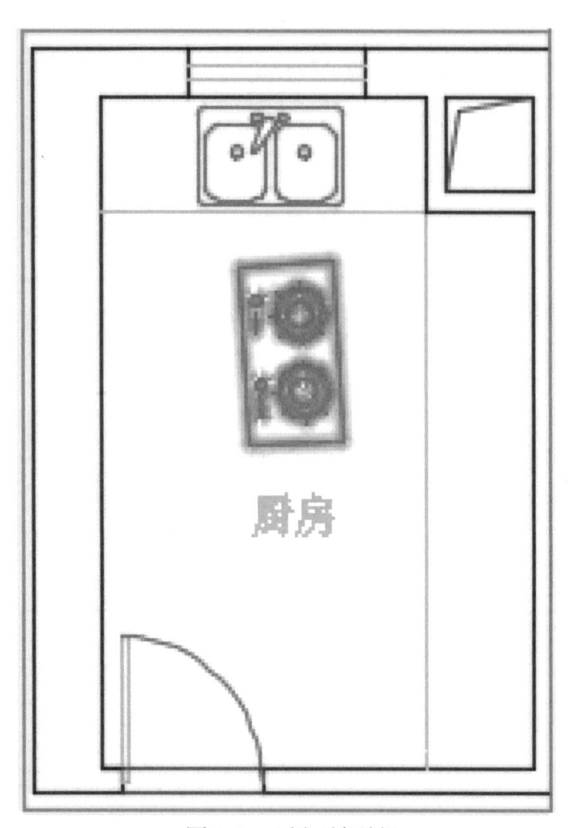

图 3-91　对齐对象选择

选择对象:
ALIGN 指定第一个源点:

图 3-92　对齐工具操作提示

② 从源点引出一条线与墙线垂直（会出现垂足符号），在垂足符号上单击鼠标左键，如图 3-93 所示。软件提示“指定第二个源点”，如图 3-96 所示。

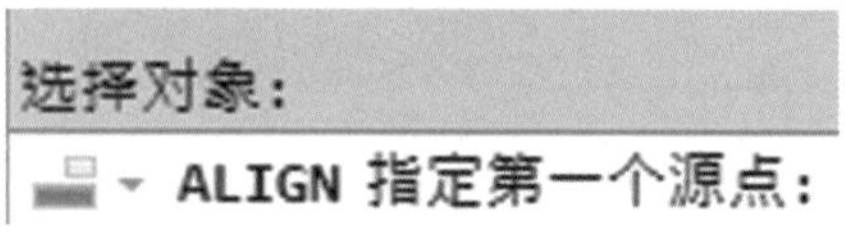

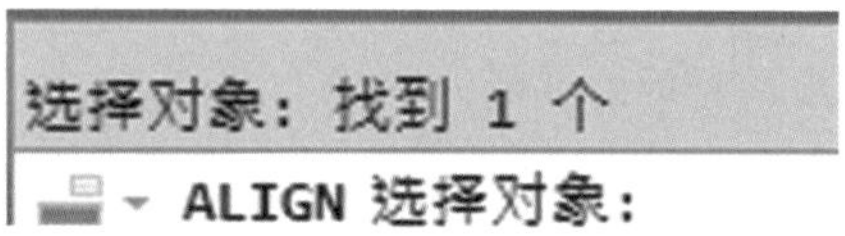

选择对象: 找到 1 个
ALIGN 选择对象:

图 3-94　对齐工具操作提示

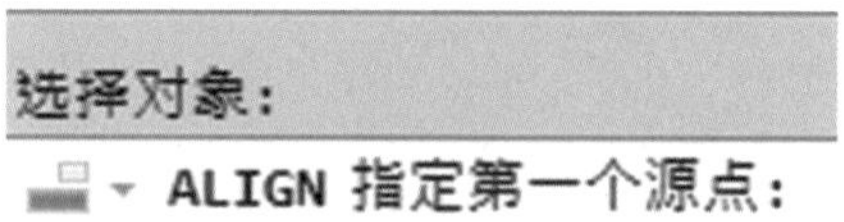

选择对象:
ALIGN 指定第一个源点:

图 3-95　对齐工具操作提示

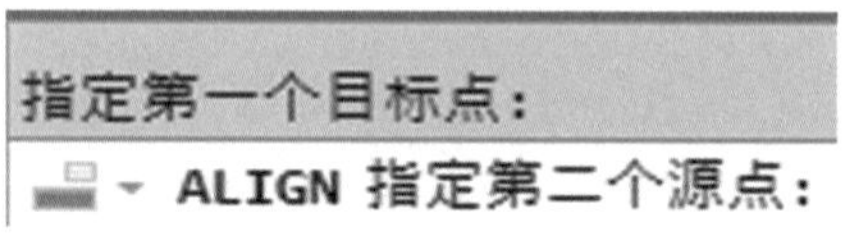

指定第一个目标点:
ALIGN 指定第二个源点:

图 3-96　对齐工具操作提示

垂足
厨房

图 3-93　对齐工具图形操作一

厨房
垂足

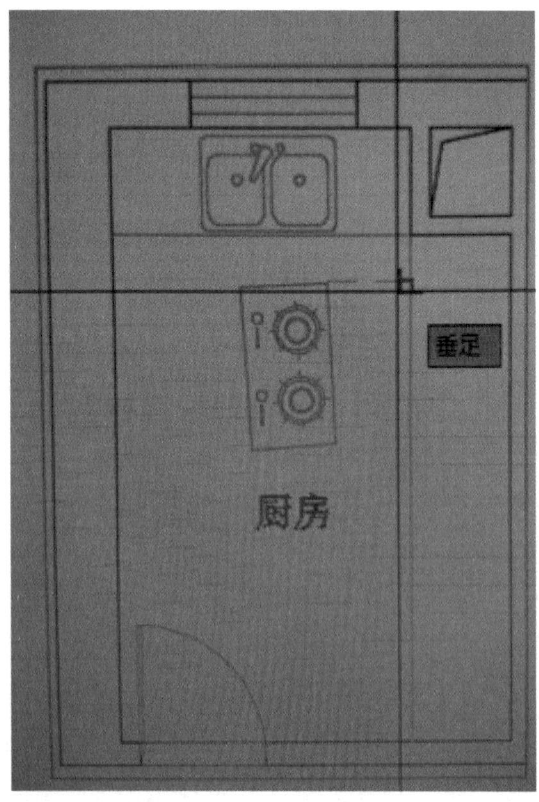

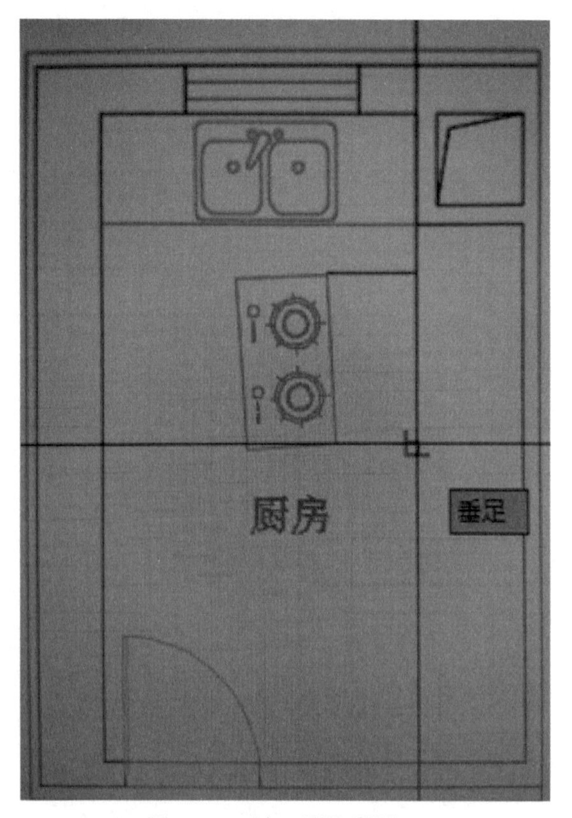

图 3-97　对齐工具图形操作二

③ 从煤气灶图形上再引出一条线与墙线垂直，如图 3-97 所示。在垂足符号上单击鼠标左键。

④ 快速双击空格键，煤气灶图形与墙对齐。

⑤ 移动煤气灶图形到合适位置，对齐操作完成，如图 3-98 所示。

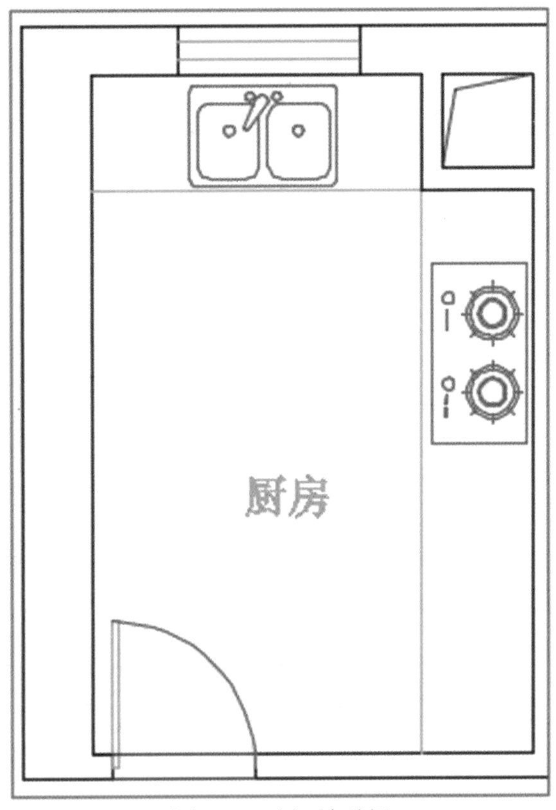

图 3-98　对齐对象选择

3.18 均分工具

均分工具快捷键 DIV（需要单击空格键进行确认输入），均分工具可将线段或图形进行任意等分，均分操作只在图形上新创建点，不截断图形，能保持图形的完整，操作简单，效果好。均分工具的操作过程如下：

① 输入均分工具快捷键 DIV，如图 3-100 所示。单击空格键确认输入，软件提示“选择要定数等分的对象”，在矩形图形上点击一下，如图 3-101 所示。

② 软件提示“输入线段数目”，如图 3-102 所示。输入 6，如图 3-103 所示。单击空格键，在矩形上点击会看到均分所创建的点，均分工具操作完成，如图 3-104 所示。

图 3-99　绘制矩形 1200 × 800

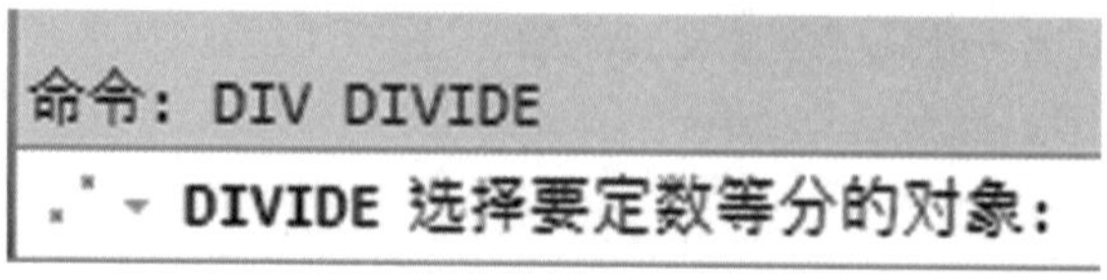

命令: DIV DIVIDE
DIVIDE 选择要定数等分的对象:

图 3-100　均分命令输入

1200
800

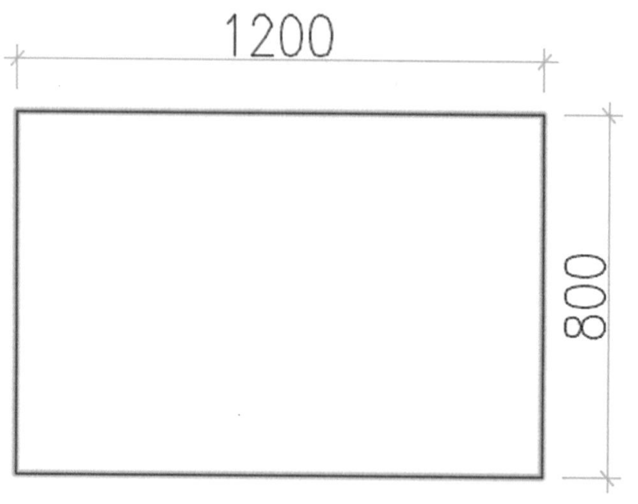

图 3-101　均分对象选择

选择要定数等分的对象:
DIVIDE 输入线段数目或 [块(B)]:

图 3-102　均分段数输入提示

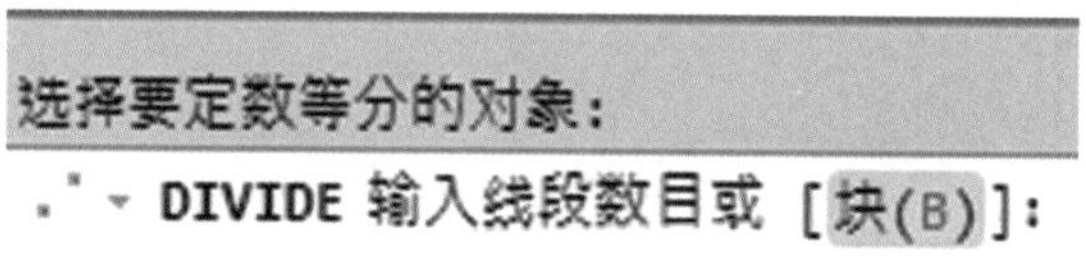

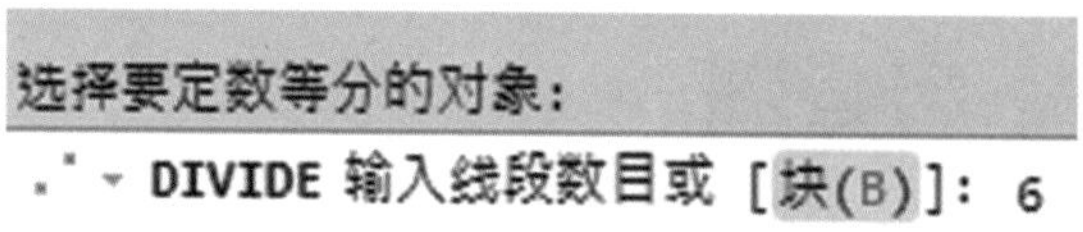

选择要定数等分的对象:
DIVIDE 输入线段数目或 [块(B)]: 6

图 3-103　均分段数输入

1200
800

图 3-104　均分操作效果

提示： 均分工具不能在已成块的图形上使用，对已成块图形使用时需要先将其分解（X）；均分工具使用时会在图形上新添加点，有时即使将图形删除了，这些点也有可能还在绘图区中，故在删除图形时应检查均分时所创建的点是否已删除，以免图形输出打印时影响图面效果。

3.19 填充工具

填充工具图标是 ，填充工具快捷键 H，填充工具既可以填充图案，也可以填充色彩或渐变色填充，如图 3-105、图 3-106 所示。对图形填充可以丰富图形、模拟实际施工生产材料铺装效果，填充对图形封闭性要求较高，只要掌握技巧，即可快速对图形进行填充。在对图形进行填充时建议先检查图形的封闭性，可结合前面所学的内容进行辅助，例如，多段线工具（PL）、圆角工具 F(R 为 0 时可封角)、延伸工具（EX）等工具。

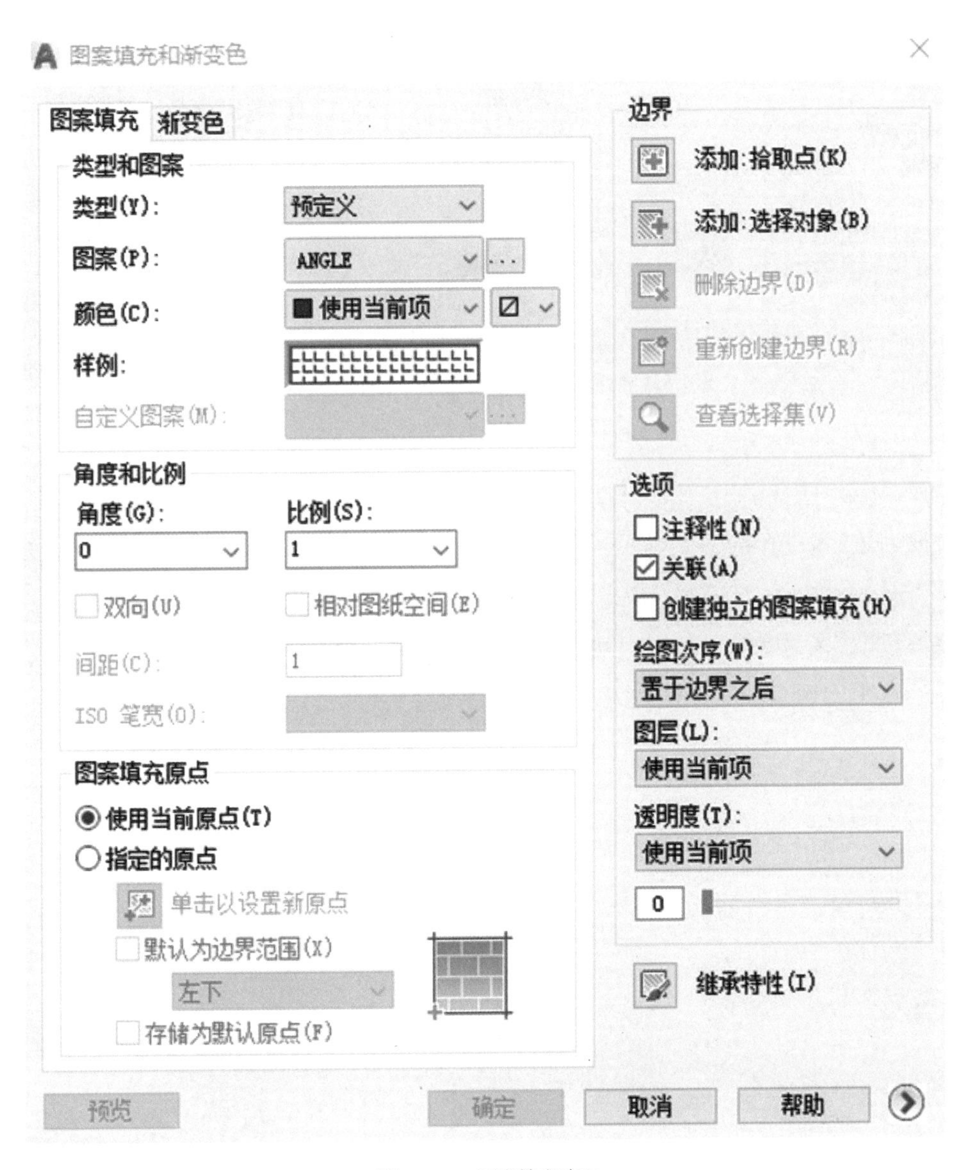

图 3-105　图案填充窗口

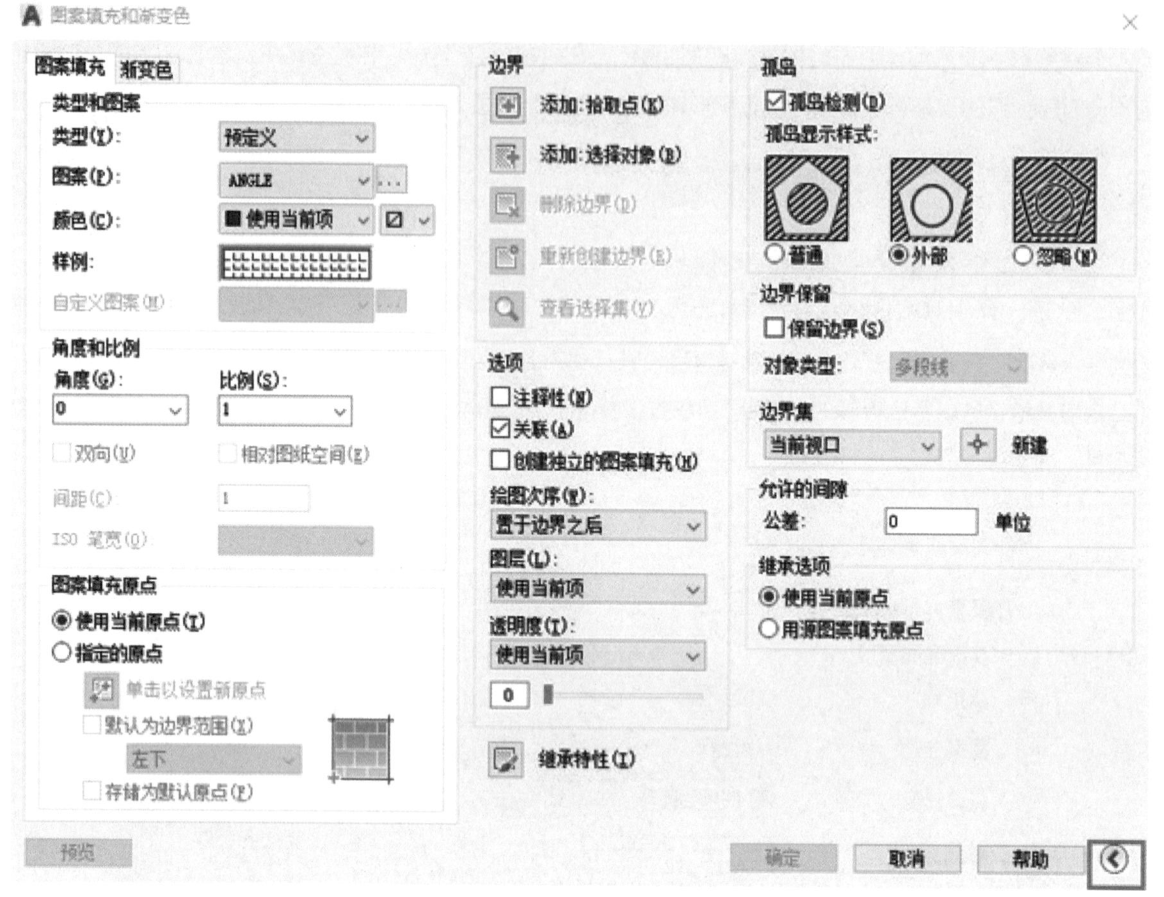

图 3-106　图案填充窗口拓展

图形填充是采用图案的形式对图形进行填充，即 类型(Y): 预定义 图案。

A. 填充既可以选择“预定义”（软件自带的图案），也可选择“用户定义”或“自定义”一般多以“预定义”图案为主。

B. 图案填充的图案 图案(P): ANGLE ... 可通过点击名称进行选择，也可单击图案后的按钮 ... 进行选择，如图 3-107 所示。

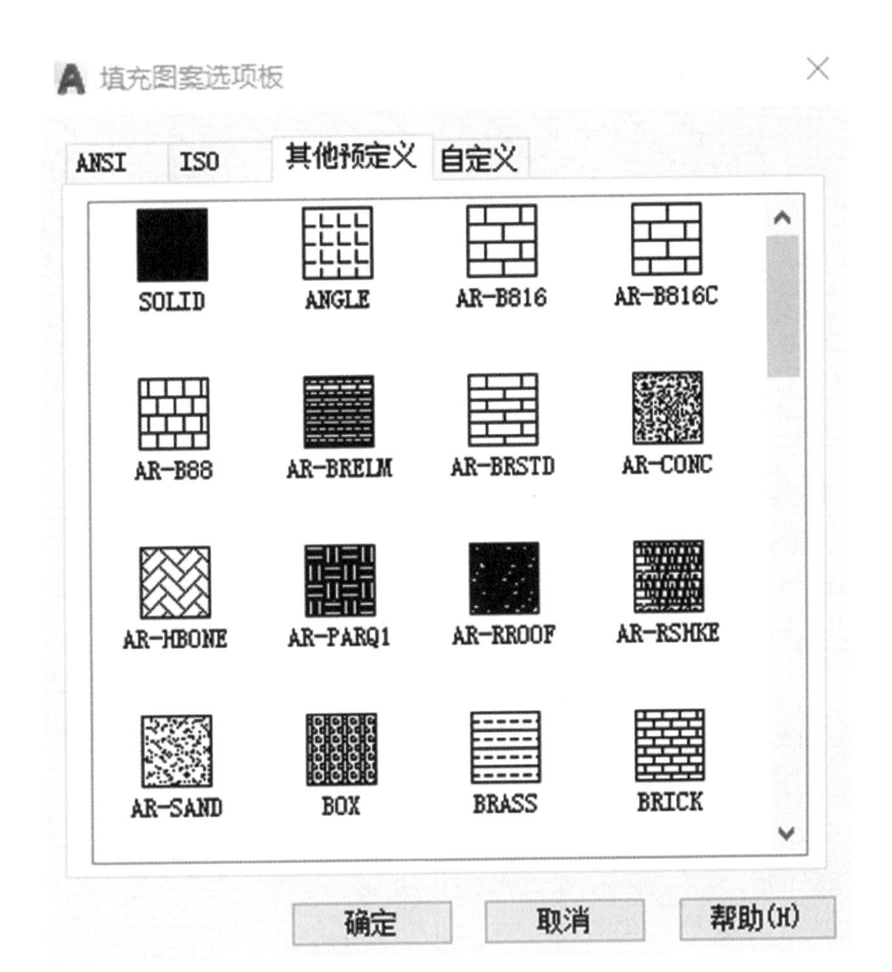

图 3-107　图案填充窗口拓展

C. 颜色(C): ■使用当前项 ，“ 颜色 ” 可以控制填充图案的颜色，为保证绘图的层次分明，建议填充图案选择浅灰色系。一般通过图层设置进行调整。

D. 可以通过角度和比例对填充图案形式进行调整和编辑 角度(G): 0 比例(S): 1 ，角度范围为 0°~345° ；比例可根据需要设置任意倍数。

E. 添加:拾取点(K)，“添加拾取点”选择边界的方式一般操作简单，只需在填充的范围内进行点击一下即可找到填充区域，添加拾取点的方式明确地指定了要填充的区域，对填充区域比较好把握，适合简单、面积小、围合边数少的区域填充。

F. 添加:选择对象(B)，“添加选择对象”选择边界的方式对填充对象的要求相对较高，要填充的图形边界最好是封闭多段线，如果不是多段线，需要正好构成一个封闭区域。

以上两种选择边界的方法各有所长，建议在实际操作时灵活使用。

G. 孤岛填充。AutoCAD 一共有三种形式的孤岛填充，如“普通”、“外部”、“忽略”，如图 3-108 所示。

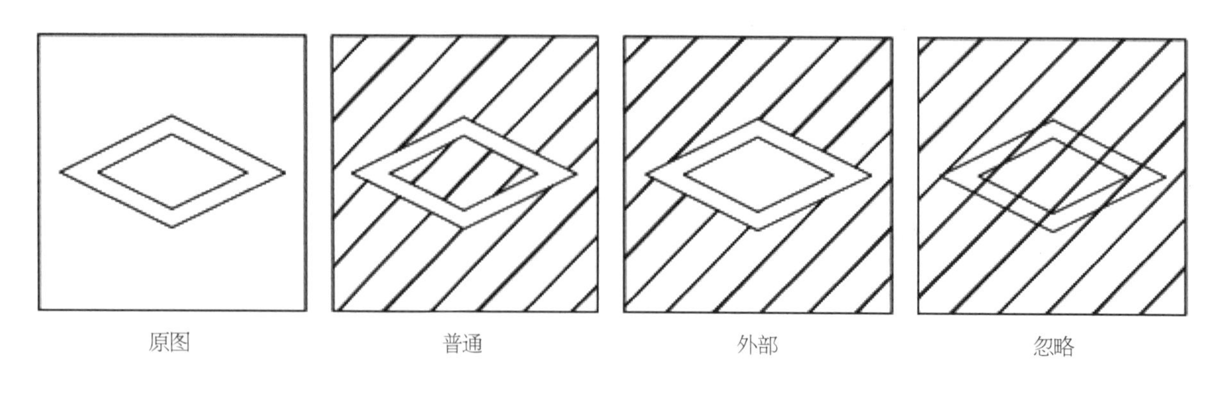

图 3-108　图案“孤岛填充”效果

“普通”填充样式是默认的填充样式，这种样式将从外部边界向内填充。如果填充过程中遇到内部边界，填充将关闭，直到遇到另一个边界为止。

“外部”填充样式也是从外部边界向内填充，并在下一个边界停止。

“忽略”填充样式将忽略内部边界，填充整个闭合区域。

填充工具具体操作如下：

1. 图案填充

（1）“添加拾取点”方式填充

① 点击填充工具图标，或输入填充工具快捷键H(需要单击空格键进行确认输入)，如图3-110所示。案例中因要填充区域面积较小，故采用“添加拾取点”方式确定填充边界，点击“添加拾取点”在图形中央区域点击一下，软件提示“正在分析内部孤岛”，如图 3-111 所示。

② 软件经过分析得到如图 3-112 填充边界，单击空格键，选择要填充的图案，案例中选择地板填充图案“DOLMIT” 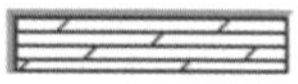 设置比例为 20，点击“预览”按钮，查看图案填充效果，单击空格键弹出“图案填充窗口”，此时可更换填充图案、设置比例、角度，若无误，单击“确定”按钮，进行确定，完成填充操作，如图 3-113 所示。

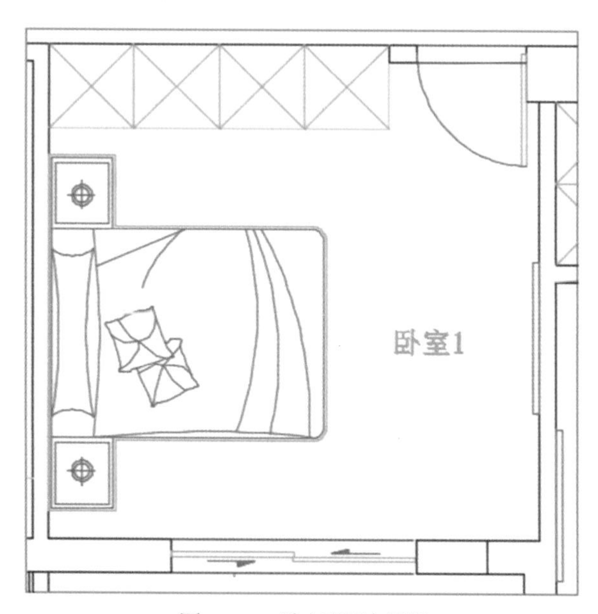

图 3-109　卧室平面布置图

命令: H HATCH

HATCH 拾取内部点或 [选择对象(S) 删除边界(B)]:

图 3-110　填充工具命令输入

正在分析内部孤岛...

HATCH 拾取内部点或 [选择对象(S) 删除边界(B)]:

图 3-111　填充工具输入

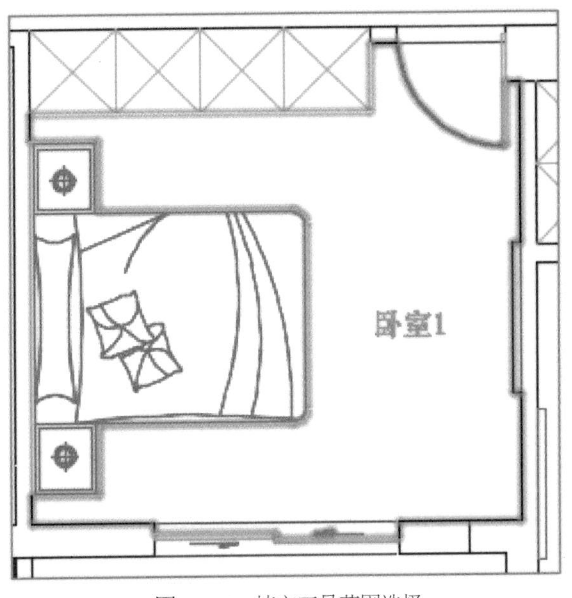

图 3-112　填充工具范围选择

图 3-113　卧室地面填充效果

（2）“选择对象”方式填充

① 使用多段线 PL 借助捕捉工具，在图形中绘制填充范围，得到图 3-115 边界范围；

② 输入填充工具快捷键 H，单击空格键确认，在弹出的图案填充窗口中，选择填充图案，设置填充比例，点击 添加:选择对象(B)，此时软件提示“选择对象”，如图 3-116 所示。

图 3-114　填充工具范围选择

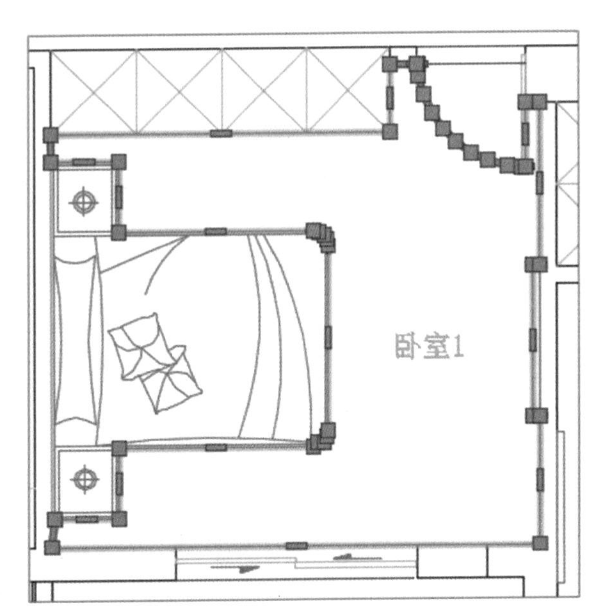

图 3-115　卧室地面填充效果

③ 在已绘制的多段线上点击一下得到图形，如图 3-117 所示。单击空格键，弹出图案填充窗口，点击“预览”按钮，检查填充效果，若无误，单击空格键，在弹出的图案填充窗口中。单击“确定”按钮，单击选择之前绘制的多选线 PL，将其删除，完成填充操作。

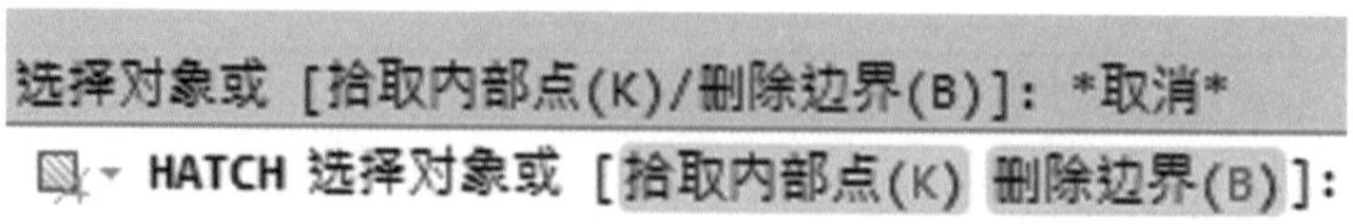

选择对象或 [拾取内部点(K)/删除边界(B)]: *取消*
HATCH 选择对象或 [拾取内部点(K) 删除边界(B)]:

图 3-116 “选择对象”填充状态栏

卧室1

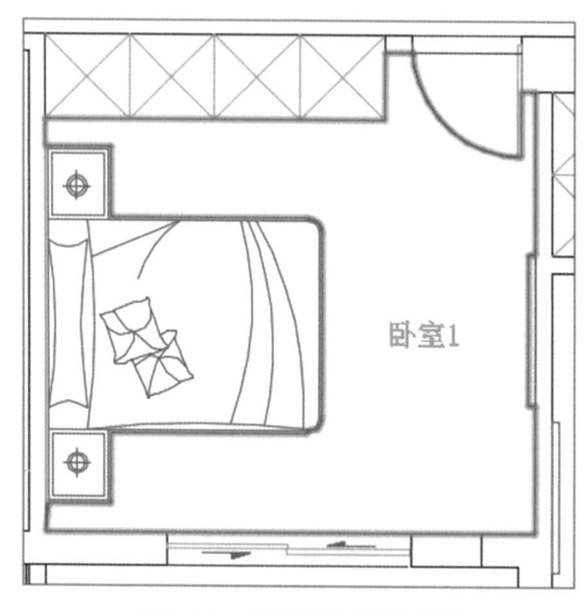

图 3-117 选择多段线为填充范围

提示：图形填充时必须封闭，填充计算填充区域时计算机需要进行大量的计算，建议填充前先将图形保存一遍；材质图案填充时要注意图形的正确性及比例，为保持图形输入的标准美观，应在图层中对填充图案的线性进行设置。

3.20 特性匹配

特性匹配工具图标是 ，特性匹配图标位于属性栏，其快捷键是 MA，特性匹配工具功能十分强大，可以快速地将图形颜色、线型、线宽、图层、标注、字体进行统一，特性匹配工具使用时也涉及“源对象”和“目标对象”的选择，具体操作方法如下：

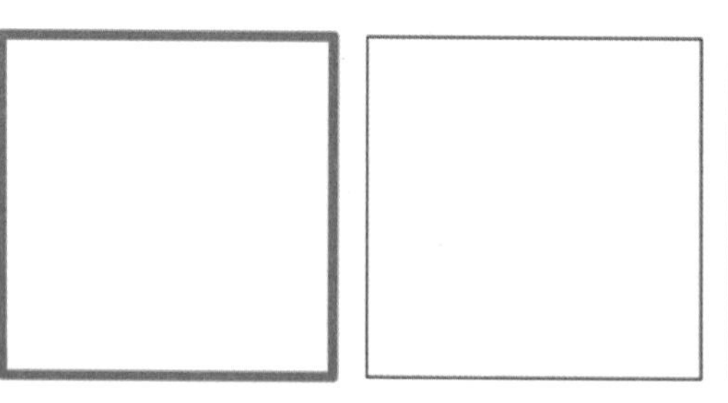

图 3-118 待特性匹配图形

① 点击特性匹配图标或者输入特性匹配快捷键 MA(需要单击空格键进行确认输入)，软件提示“选择源对象”，如图 3-119 所示。案例中是要将所有图形颜色、线宽统一成红色 0.60 线宽，故将红色图形作为“源对象”。

命令: '_matchprop
MATCHPROP 选择源对象:

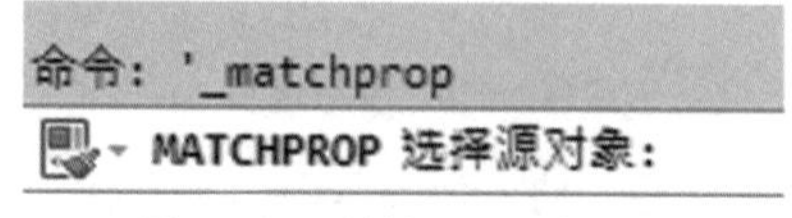

图 3-119 特性匹配命令输入

② 移动光标在红色图形上点击一下，此时软件提示“选择目标对象”，如图 3-120 所示。光标变成毛笔和正方形显示 。

选择目标对象或 [设置(S)]:
MATCHPROP 选择目标对象或 [设置(S)]:

图 3–120　特性匹配目标选择

③ 移动光标，分别在中间和右边图形上点击，三个图形颜色线宽统一，特性匹配操作完成，如图 3-121 所示。

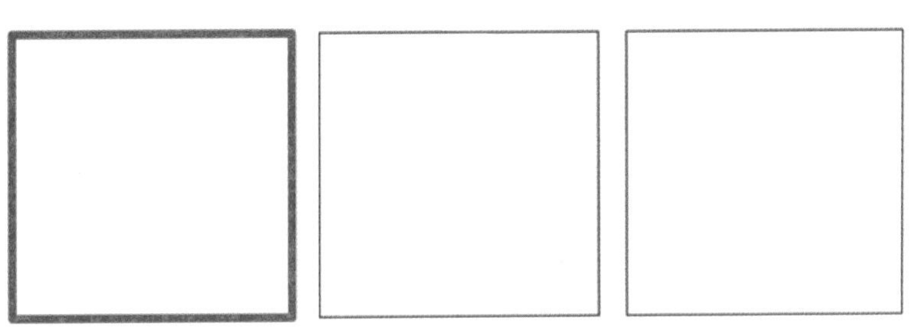

图 3–121　选择多段线为填充范围

3.21 清理工具

清理工具，快捷键 PU，需要单击空格键，进行确认，清理工具非常实用，其作用主要是清理未使用的图层、标注样式、图块等，可以减小文件，方便传输，提高电脑反应响速度。具体使用方法如下：

① 输入清理工具快捷键 PU，单击空格键确认输入，弹出“清理”窗口，如图 3-122 所示。

② 点击全部清理，在弹出的“清理—确认清理”窗口中点击“清理所有项目”，如图 3-123 所示，“全部清理按钮”呈灰色显示，如图 3-124 所示。关闭“清理—确认清理”窗口，对图形清理操作完成。

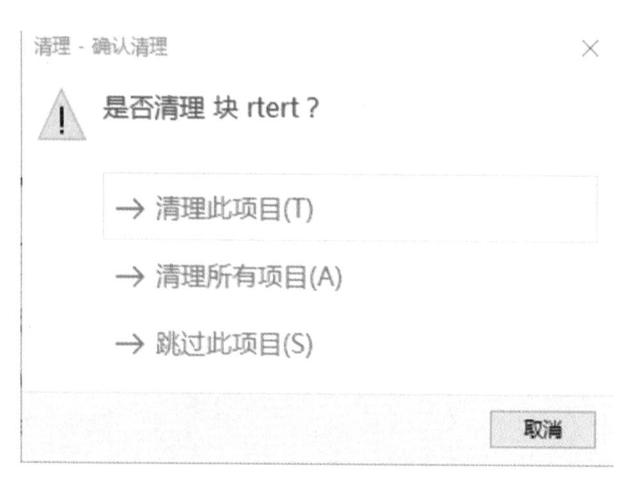

图 3-123　清理工具选择对话框

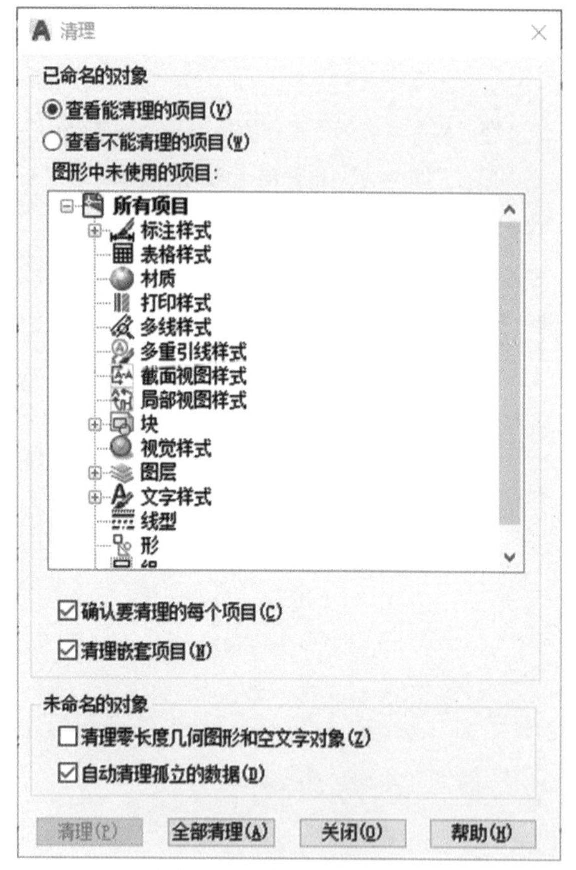

图 3-122　清理工具界面窗口

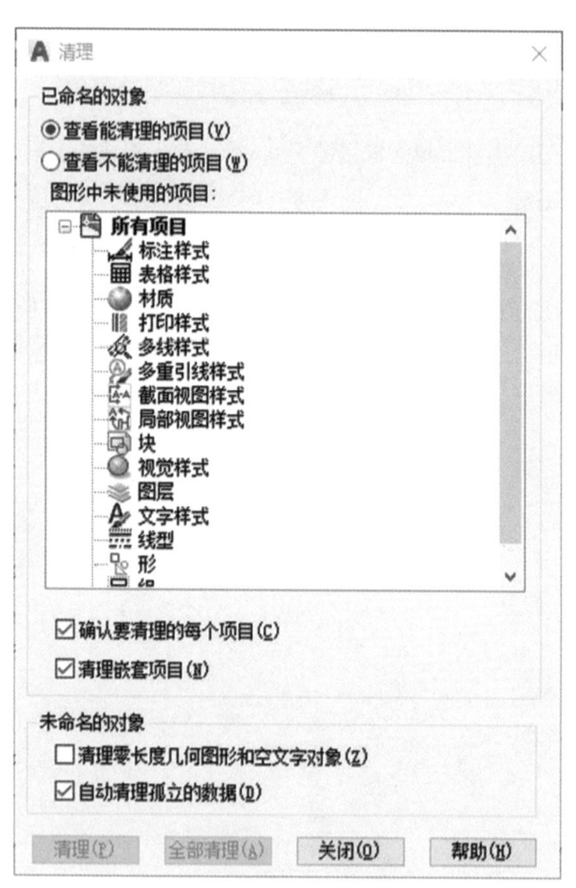

图 3-124　清理工具完成界面

第 4 章 AutoCAD 图层及文字工具

4.1 建筑制图规范

AutoCAD 是一个非常专业严谨的设计软件，规范的图纸是工程界“共同的语言”，在 AutoCAD 软件学习的时应该养成良好的习惯，规范地进行图纸的表达，在进行 AutoCAD 制图表达时，可查阅 JGT/T 244-2011《房屋建筑室内装饰装修制图标准》，如图 4-1 所示。AutoCAD 图形的标准规范绘制主要涉及图层图线的设置、文字样式设置、尺寸标注的设置。

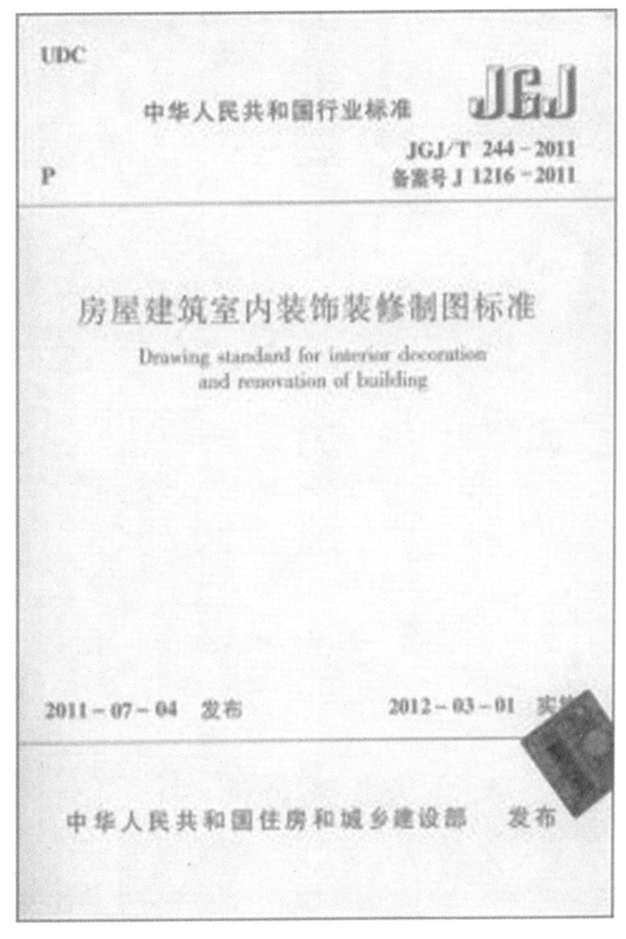

UDC

中华人民共和国行业标准　JGJ

P　JGJ/T 244 - 2011
备案号 J 1216 - 2011

房屋建筑室内装饰装修制图标准

Drawing standard for interior decoration
and renovation of building

2011 - 07 - 04　发布　　2012 - 03 - 01　实施

中华人民共和国住房和城乡建设部　发布

图 4-1　房屋建筑室内装饰装修制图规范

4.2 图层概念、图层的特点

AutoCAD 的图层，顾名思义，是将图形分成多个层次，好比多张透明胶片。有的透明胶片上绘制墙线，有的绘制家具布置图，有的绘制地面材质图，有的透明胶片上绘制其他的内容。把一张张透明胶片叠在一起，就形成了我们看到的各种图形，如图 4-2 所示。

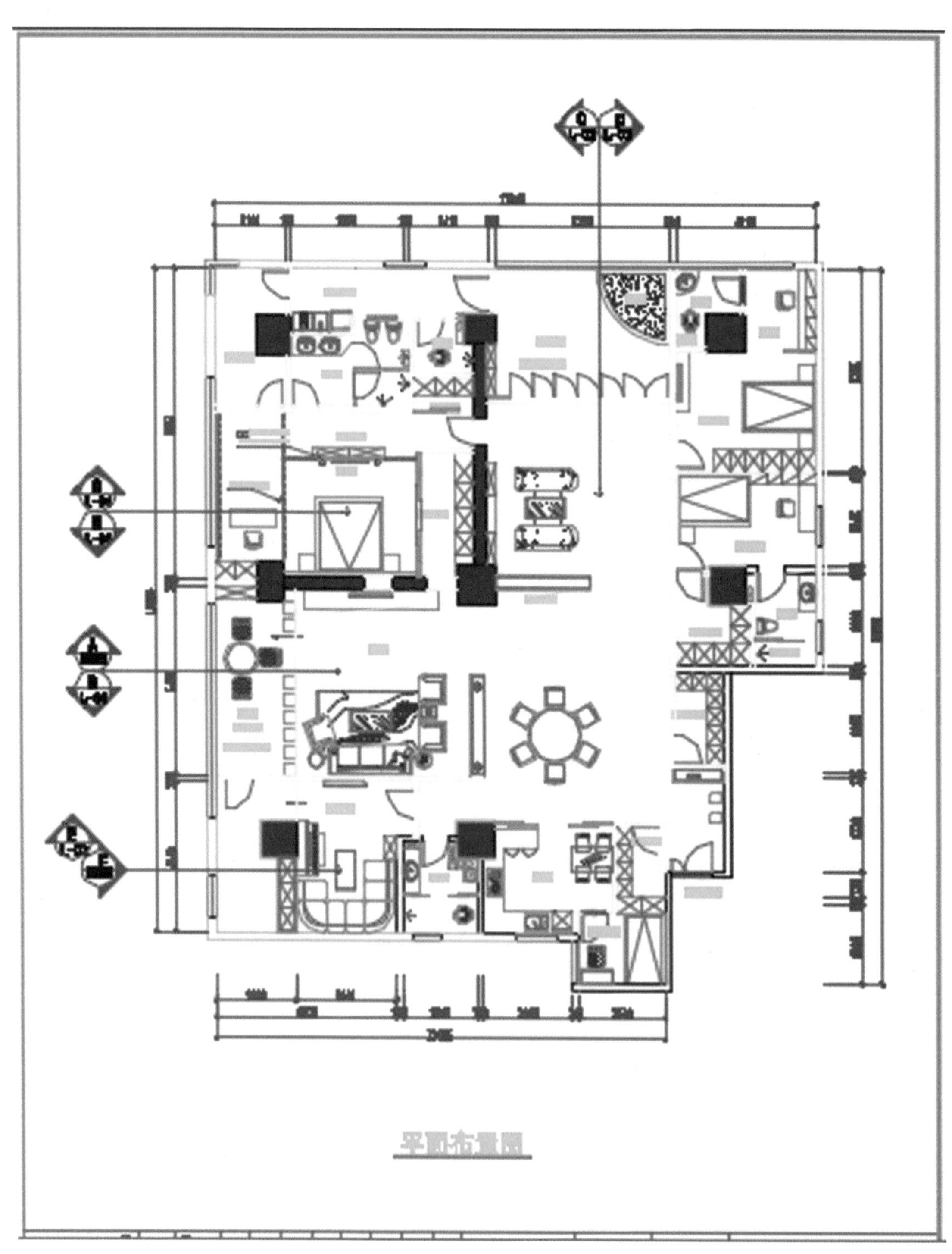

图 4-2　设置图层绘制的 AutoCAD 图形

使用图层可以将复杂图形数据有序地组织起来，通过设置图层的特性可以控制图形的颜色、线型、线宽以及是否显示、是否可修改和是否被打印等，如图 4-3 所示。可将类型相似的对象分配在同一个图层上，例如把文字、标注放在独立的图层上，可以方便对文字和标注进行整体的设置和修改。绘图时设置图层是非常专业的绘图方法，因其具有可以提高绘图效率、修改容易、统一图形绘制、节省存储空间的有点，故被广大设计单位认可和推崇，如图 4-4 所示。

当前图层: 02-实体粗线层　　搜索图层

过滤器：全部 / 所有使用的图层

状态	名称	开	冻结	锁定	颜色	线型	线宽	透明度	打印样式	打印	新视口冻结	说明
	0				白	Continuous	默认	0	Color_7			
	01-墙体				白	Continuous	0.40...	0	Color_7			
	01-墙体基线层				255	Continuous	0.40...	0	Color_255			
✓	02-实体粗线层				150	Continuous	0.25...	0	Color_150			
	03-实体细线层				195	Continuous	0.13...	0	Color_195			
	04-实体填充层				251	Continuous	0.05...	0	Color_251			
	05-尺寸标注层				67	Continuous	0.09...	0	Color_67			
	06-文字标注层				绿	Continuous	0.13...	0	Color_3			
	07-视口图层				白	Continuous	默认	0	Color_7			
	07-文字标注层				绿	Continuous	0.09...	0	Color_3			
	Defpoints				白	Continuous	默认	0	Color_7			
	造型				红	Continuous	默认	0	Color_1			

反转过滤器(I)

全部: 显示了 12 个图层，共 12 个图层

图 4-3　AutoCAD 图层

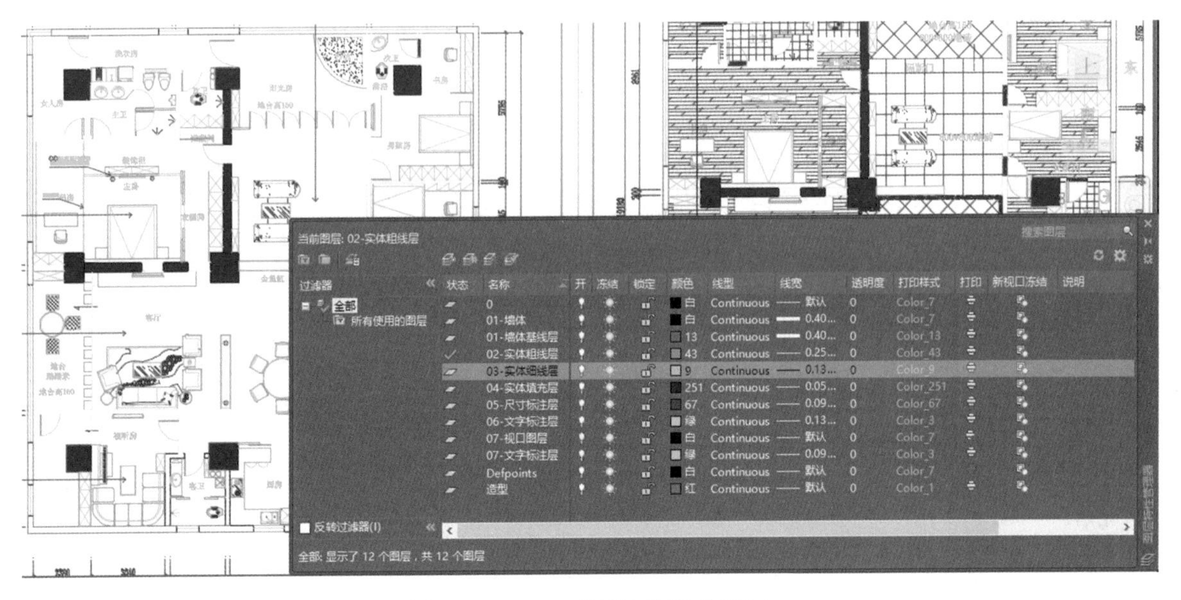

图 4-4　AutoCAD 图形文件及图层窗口

输入图层特性管理器快捷键 LA，打开图层特性管理器窗口，如图 4-5 所示。观察发现在案例图形中图层设置有序，基本上图层分为墙体层、实体粗线层、实体细线层、实体填充层、尺寸标注层、文字标注层。每个图层都有自己的名称，如线的颜色、线型、线宽等内容，调整墙体、实体粗线和实体细线层的颜色可以快速地修改该图层上所有的线的颜色，非常方便，起到事半功倍的作用。

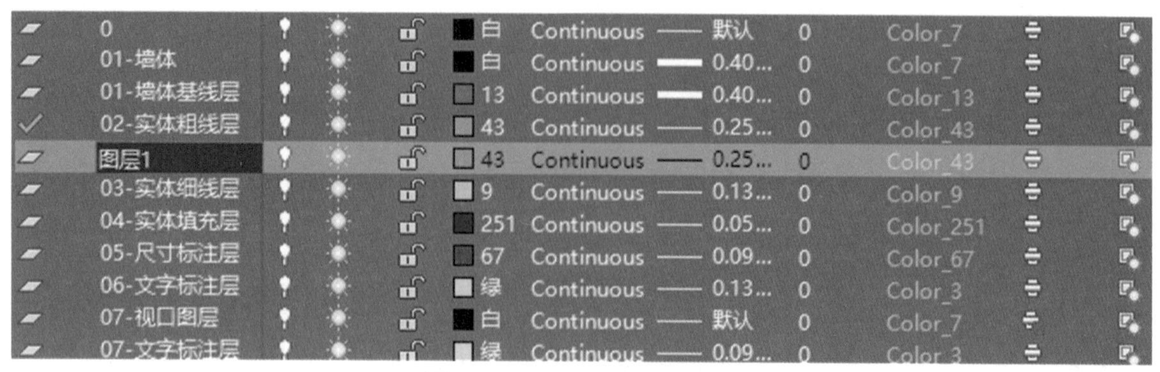

图 4–5 AutoCAD 图层特性管理器

4.2.1 图层的创建

在图形特性管理器窗口中同时按住 Alt 和 N 键或者单击图层创建图标，进行创建新图层，在“图层 1”文字上双击可以修改名称，修改名称的目的是便于查找，使图层清晰明了。

4.2.2 图层的删除

为保持图层的精简，可以将不需要的图层进行删除，以删除图层 1 为例，演示图层删除的操作方法：

① 观察图层特性管理器，发现图层 1 是当前图层 当前图层: 图层1 ，说明图层 1 正在使用中，在 AutoCAD 中，正在使用的图层无法删除，要删除图层 1 先要更换当前图层。

② 在墙体层上状态符号上双击，其状态图标变成将其置为当前图层，如图 4-6 所示。

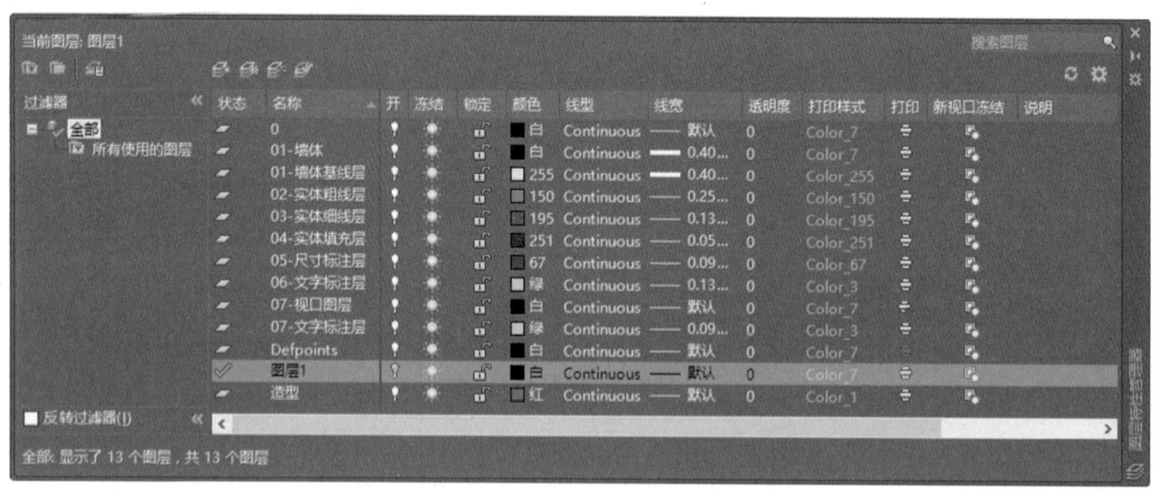

图 4–6 图层的选择

③ 在图层 1 上点击一下，单击鼠标右键，点击“删除图层”或者点击删除图层图标将其删除，如图 4-7、图 4-8 所示。

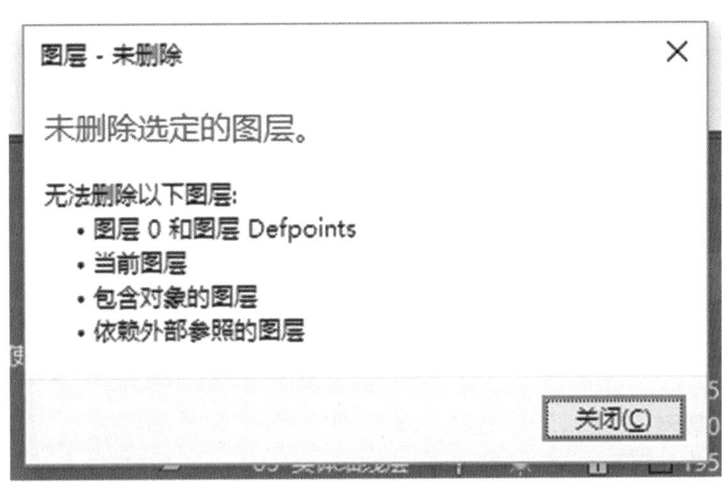

图 4-7　图层删除窗口

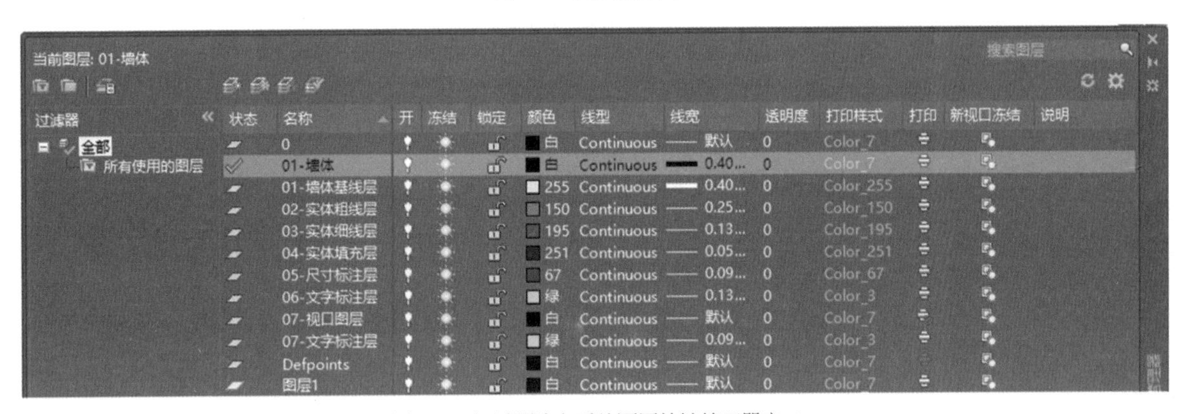

名称	颜色	线型	线宽	透明度	打印样式
0	白	Continuous	默认	0	Color_7
01-墙体	白	Continuous	0.40...	0	Color_7
01-墙体基线层	255	Continuous	0.40...	0	Color_255
02-实体粗线层	150	Continuous	0.25...	0	Color_150
03-实体细线层	195	Continuous	0.13...	0	Color_195
04-实体填充层	251	Continuous	0.05...	0	Color_251
05-尺寸标注层	67	Continuous	0.09...	0	Color_67
06-文字标注层	绿	Continuous	0.13...	0	Color_3
07-视口图层	白	Continuous	默认	0	Color_7
07-文字标注层	绿	Continuous	0.09...	0	Color_3
Defpoints	白	Continuous	默认	0	Color_7
图层1	白	Continuous	默认	0	Color_7

图 4-8　经过删除之后的图层特性管理器窗口

4.2.3 设置当前图层

设置当前图层可以将绘制的内容归到当前图层中，绘制的所有内容特性随图层属性，设置当前图层有三种方法：

① 在软件界面：属性栏一图层控制中点击图层后面的下拉三角块 ，选择需要的图层即可将其设置为当前图层，如图 4-9 所示。

图 4-9　属性栏窗口

② 输入图层特性管理器快捷键 LA，单击空格键确认。在弹出的“图层特性管理器窗口”需要的图层前的状态栏符号 进行点击，当状态栏符号变成 即表示该图层目前是当前图层。

③ 在“图层特性管理器中”需要的图层上点击鼠标右键，点击“置为当前”也可以设置当前图层。

4.2.4 调整图形的图层

在实际绘图中有时也需要修改图形的图层，修改图层有以下两种方法：

① 使用特性匹配工具 MA，进行“刷”图层。

② 选择要调整图层的内容，在其为选中状态时，在 AutoCAD 软件界面中属性栏找到“图层控制”，点击需要调整的图层，即可完成图层的修改。

提示：虽然图形图层调整十分简单，但是还是应该养成良好的绘图习惯，在绘制图形前设置好图层，可节省调整时间。

4.2.5 设置图层颜色

在 AutoCAD 中，颜色也是图形组成的非常重要的因素之一，颜色可以区分图形的组成、丰富图形的显示效果、提高图形识别度、规范统一企业的出图风格，如图 4-10 所示。因此颜色对于图形的作用不容忽视。图层颜色的修改方法如下：在图层中找到图层颜色块 ■白 ，在颜色块上进行点击，弹出“选择颜色”窗口，如图 4-11 所示。选择合适的颜色，即可对图层颜色进行修改。

状态	名称	开	冻结	锁定	颜色	线型	线宽	透明度	打印样式	打印	新视口冻结	说明
	0				白	Continuous	—— 默认	0	Color_7			
	01-墙体				白	Continuous	0.40...	0	Color_7			
	01-墙体基线层				255	Continuous	0.40...	0	Color_255			
✓	02-实体粗线层				150	Continuous	—— 0.25...	0	Color_150			

图 4-10　图层颜色修改

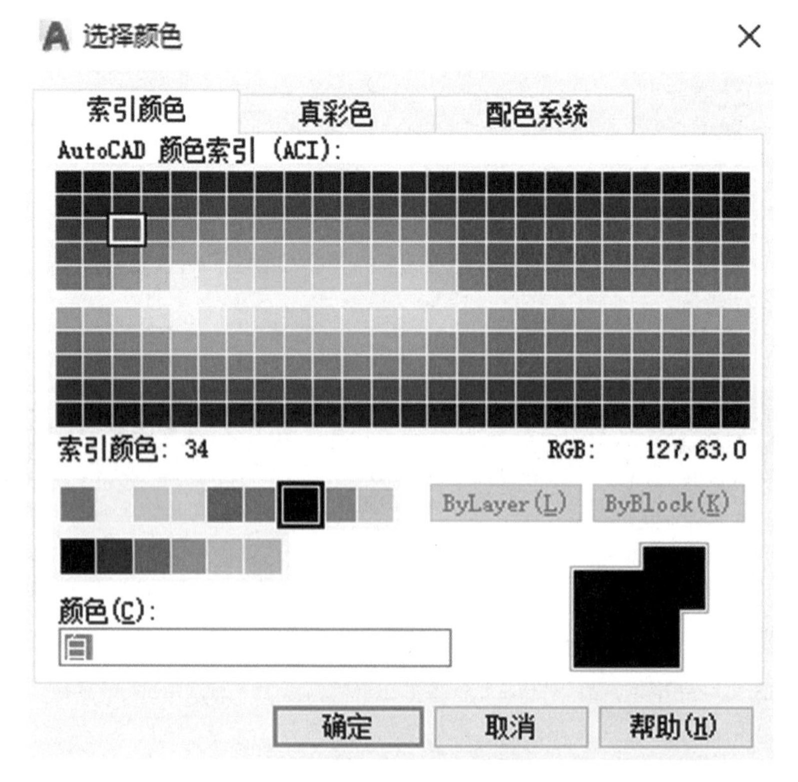

图 4-11　图层颜色选择

4.2.6 设置图层线型

《房屋建筑制图统一标准》GB/T50001 中对图形的线型有明确的要求，“房屋建筑室内装饰装修制图应采用实线、虚线、单点长画线、折断线、波浪线、点线、样条曲线、云线等线型”。一般在一个图形中会有两种线型：实线、虚线。实线表示实体存在，一般用作绘制轮廓线、墙、门窗、造型、标注、填充等主要线；虚线一般用作表示被遮挡部分的轮廓线、建筑梁等部分的图形绘制表达。线型的设置方法：

① 点击图层名称后的线型名称 Continuous ，如图 4-12 所示。弹出“选择线型”窗口，如图 4-13 所示。

状态	名称	开	冻结	锁定	颜色	线型	线宽	透明度	打印样式	打印	新视口冻结	说明
	0				白	Continuous	默认	0	Color_7			
	01-墙体				白	Continuous	0.40...	0	Color_7			
	01-墙体基线层				255	Continuous	0.40...	0	Color_255			
✓	02-实体粗线层				150	Continuous	0.25...	0	Color_150			

图 4-12　图层线型修改

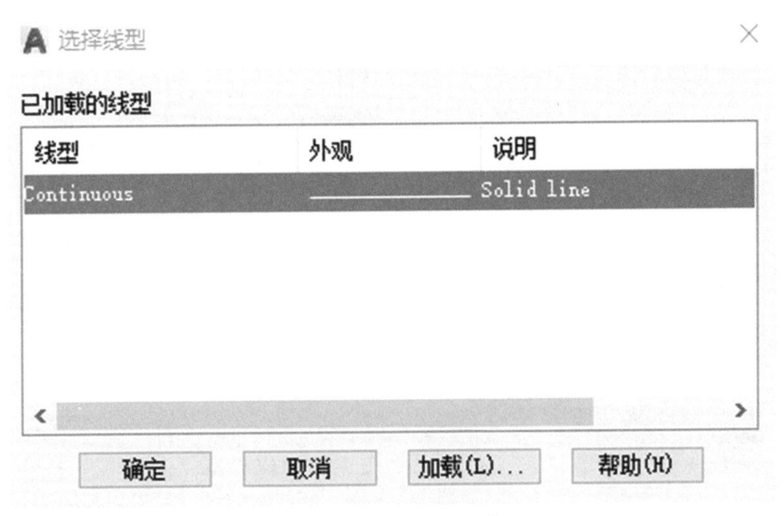

图 4-13　图层线型选择窗口

加载或重载线型

文件(F)...　acad.lin

可用线型

线型	说明
ACAD_ISO02W100	ISO dash __ __ __ __ __ __ __ __ __ __
ACAD_ISO03W100	ISO dash space __　__　__　__
ACAD_ISO04W100	ISO long-dash dot ____ . ____ . ____ .
ACAD_ISO05W100	ISO long-dash double-dot ____ .. ____ .
ACAD_ISO06W100	ISO long-dash triple-dot ____ ... ____
ACAD_ISO07W100	ISO dot . . . .

确定　取消　帮助(H)

图 4-14　图层线型加载窗口

② 单击“加载”按钮，在弹出的“加载或重载线型”的窗口中选择线型，如图 4-14 所示。单击“确定”按钮，线型加载到“选择线型”窗口中。

③ 在“选择线型”窗口中选择加载的线型，如图 4-15 所示。单击“确定”按钮，完成图层线型的设置，如图 4-16 所示。

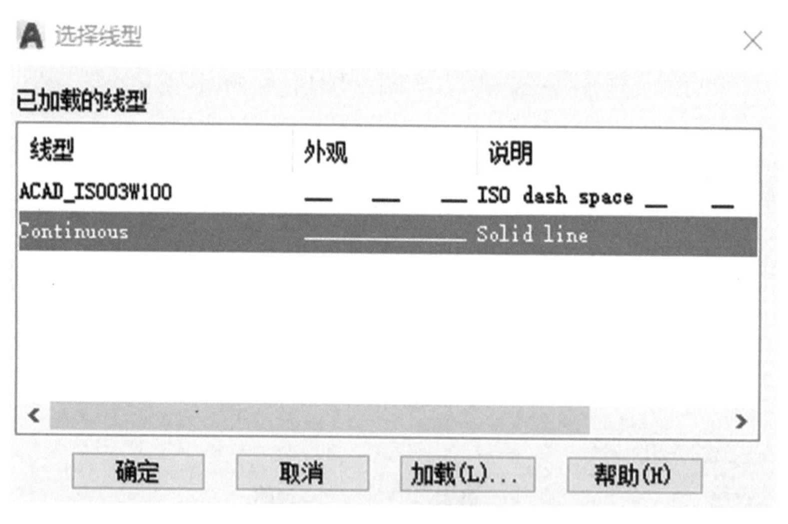

图 4-15　线型库线型选择

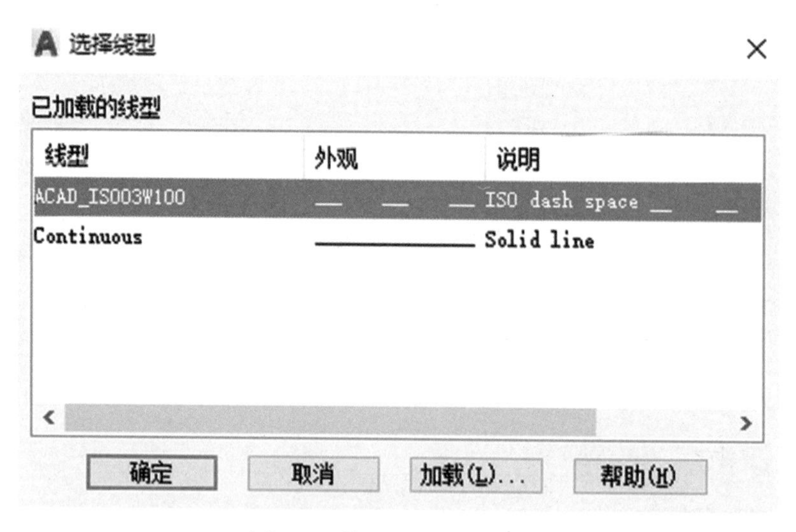

图 4-16　将线型设置为图层线型

4.2.7 设置图层线宽

AutoCAD 软件绘图既要标准又要美观，一般在图形线宽设置上会有三种线型：粗线、中粗线、细线。将图形不同部分按照不同的线宽进行设置可以提高图形的表达能力和图形的可读性。设置图层线宽的方法如下：

① 打开图层特性管理器，设置图层名称，在图层线宽上点击一下即可弹出“线宽”窗口，如图 4-17 所示；

② 结合图形输入的尺寸选定需要的线宽，如图 4-18 所示。单击确定完成图层线宽的设置。

状态	名称	开	冻结	锁定	颜色	线型	线宽	透明度	打印样式	打印	新视口冻结	说明
	0				白	Continuous	—— 默认	0	Color_7			
	01-墙体				白	Continuous	0.40...	0	Color_7			
	01-墙体基线层				255	Continuous	0.40...	0	Color_255			
✓	02-实体粗线层				150	Continuous	—— 0.25...	0	Color_150			

图 4-17　图层线宽设置窗口

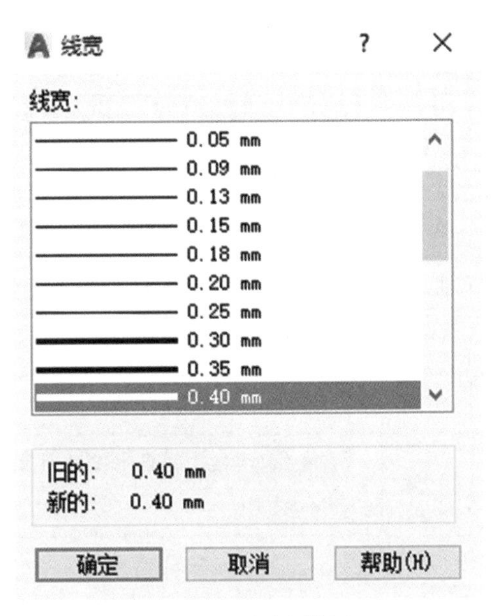

图 4-18　线宽预览框

4.2.8 图层状态控制

AutoCAD 软件中图层的状态主要包括图层开关、冻结、锁定、打印等。

图层开关按钮控制图形的可见性，当图层开关按钮呈黄色显示时，表示图层所包括的图形在绘图区中显示；当图层开关按钮呈蓝色显示时，表示该图层图形不在绘图区中显示，同时也不能打印输出，但是仍然存在于图形中，只是呈隐藏状态。

图层冻结按钮，在一般情况下呈太阳状显示，图形也输出，关闭状态呈雪花状显示，冻结后图层上的对象以隐藏状态显示，被冻结的图层不能置为当前图层。

图层锁定按钮可保护图形不被修改防止误操作，图层开启时呈开锁显示，可对图层上的图形进行一切操作，当图层关闭时呈锁定显示，此时不能对图层上的图形进行修改和编辑操作。

图层打印状态，控制图层的打印输出，开启状态为打印机图形，此时可对图形进行打印输出；关闭状态为，此时图层上的图形无法打印。

4.3 图层的设置规定

根据 JGT/T 244-2011《房屋建筑室内装饰装修制图标准》要求，如图 4-19 所示。规范的 AutoCAD 图纸应该包含完整的图层名称、符合实际的线型、层次丰富的线宽、合理线型颜色，如图 4-20 所示。

名称		线型	线宽	一般用途
实线	粗	————	b	图框线、平面图及剖面图上剖切到的构造轮廓线、立面图的外轮廓线，结构图中的钢筋线
	中	————	0.5b	平面图及立面图上门窗等构件外轮廓线起止点
	细	————	0.25b	尺寸线、尺寸界线、引出线及材料图线、剖面图中的次要图线(如粉刷线)
虚线	粗	----------	b	地下建筑物或构筑物的位置线等
	中	----------	0.5b	房屋地下的通道、地沟等位置线
	细	----------	0.25b	房屋地上部分未剖切到亦看不到的构件(如高窗)位置线、搁板位置、拟扩建部分的范围等

图 4-19　AutoCAD 图形线型、线宽使用规范

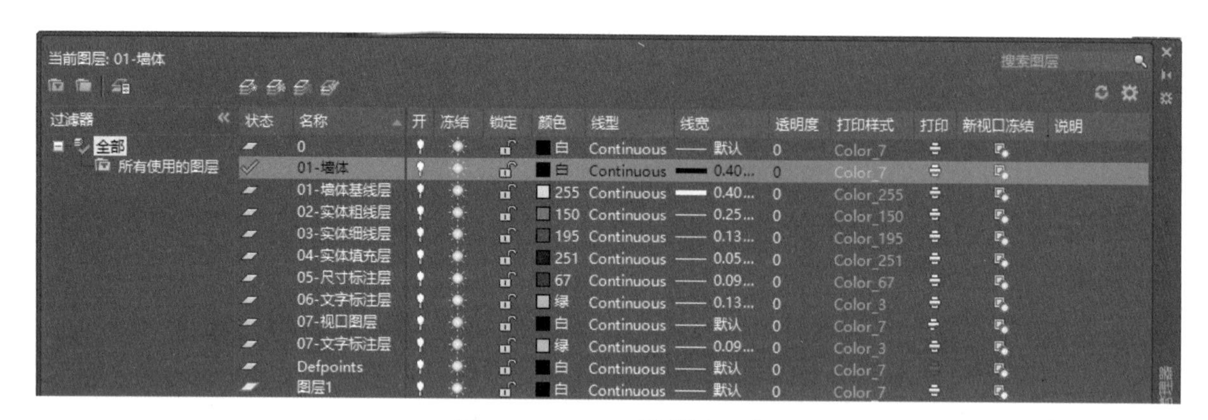

图 4-20　AutoCAD 图层线宽设置

4.4 AutoCAD 文字工具

在 Auto2017 属性栏中单击鼠标右键 AutoCAD，在弹出的工具条中点击下拉三角块，找到“文字”，左键点击“文字”工具条，将AutoCAD工具条显示出来，如图4-21所示，也可输入文字输入快捷键 T 进行使用。

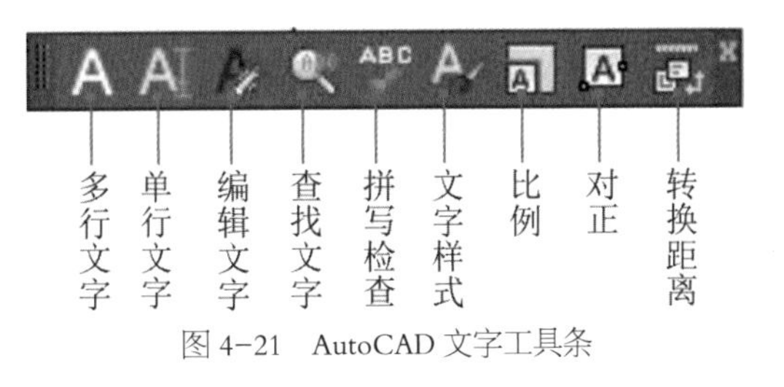

图 4-21　AutoCAD 文字工具条

4.4.1 文字样式

文字样式设置是在对图形进行文字标注前必须要做的准备工作，设置文字样式可以便捷地对图形进行文字标注，如图 4-22 所示。文字样式的设置可以使整个图形文字标准统一。其创建主要是文字字体选择、文字高度设置、文字宽度和比例设置。文字样式创建主要有以下方法：

① 点击文字样式图标 。

② 在菜单栏“格式” 格式(O) 工具条下选择“文字样式”子项。

③ 在命令行输入文字样式快捷键“ST”，单击空格键确定。

通过以上方法中的任意一种即可弹出“文字样式窗口”。

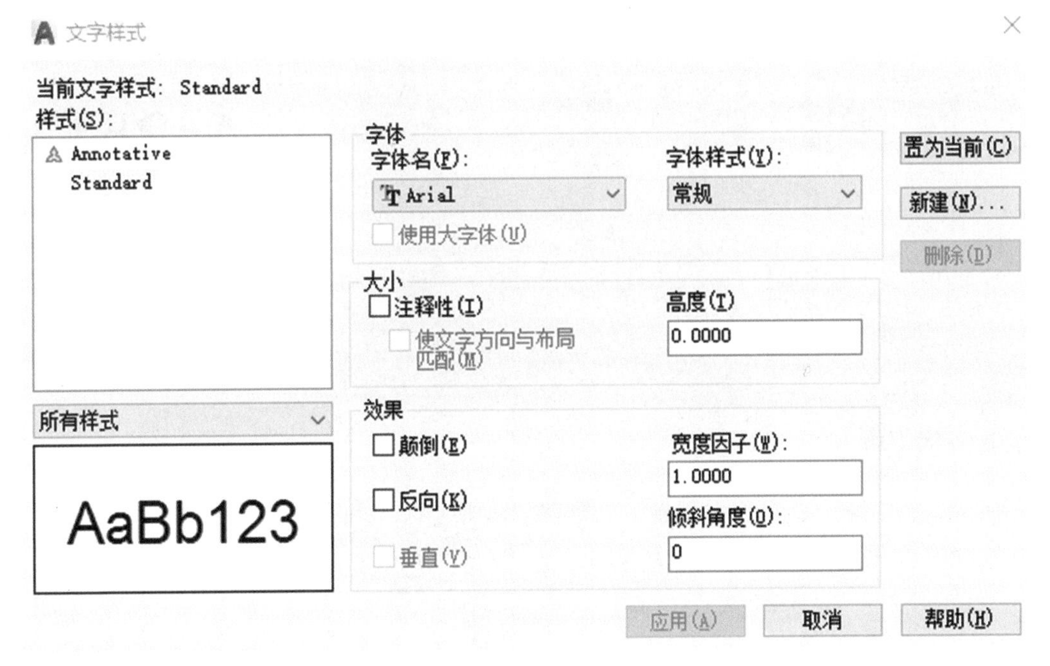

图 4-22　文字样式窗口

点击新建按钮，弹出“新建文字样式”窗口，如图4-23所示。输入文字样式名称即可创建新的文字样式。使用删除按钮可将文字样式删除。

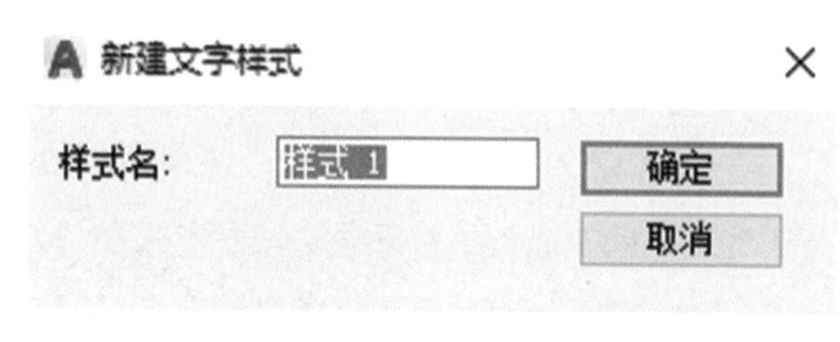

图4-23　新建文字样式

创建文字样式的步骤是：

① 调出文字样式窗口—点击“新建”按钮—输入文字样式名—单击确定。

② 在样式预览框—点击之前命名的文字样式—在“字体名”设置文字字体—设置宽度因子—确定，完成字体样式设置，如图4-24、图4-25所示。

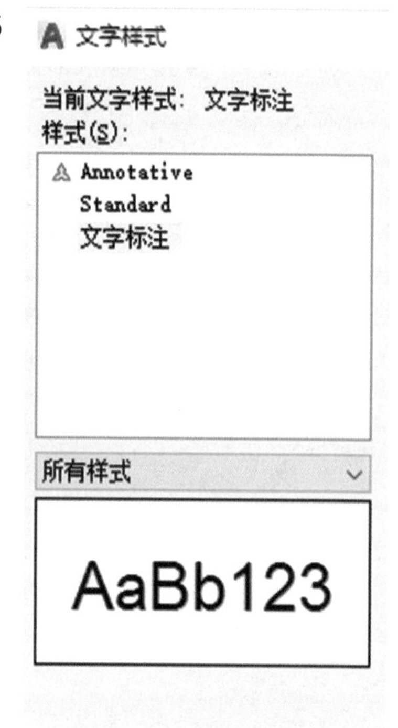

图4-24　文字样式预览框

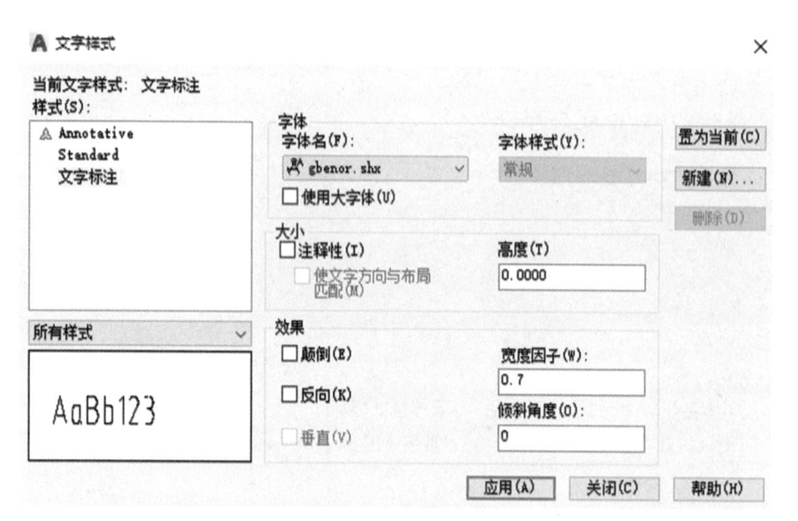

图4-25　文字样式设置窗口

4.4.2 文字工具

在命令状态栏中输入文字工具快捷键T（需要单击空格键确认），如图4-26所示。可以看到当前文字样式为之前命名的“文字标注”样式，如图4-27所示。在绘图区点击一下，拖拽出一个文本框，在文字高度控制栏输入文字字体，在文字高度框中设置文字高度，在文本框中输入文字，输入完成后点击“确定”，完成文字输入，如图4-28所示。

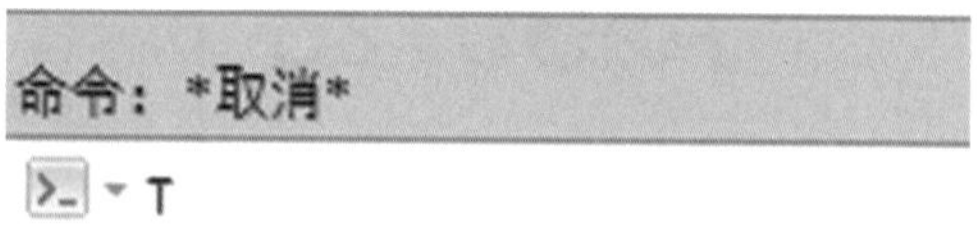

命令：*取消*

T

图4-26　文字命令

当前文字样式："文字标注"　文字高度：0.2000　注释性：否

MTEXT 指定第一角点：

图4-27　文字输入提示

文字格式
文字标注
gbenor
0.2000
ByLayer
确定
0.0000
1.0000
0.7000

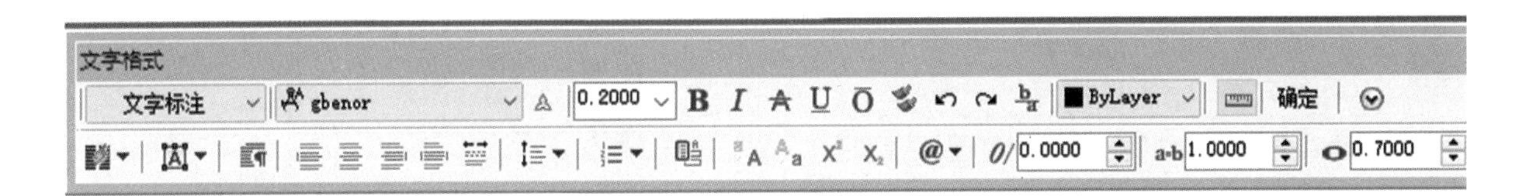

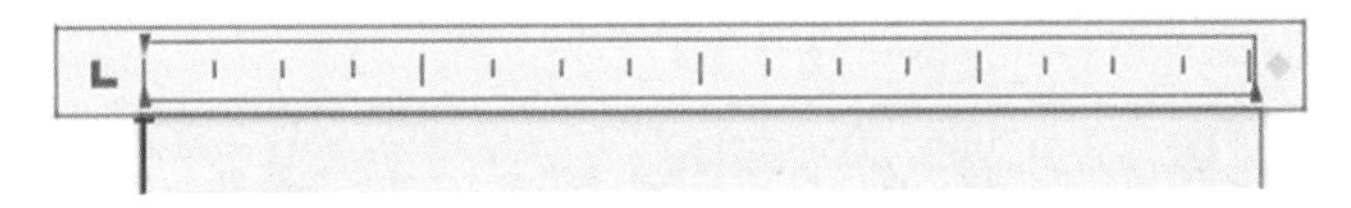

图 4-28　文字输入框

4.4.3 单行文字

单行文字又称一行或多行文字，其特点是每行文字相对其他行文字是独立的，可以对其进行调整和编辑，单行文字有如下输入方法：

① 在文字工具条中点击单行文字图标 A| 进行输入。

② 在菜单栏“绘图” 绘图(D) 上单击，找到“文字”选择“单行文字”。

③ 在状态命令栏中输入单行文字快捷键 DT，单击空格键确认输入，如图 4-29、图 4-30 所示。

命令：*取消*
DT

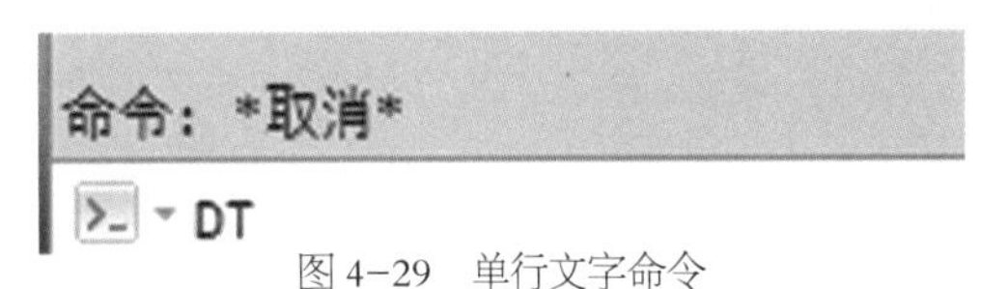

图 4-29　单行文字命令

当前文字样式："Standard" 文字高度：0.2000 注释性：否 对正：左
TEXT 指定文字的起点 或 [对正(J) 样式(S)]:

图 4-30　单行文字输入提示

与单行文字输入有关的选项：

起点：在绘图时可以结合“捕捉工具”选择单行文字起点。

对正：输入 DT 快捷键后，可以通过输入“对正”的代号字母 J 进行对正类型设置，对正类型有如下种类，如图 4-31、图 4-32 所示。

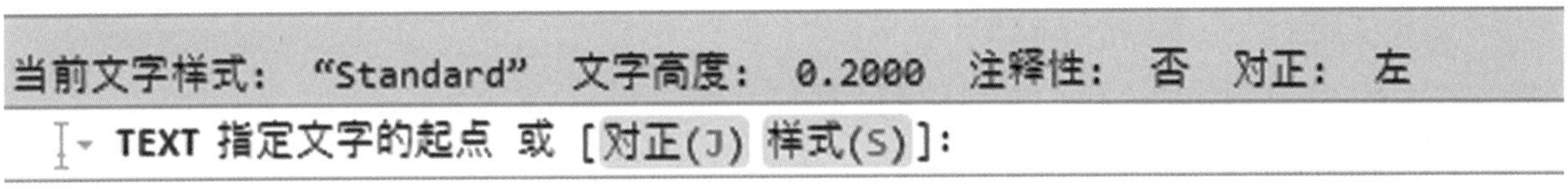

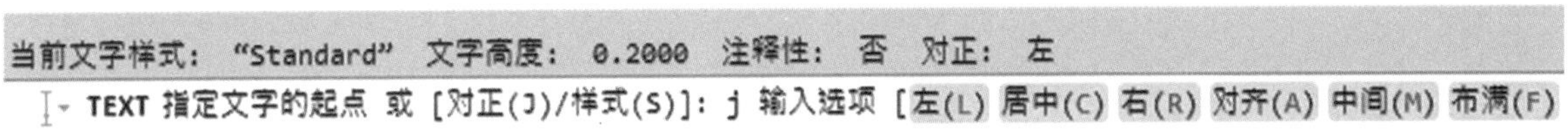

当前文字样式："Standard" 文字高度：0.2000 注释性：否 对正：左
TEXT 指定文字的起点 或 [对正(J)/样式(S)]: j 输入选项 [左(L) 居中(C) 右(R) 对齐(A) 中间(M) 布满(F)

图 4-31　单行文字输入选择 1

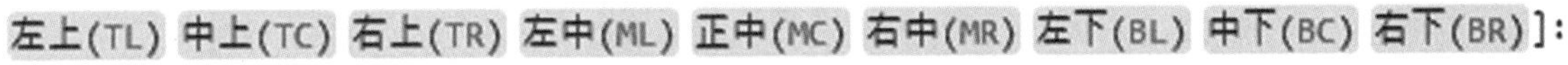

左上(TL) 中上(TC) 右上(TR) 左中(ML) 正中(MC) 右中(MR) 左下(BL) 中下(BC) 右下(BR)]:

图 4-32　单行文字输入选择 2

4.4.4 多行文字

多行文字即段落文字，一般由两行或两行以上的文字组成，多行文字中每行文字都作为一个整体显示。多行文字的输入方法有以下几种：

① 点击文字工具条上的“多行文字”图标。

② 在菜单栏“绘图” 绘图(D) 上单击，找到“文字”，选择“多行行文字”。

③ 输入多行文字快捷键 MT，如图 4-32 所示。单击空格键确认输入，如图 4-34、图 4-35 所示。

命令：*取消*

MT

图 4-33　多行文字命令

当前文字样式："ASHADE"　文字高度：0　注释性：否

MTEXT 指定第一角点：

图 4-34　多行文字输入选择

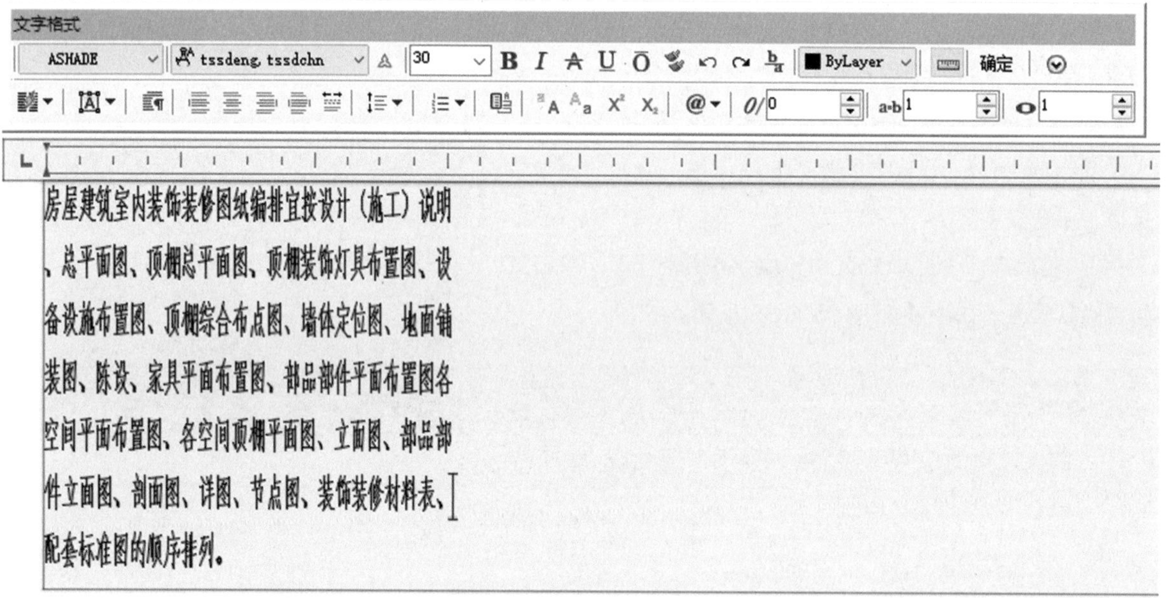

图 4-35　多行文字输入框

第 5 章 AutoCAD 尺寸标注

尺寸标注是图形绘制表达过程中必不可少的一部分，尺寸标注是对图纸尺寸数据进行说明和描述，同时尺寸标注也必须严格按照规范要求进行设置标识，标准的尺寸标注可以便捷地在不同的设计人员手中“交流和传递”，尺寸标注调试也是设计制图人员必须掌握的一项重要技能，如图 5-1 所示。

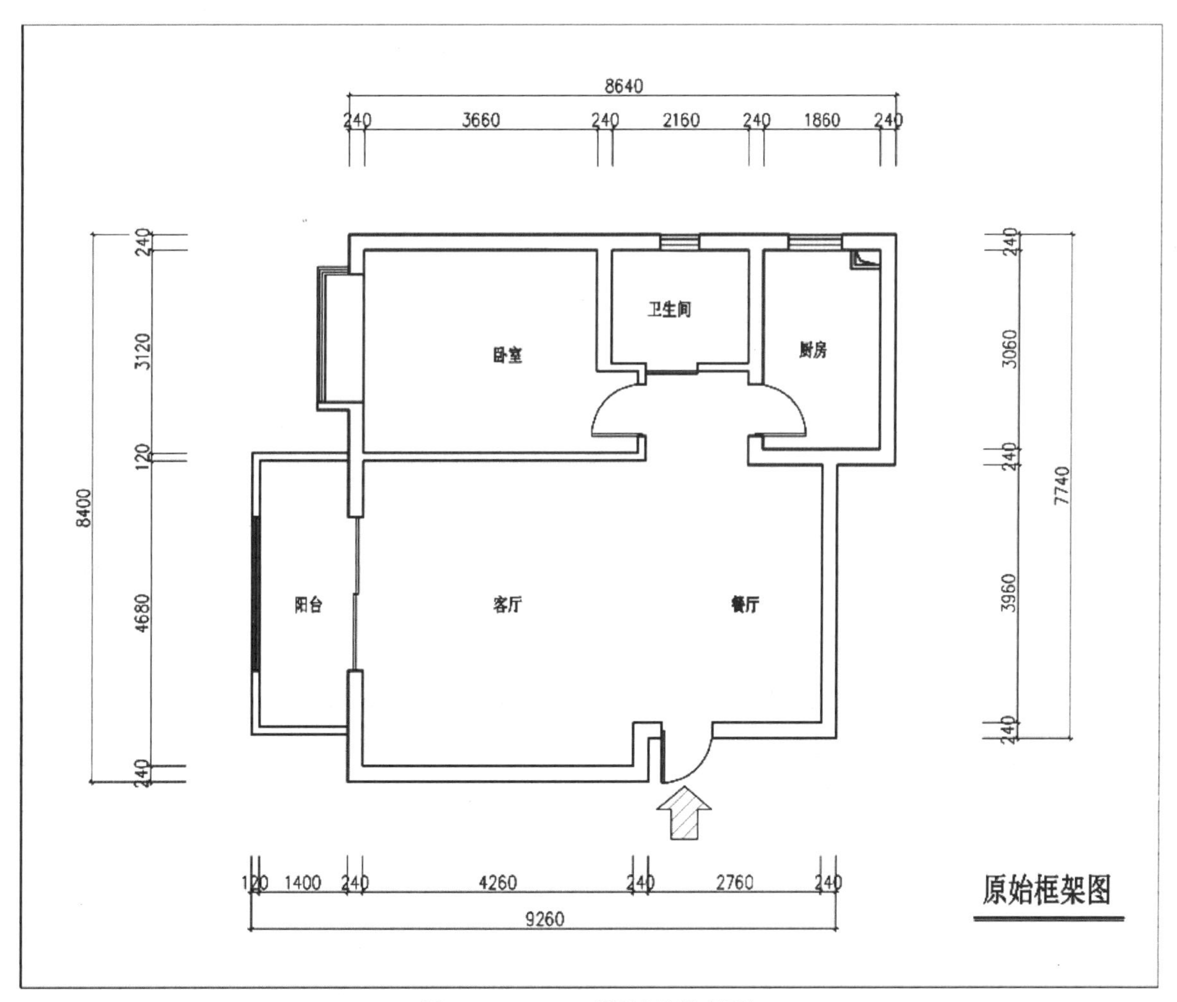

图 5-1　AutoCAD 图形文件尺寸标注

5.1 尺寸标注概念及其组成

尺寸标注是工程绘图的重要组成部分，它如实的反映了图形的相关数据，是设计施工过程中不可缺少的一环。在建筑工程制图中，标准的尺寸标注应包括尺寸线、尺寸界限、文字（尺寸数字）、箭头、起点偏移量；尺寸标注的方向为：水平方向的尺寸，数字在尺寸线的上面，字头朝上；竖直方向的尺寸，数字在尺寸线的左侧，字头朝左，如图 5-2 所示。

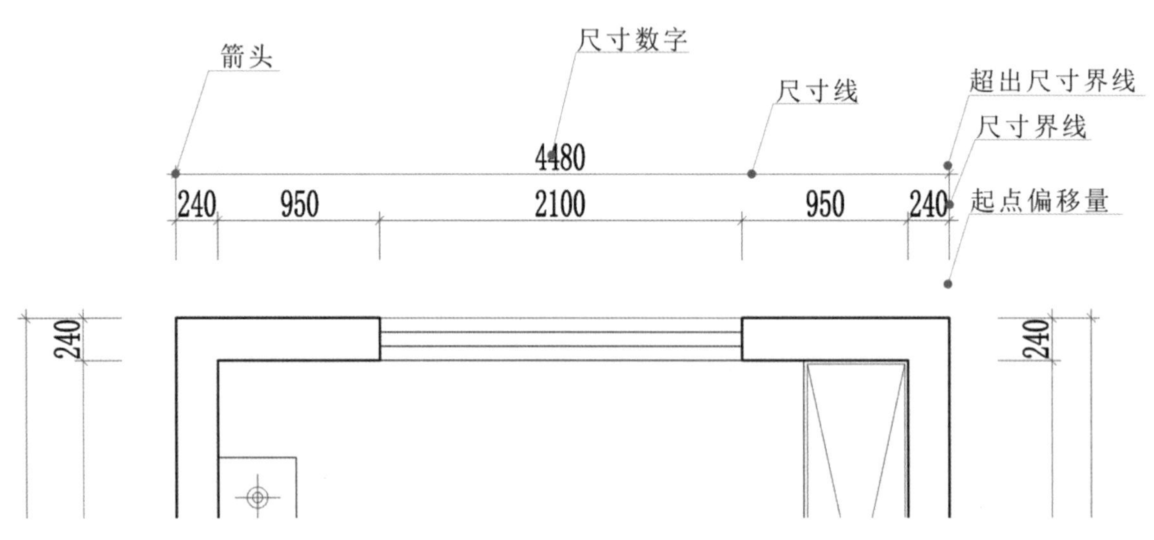

图 5-2 尺寸标注组成图示

5.2 标注工具条显示

标注工具条可以通过调试在 AutoCAD 软件界面中显示，具体方法是：

① 将光标移动到属性栏空白区域，如图 5-3 所示。单击鼠标右键选择 AutoCAD，如图 5-4 所示。

② 在“标注”前点击一下，绘图区出现标注工具条，如图 5-5 所示。

图 5-3 AutoCAD 属性栏

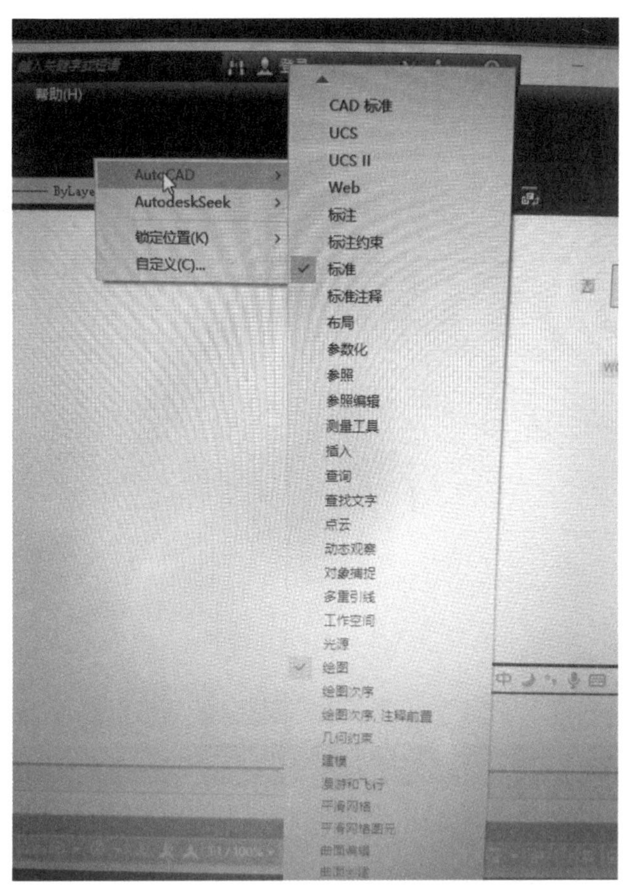

图 5-4　AutoCAD 尺寸标注工具条

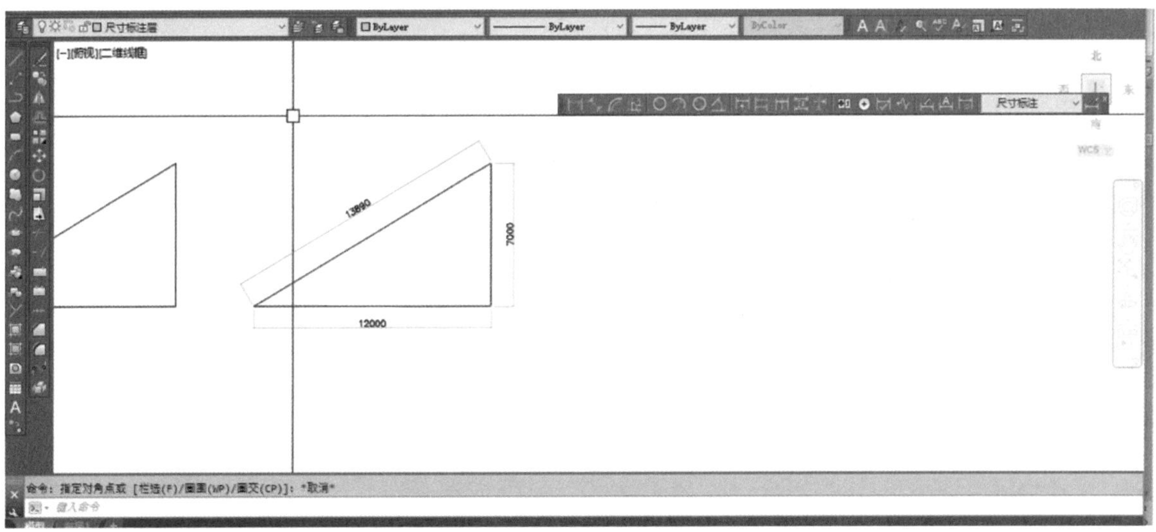

图 5-5　尺寸标注工具条显示

③ 移动“标注”工具条，一般绘图区左边放置“绘图”和“修改”工具条，右边放置“标注”工具条，将“标注”工具条移到绘图区右边，完成标注工具条调试显示，如图 5-6 所示。

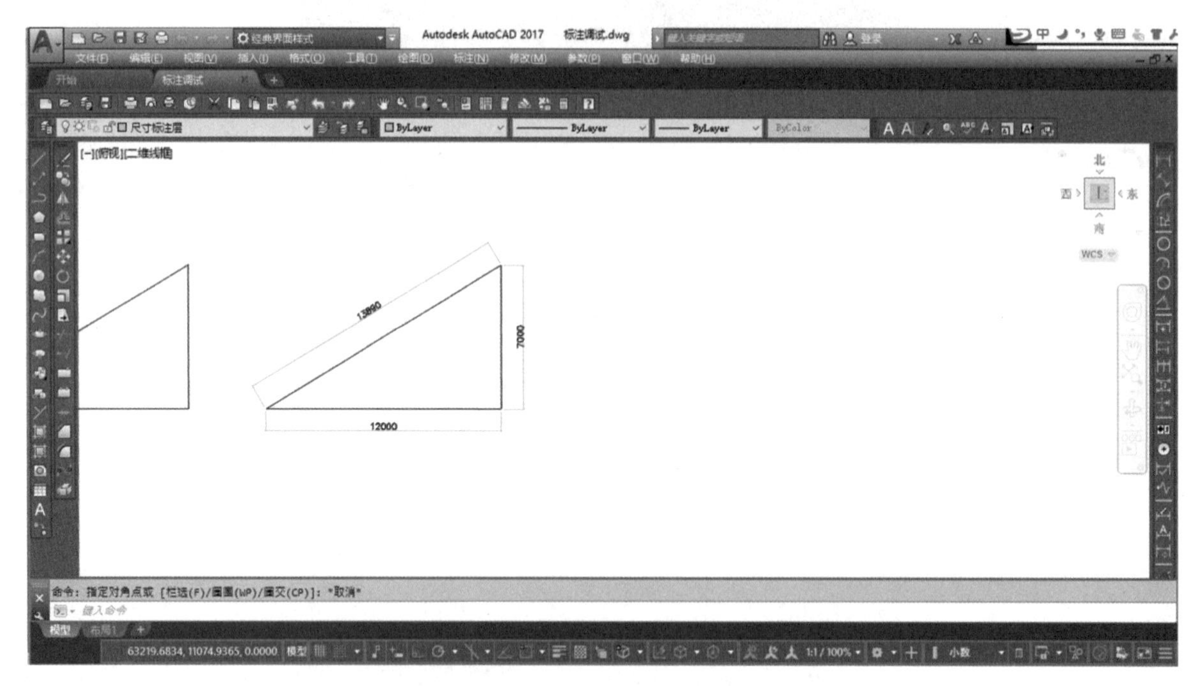

图 5-6　调整标注工具条显示位置

5.3 尺寸标注调整

标注样式快捷键 D 需单击空格键进行确认，如图 5-7 所示。因图形尺寸大小不一、图形输出比例不同，标注调试的原则是：（1）标准。使用图层绘图，设置尺寸标注层，必须符合制图规范；（2）关系和谐。尺寸标注不能太大或太小，以看得清图形即看得见标注符号文字为准；（3）尺寸标注是图形的一部分，但在图形输出打印时，不能与图形粘连到一起，不能影响识图、读图。尺寸标注的调试步骤如下：

5.3.1 创建尺寸标注样式

D

图 5-7　标注样式命令输入

① 输入标注样式快捷键 D，如图 5-7 所示。单击空格键确认，弹出标注样式窗口，单击“新建”按钮 新建(N)... ，如图 5-8 所示。弹出“创建新标注样式窗口”。

② 在弹出的“创建新标注样式窗口”中输入名称，例如“尺寸标注”，如图 5-9 所示。单击“继续”，如图 5-10 所示。

③ 在弹出的“新建标注样式：尺寸标注”窗口点击确定，观察“样式”预览框，看到新创建的标注样式创建成功，如图 5-11 所示。

标注样式管理器
当前标注样式：Standard
样式(S)：
Standard
预览：Standard
置为当前(U)
新建(N)...
修改(M)...
替代(O)...
比较(C)...
1.0159
1.1955
2.0207
60°
R0.8045
列出(L)：
所有样式
不列出外部参照中的样式(D)
说明
Standard
关闭
帮助(H)

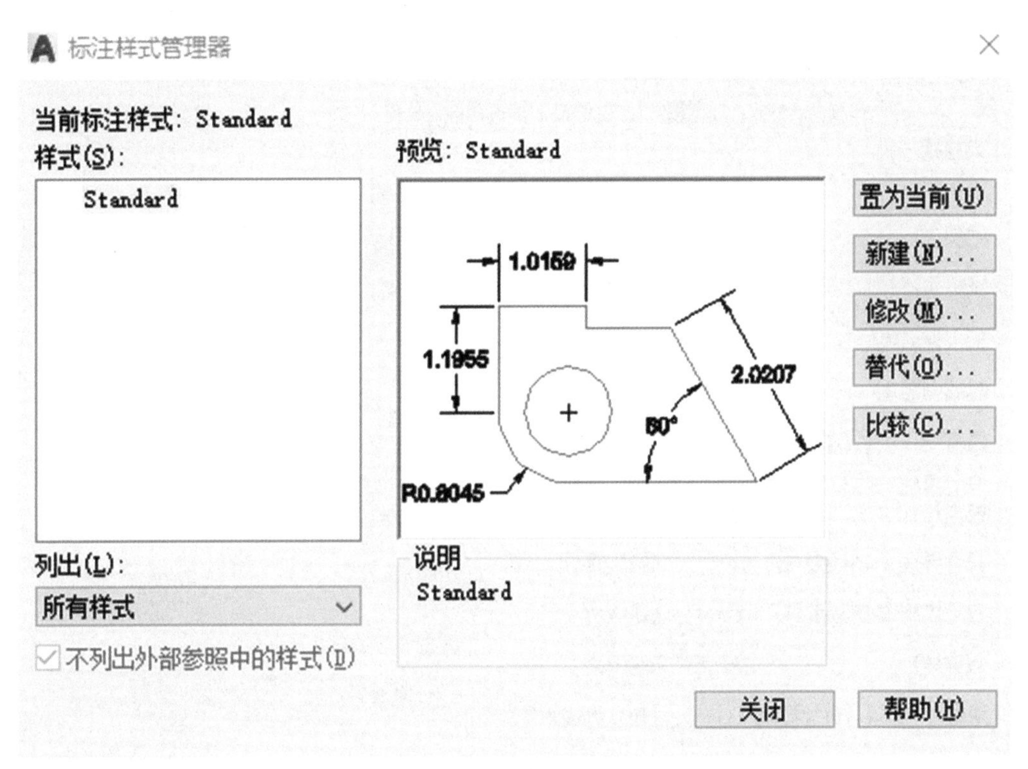

图 5-8　标注样式管理器窗口

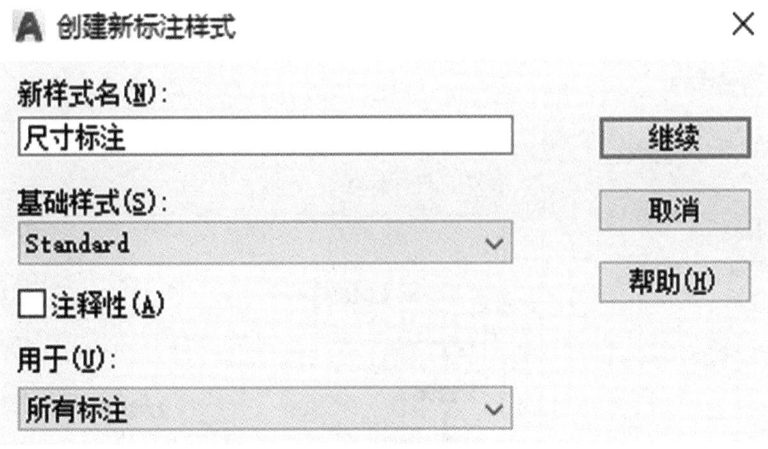

创建新标注样式
新样式名(N)：
尺寸标注
继续
基础样式(S)：
Standard
取消
注释性(A)
帮助(H)
用于(U)：
所有标注

图 5-9　新建标注样式

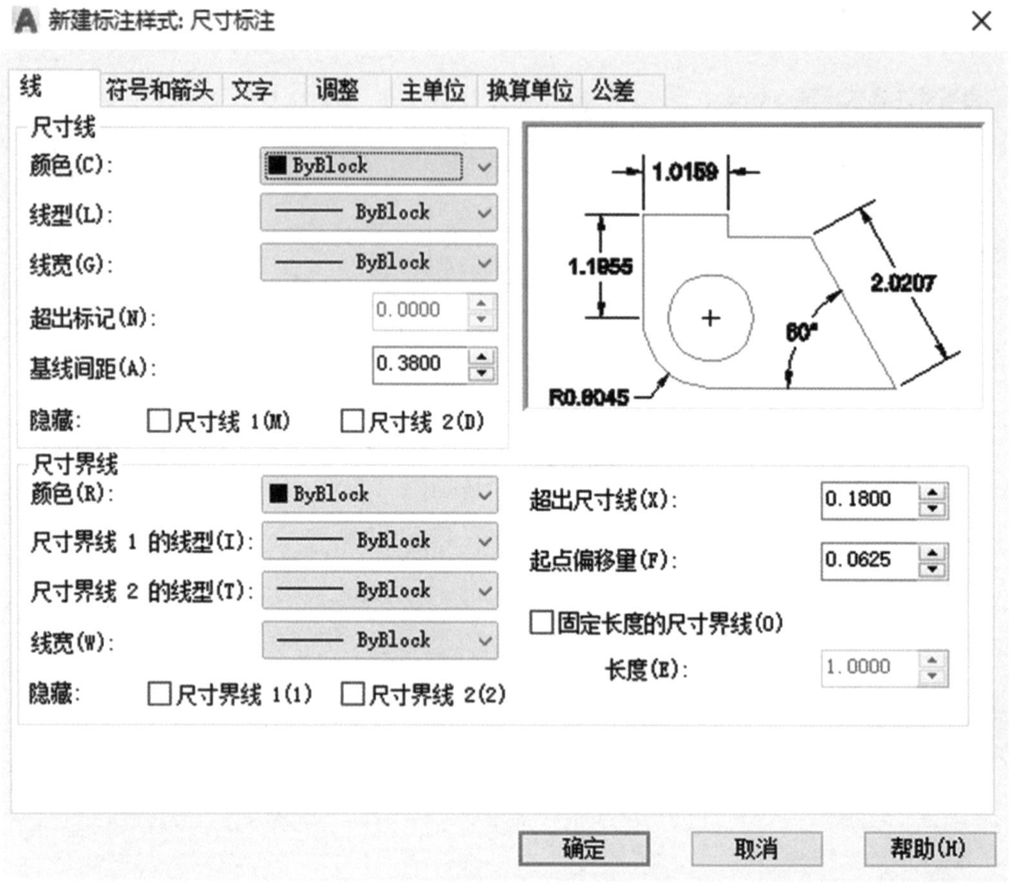

新建标注样式: 尺寸标注
线
符号和箭头
文字
调整
主单位
换算单位
公差
尺寸线
颜色(C):
ByBlock
线型(L):
ByBlock
线宽(G):
ByBlock
超出标记(N):
0.0000
基线间距(A):
0.3800
隐藏:
尺寸线 1(M)
尺寸线 2(D)
尺寸界线
颜色(R):
ByBlock
尺寸界线 1 的线型(I):
ByBlock
尺寸界线 2 的线型(T):
ByBlock
线宽(W):
ByBlock
隐藏:
尺寸界线 1(1)
尺寸界线 2(2)
超出尺寸线(X):
0.1800
起点偏移量(F):
0.0625
固定长度的尺寸界线(O)
长度(E):
1.0000
1.0159
1.1955
2.0207
60°
R0.8045
确定
取消
帮助(H)

图 5-10　标注尺寸线调整

标注样式管理器
当前标注样式: 尺寸标注
样式(S):
Standard
尺寸标注
预览: 尺寸标注
1.0159
1.1955
2.0207
60°
R0.8045
置为当前(U)
新建(N)...
修改(M)...
替代(O)...
比较(C)...
列出(L):
所有样式
不列出外部参照中的样式(D)
说明
尺寸标注
关闭
帮助(H)

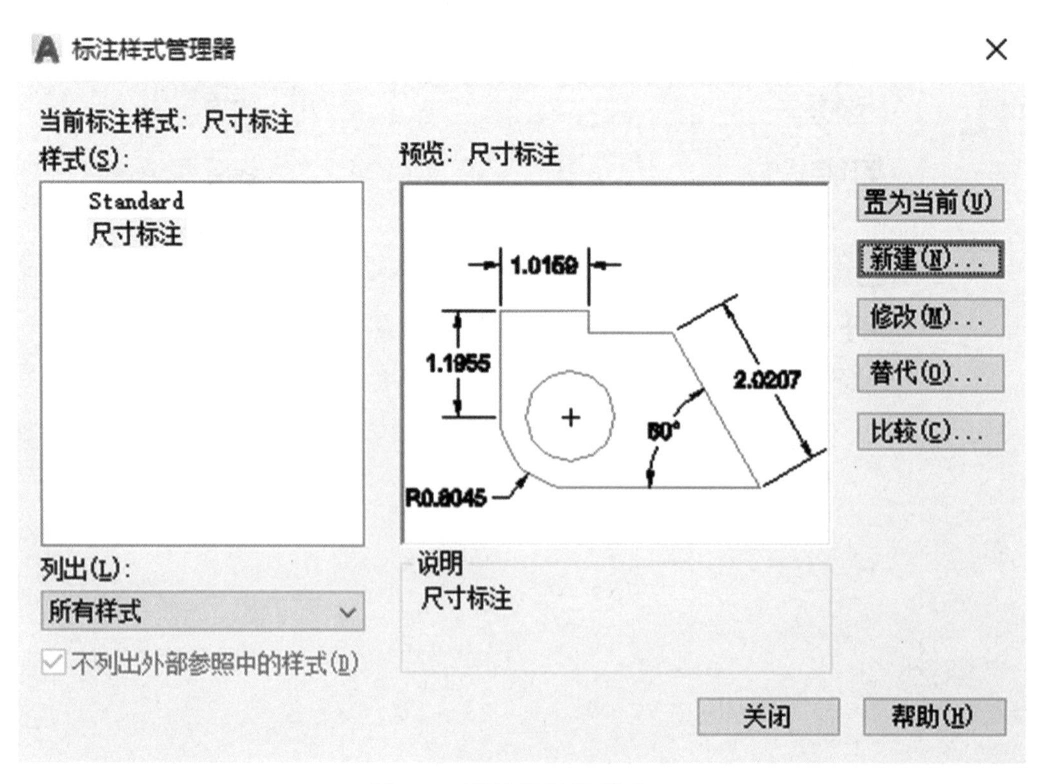

图 5-11　新建标注样式预览窗口

5.3.2 调整尺寸标注样式

① 结合图形特点分别使用线型标注（DLI）和对齐标注（DAL），分别对图形的三条边进行尺寸标注，如图 5-12 所示。

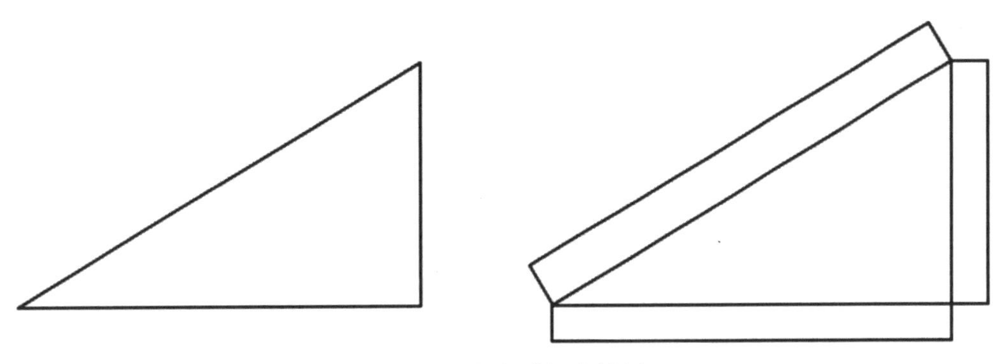

图 5-12　对图形进行尺寸标注

② 输入标注样式快捷键 D，在样式预览框点击名称为“尺寸标注”的标注样式。点击“修改”进行调整，如图 5-13 所示。

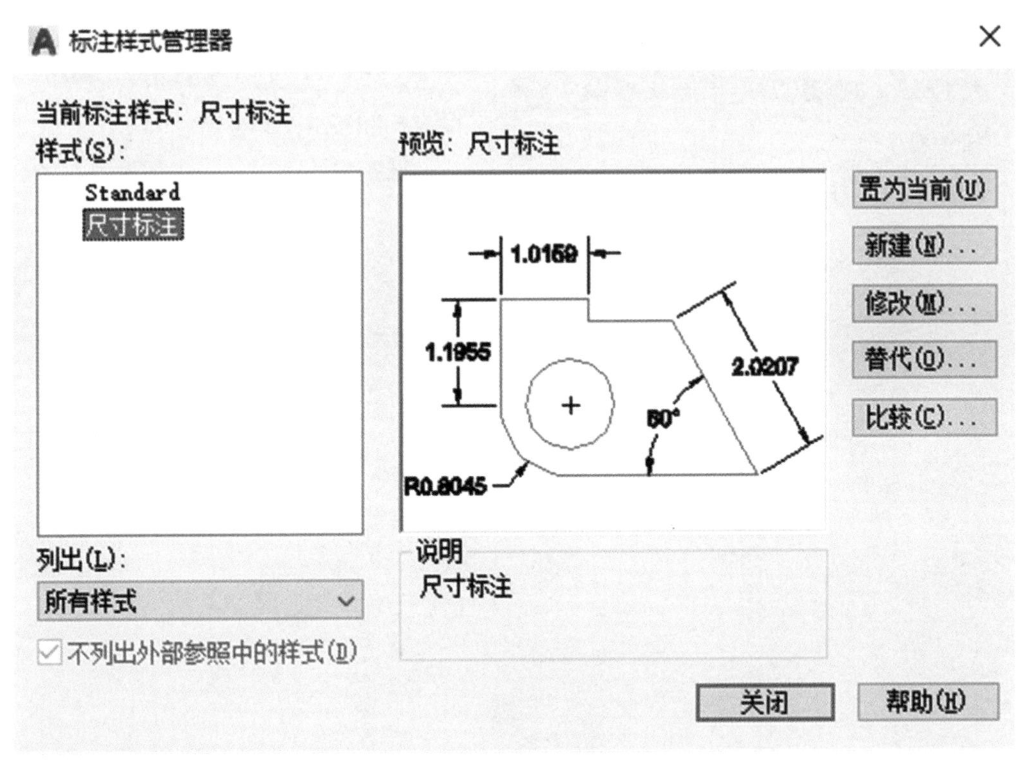

图 5-13　AutoCAD 标注样式管理器窗口

③ 对标注文字进行调整，如图 5-14 所示。点击文字 文字 子项，调整文字高度为 300mm，调整文字对齐方式为“与尺寸线对齐”。调试过程中通过右侧预览框可看到标注样式的变化，继续调整文字位置，从尺寸线偏移 30mm，点击确定，如图 5-15 所示。如需修改字体可在文字样式栏 Standard ... 点击后方 ... 进行修改，如图 5-16 所示。

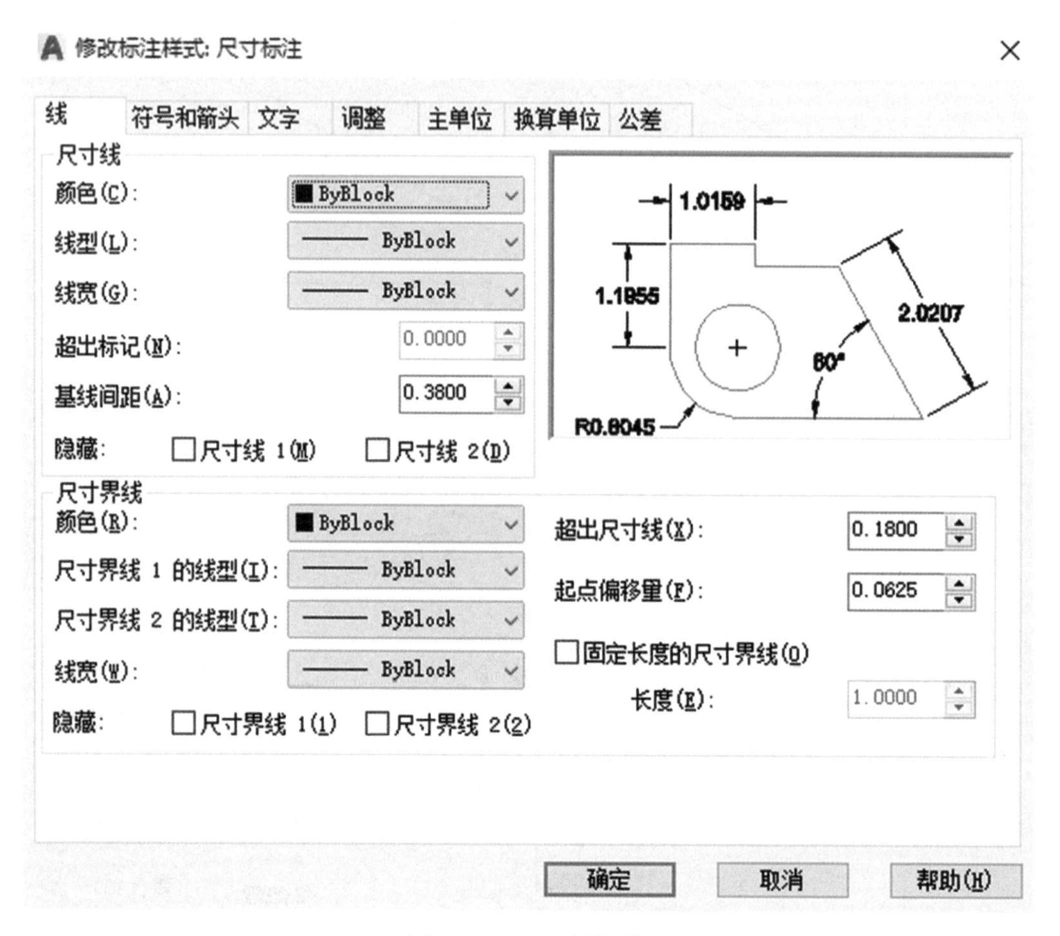

图 5-14　标注尺寸线调整

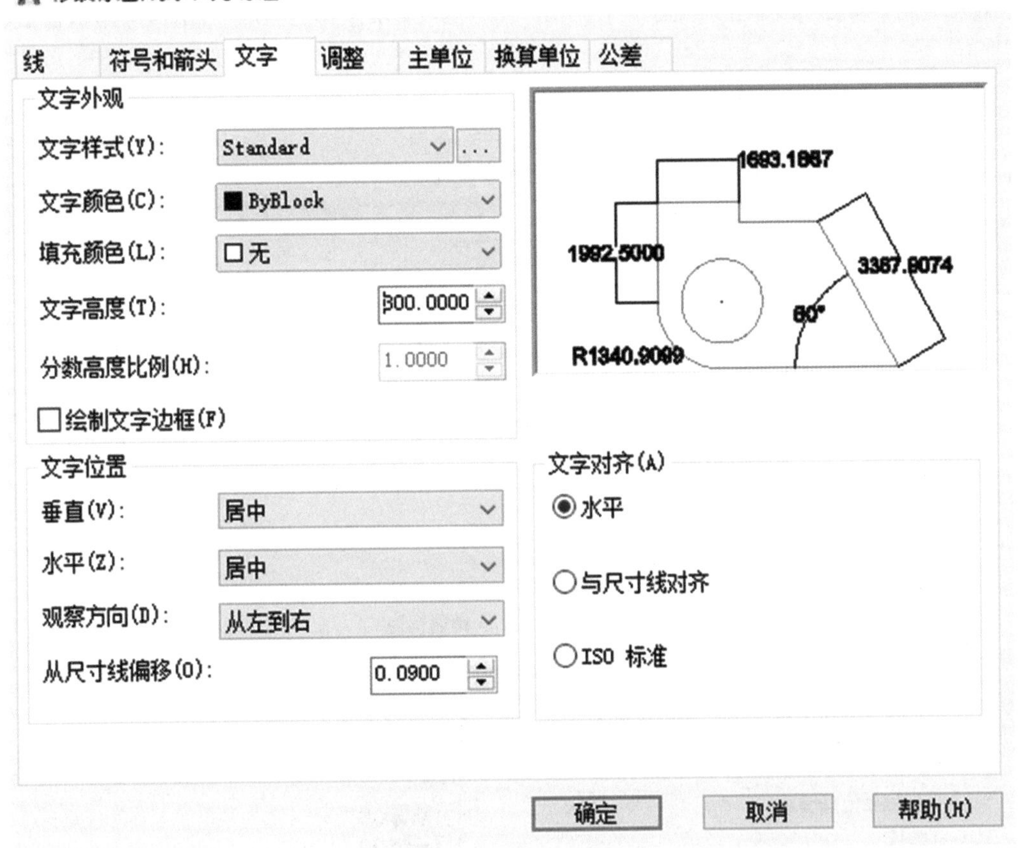

图 5-15　标注文字调整

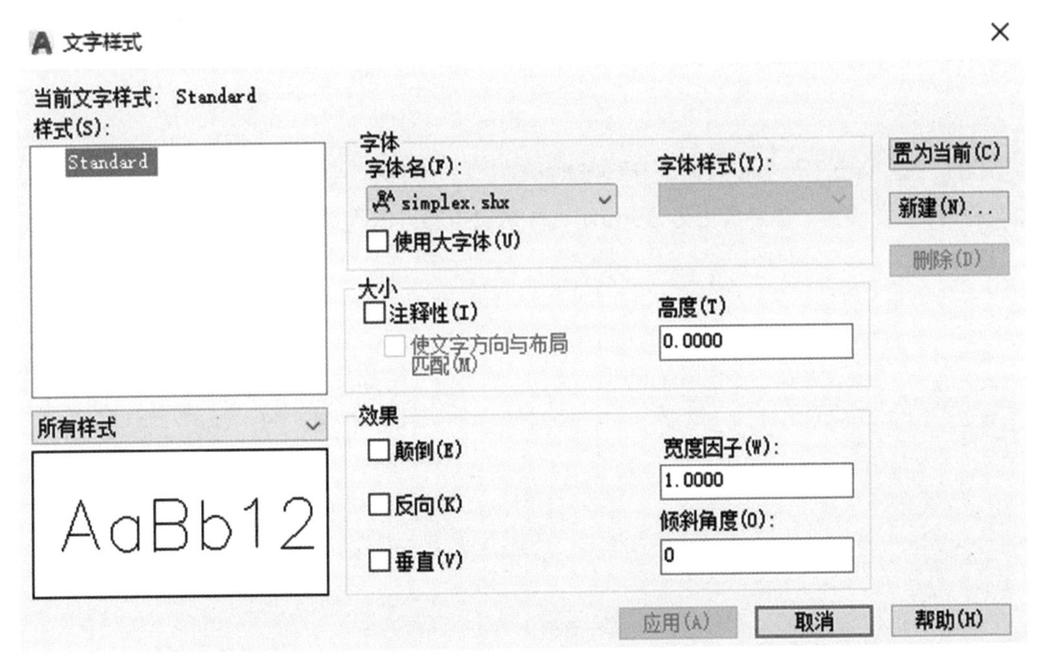

图 5-16　标注文字字体调整

④ 调整主单位。在 AutoCAD 绘图中一般是整数，且标注最后一位一般为 0 或者 5，点击主单位 主单位 子项，将“精度”改为 0，如图 5-17 所示。依次点击确定一置为当前一关闭标注样式窗口。

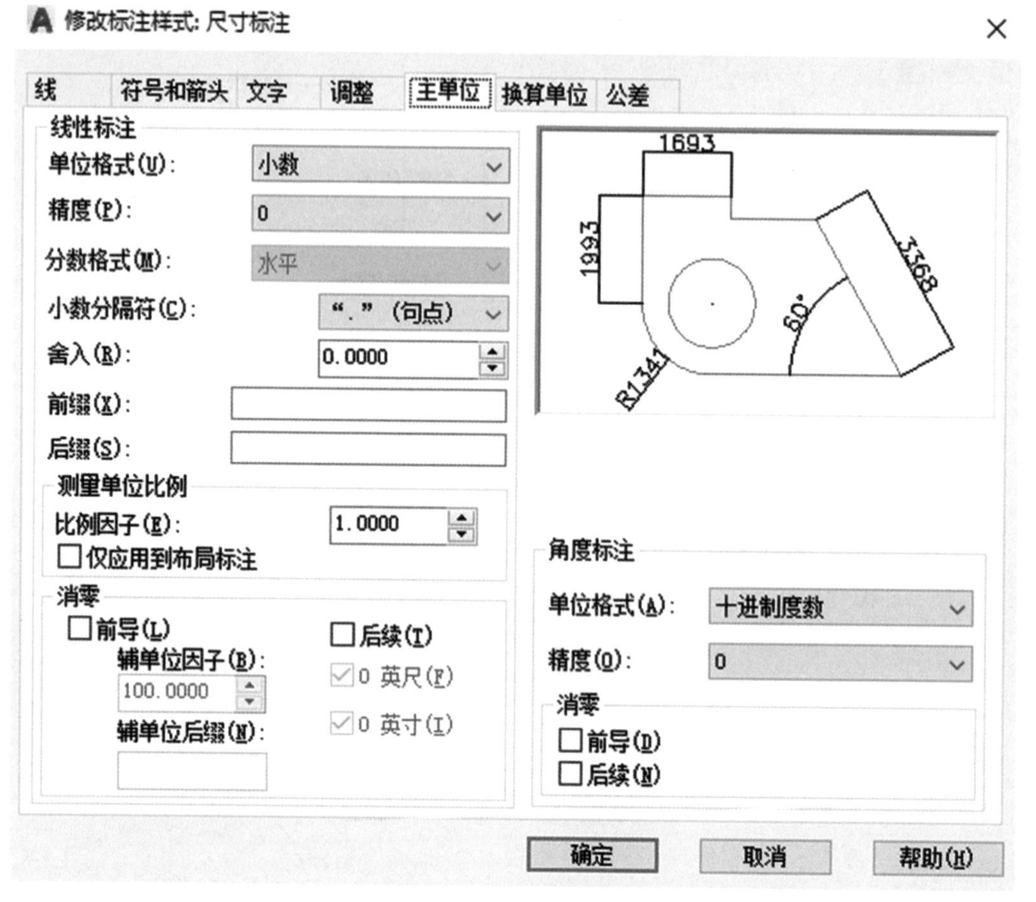

图 5-17　标注单位调整

⑤ 设置箭头。点击“符号和箭头” 符号和箭头 子项，将“箭头”目录下的“第一个”和“第二个”均选择倾斜 倾斜 ，设置“箭头大小为 35mm”。 依次点击点击确定一置为当前一关闭标注样式窗口，如图 5-18 所示。

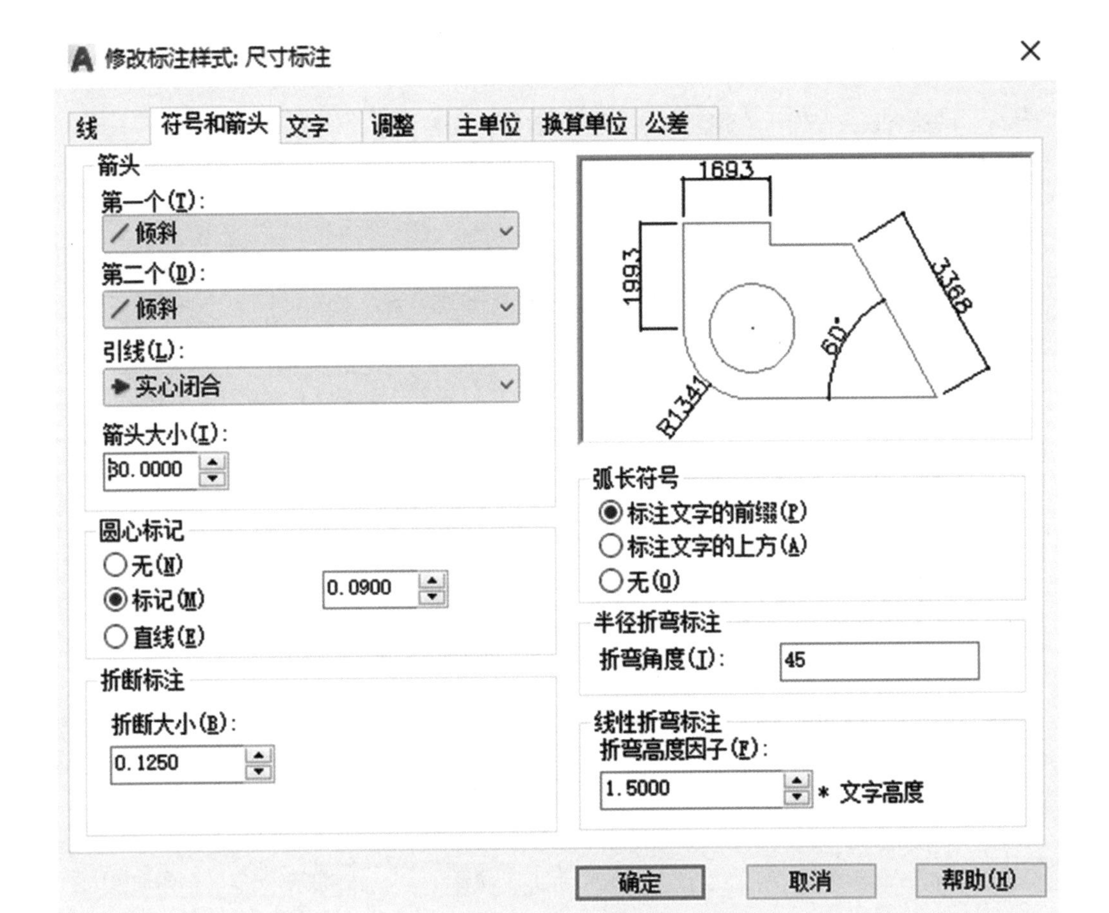

图 5-18　标注箭头调整

⑥ 设置线。在“尺寸线”目录下，“颜色”、“线型”、“线宽”属性均设置为随层（Bylayer），设置“超出标记”为 30mm，“基线间距”500mm；设置“尺寸界限”目录下“颜色”、“尺寸线 1 的线型”、“线 2 的线型”、“线宽”均为随层（Bylayer），设置超出尺寸线为 30mm，设置“偏移量”值为 150mm，如图 5-19 所示。依次点击点击确定一置为当前一关闭标注样式窗口，完成标注样式的设置，发现绘图区中图形标注显示发生变化，如图 5-20 所示。

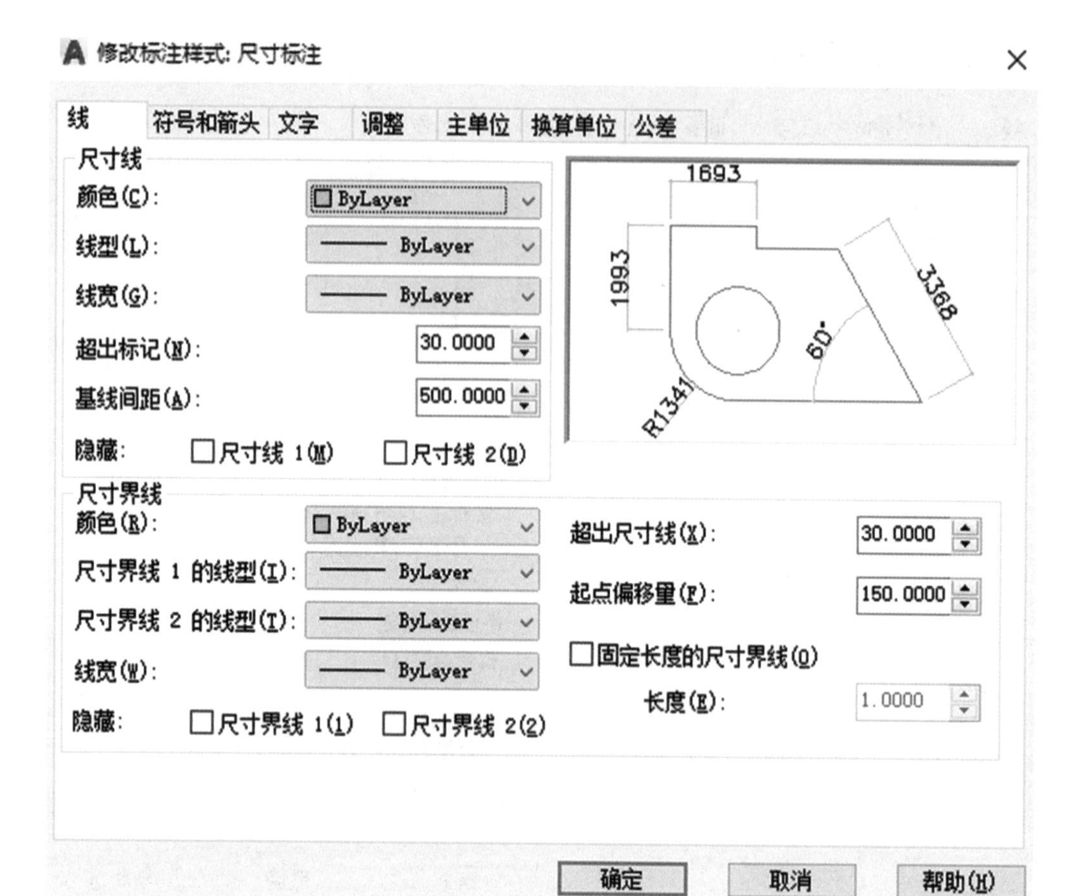

图 5-19　标注尺寸线调整

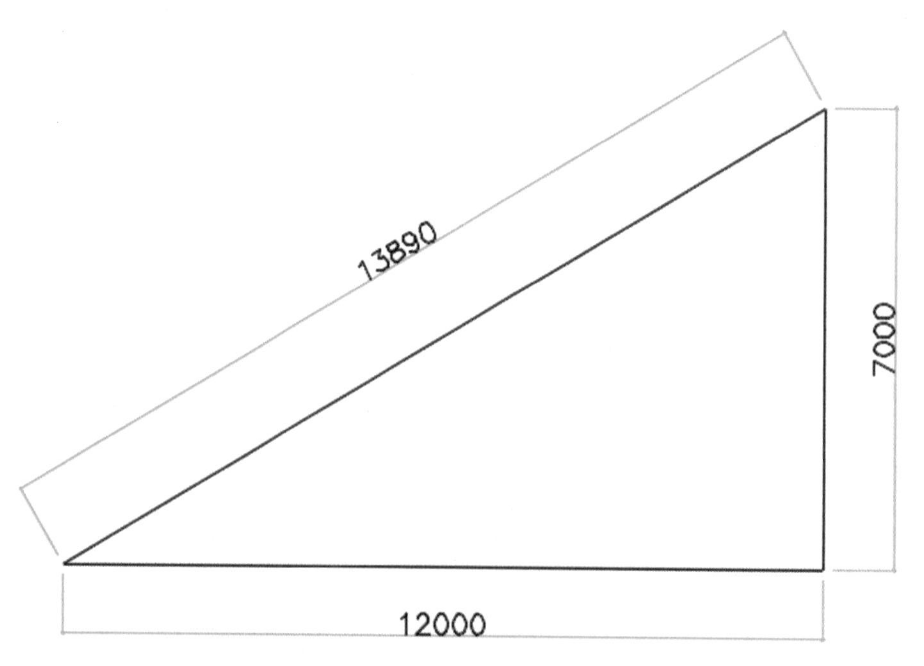

图 5-20　调整后的尺寸标注

5.4 各类图形标注讲解

尺寸标注的类型有：线型标注、对齐标注、角度标注、半径标注、直径标注、基线标注、连续标注。

5.4.1 线性标注

线性标注主要图标是 ，快捷键是 DLI（需要单击空格键确认），线性标注主要用于对水平和竖直方向的图形的尺寸进行标注，如图 5-21 所示。

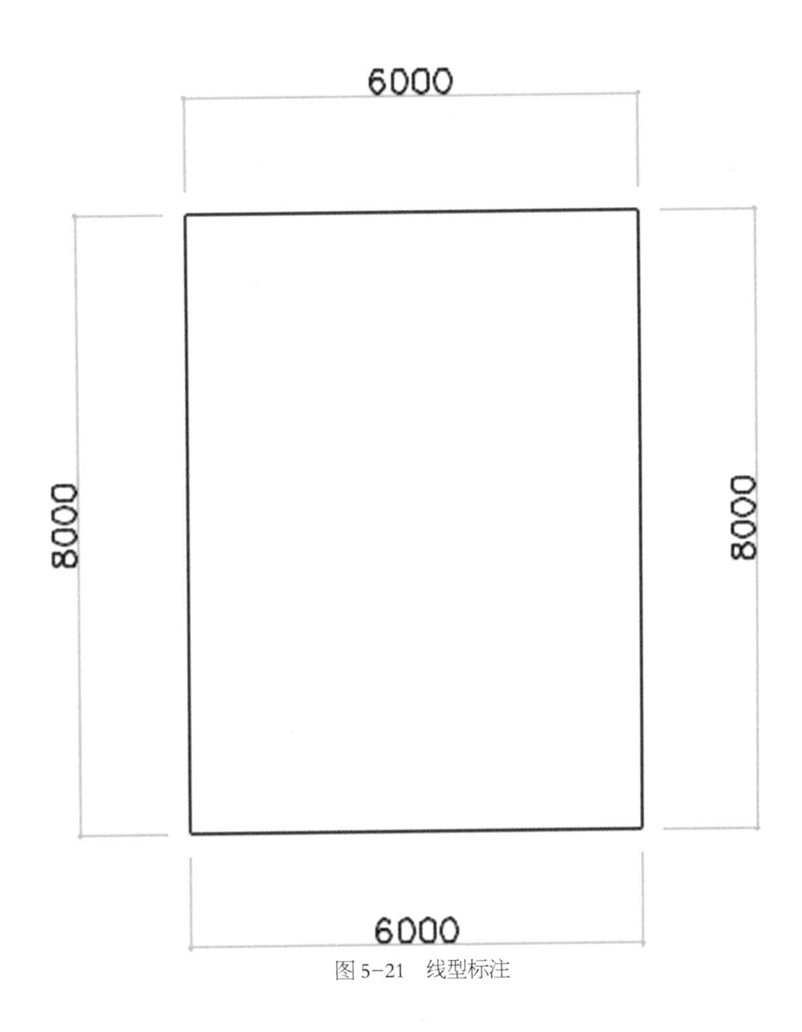

图 5-21　线型标注

5.4.2 对齐标注

对齐标注图标是 ，快捷键是 DAL（需要单击空格键确认），对齐标注主要用于对非规则图形、图形中有斜边的图形的尺寸标注，如图 5-22 所示。

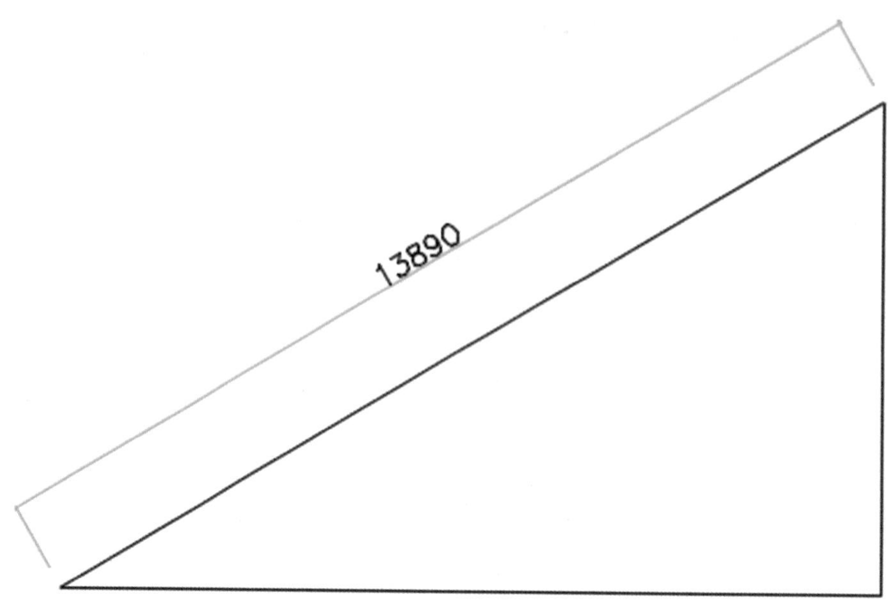

图 5-22 对齐标注

5.4.3 角度标注

角度标注图标是 ，快捷键是 DAN(需单击空格键进行确认)，角度标注主要用于对图形中的角度进行标注，如图 5-23 所示。

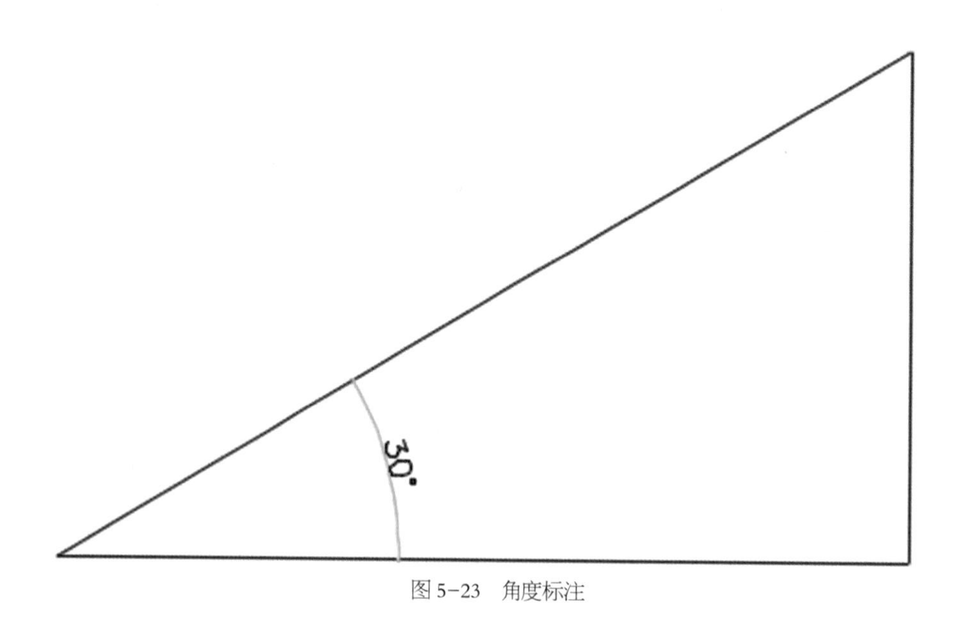

图 5-23 角度标注

5.4.4 弧长标注

弧长标注图标是 ，快捷键是 DAR（需单击空格键进行确认输入），弧长标注一般用在图形中有弧形部分的标注上，如图 5-24 所示。

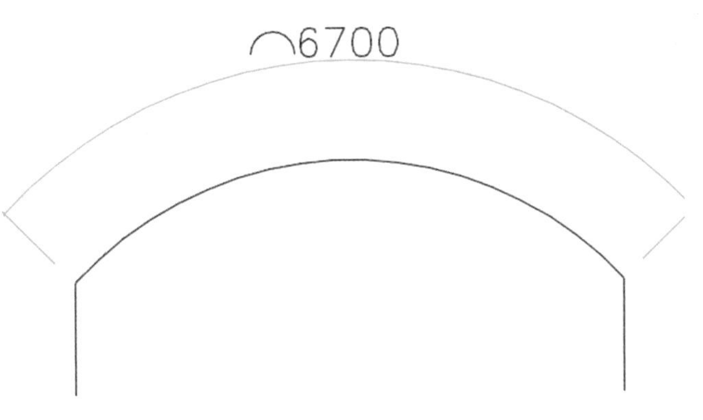

图 5-24　弧长尺寸标注

5.4.5 半径、直径标注

半径标注图标是 ，快捷键是 DRA（需要单击空格键进行确认输入），直径标注图标图标是，快捷键是 DDI（需单击空格键进行确认输入）。半径和直径标注工具主要用于圆或者圆弧的半径或直径，如图中所示该图形的半径 R 为 4100mm，直径 ϕ 为 8200mm，如图 5-25 所示。

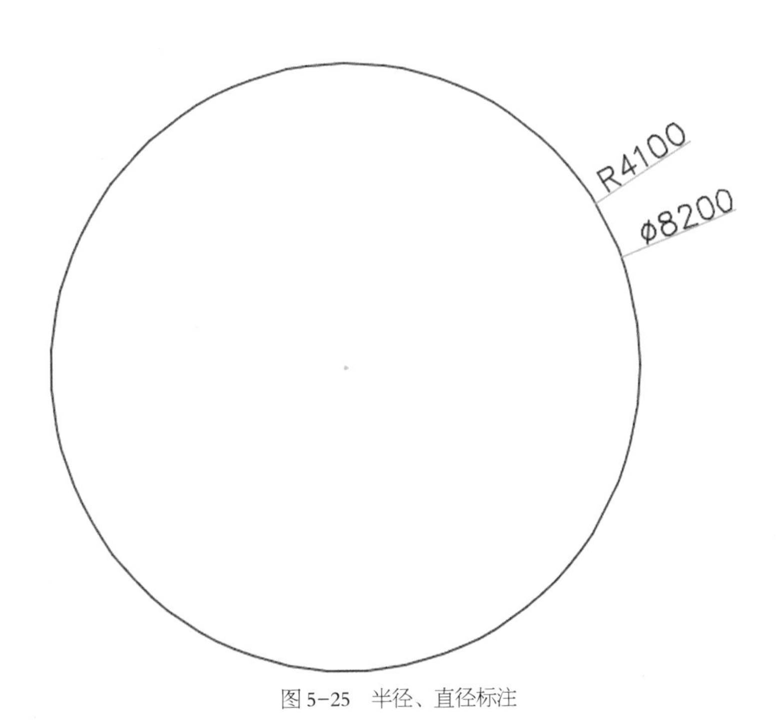

图 5-25　半径、直径标注

5.5 连续标注

连续标注图标是 ，快捷键是 DCO（需要单击空格键确认输入），连续标注可以继续前一个标注或者在选定的标注的基础上继续连续地进行尺寸标注。其标注效果如图 5-26 所示。

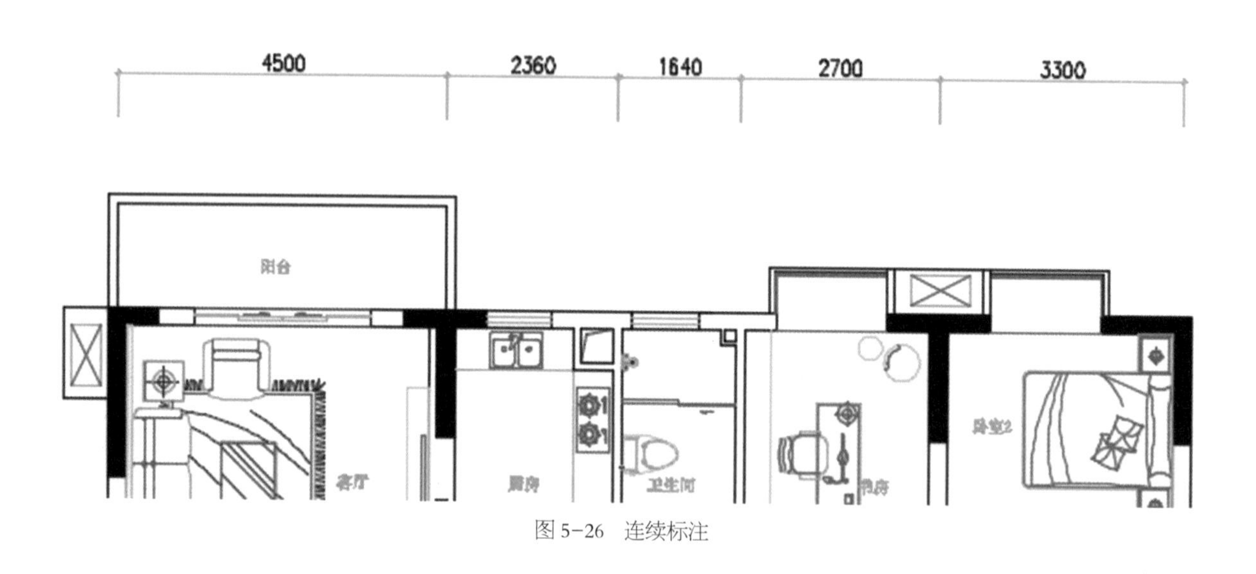

图 5-26　连续标注

5.6 基线标注

基线标注图标是 ，快捷键 DBA（需要单击空格键确认输入），作用是从上一个或者选定的基线开始的连续的线性、角度或坐标标注。其标注方法和效果如图 5-27 所示。

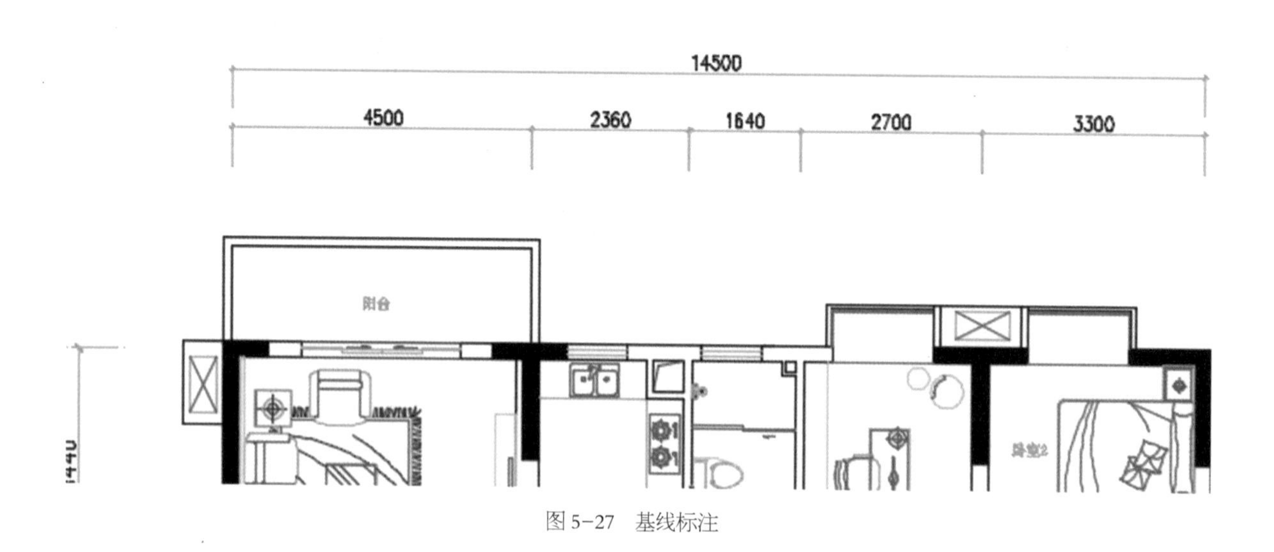

图 5-27　基线标注

5.7 引线标注

引线标注是在图形的外面以“引线”的方式引出一条线，其一端，有“箭头”，另一端是文字的标注说明形式。主要是对图形中某些特定对象进行解释说明，使图形表达更加清楚，如图 5-28 所示。引线标注的方法是：点击菜单栏“格式” 格式(O) ，在下拉菜单中找到“多重引线样式”，弹出“多重引线样式管理器”，点击“修改”进行调试，如图 5-29 所示。调试完成后在要进行引线标注的图形上点击拖拽出引线，附上文字说明即可。

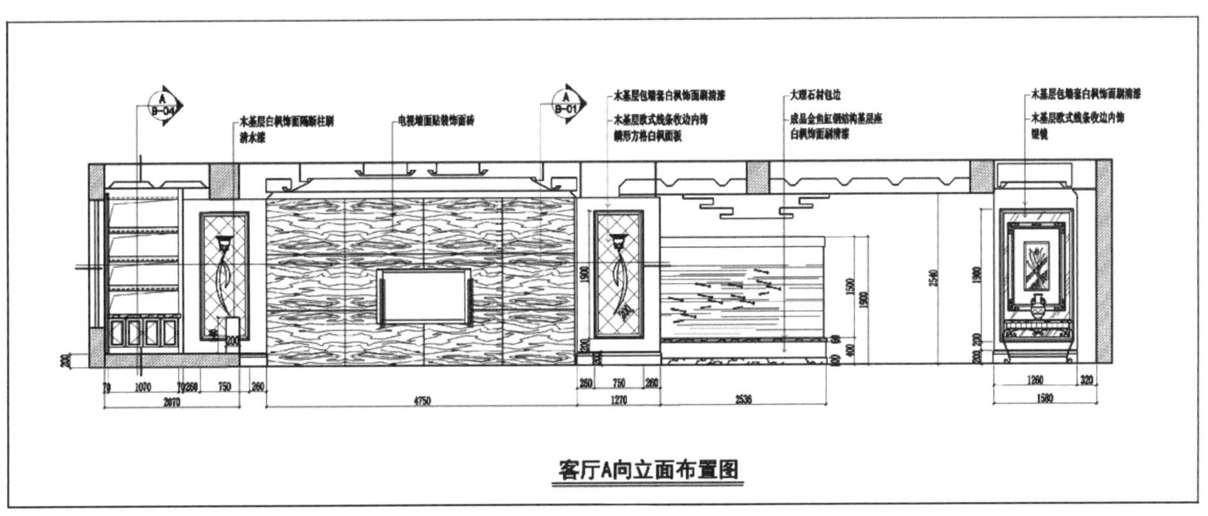

图 5-28　引线标注

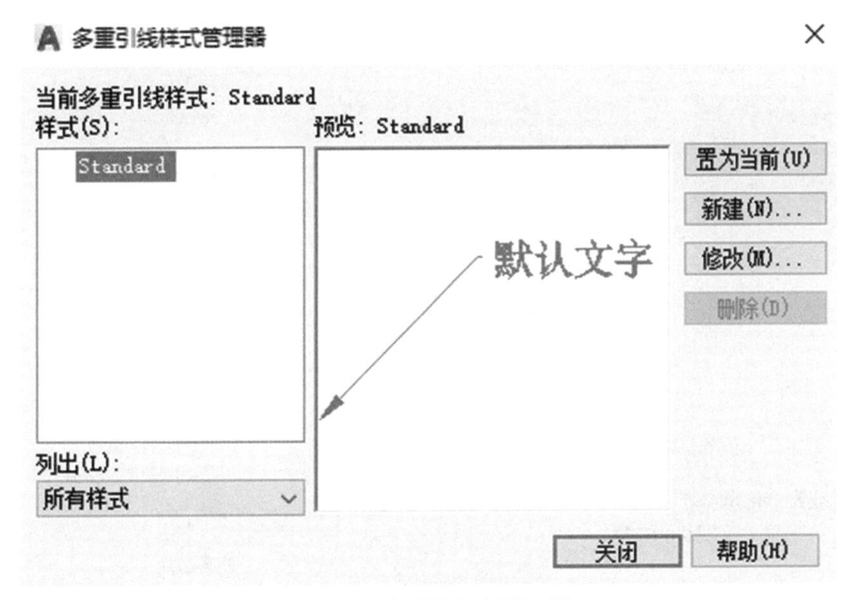

图 5-29　多重引线样式管理器

第 6 章　AutoCAD 图形输出及文件格式转换

AutoCAD 图形绘制完成之后就可以对图形进行输出打印，通过打印的文件可以方便地进行图纸传递、交换、易于阅读、便于携带、保护图形内容不会被篡改。AutoCAD 图形的打印方法也是设计师必会技能之一。

6.1 AutoCAD 文件打印

如果电脑已连接打印机，可直接在打印页面进行设置，如图 6-1 所示。如果电脑没有连接打印机可通过虚拟打印的方式对图形进行输入“打印”。通过虚拟打印的图形可以保持图形中的字体、标注、图层等相关的部分，避免因更换电脑导致字体、标注丢失。AutoCAD 图形打印的方法是：在 AutoCAD 软件界面中按住 Ctrl+P 即可弹出“打印”窗口，如图 6-2 所示。

打印 - 模型
页面设置
名称(A)： <无>　添加(.)...
打印机/绘图仪
名称(M)： Canon LBP3500　特性(R)...
绘图仪： Canon LBP3500 - Windows 系统驱动程序 - 由 A...
位置： USB001
说明：
297 MM　420 MM
□打印到文件(F)
图纸尺寸(Z)
A3
打印份数(B)
1
打印区域
打印范围(W)：
窗口　窗口(O)<
打印比例
☑布满图纸(I)
比例(S)： 自定义
1　毫米　=
127.4　单位(N)
□缩放线宽(L)
打印偏移(原点设置在可打印区域)
X： 1.27　毫米　☑居中打印(C)
Y： 0.00　毫米
预览(P)...
打印样式表(画笔指定)(G)
monochrome.ctb
着色视口选项
着色打印(D)　传统线框
质量(Q)
DPI
打印选项
□后台打印(K)
☑打印对象线宽
□使用透明度打印(T)
☑按样式打印(E)
□最后打印图纸空间
□隐藏图纸空间对象(J)
□打开打印戳记
□将修改保存到布局(V)
图形方向
○纵向
◉横向
□上下颠倒打印(-)
应用到布局(U)　确定　取消　帮助(H)

图 6-1　AutoCAD 文件打印窗口

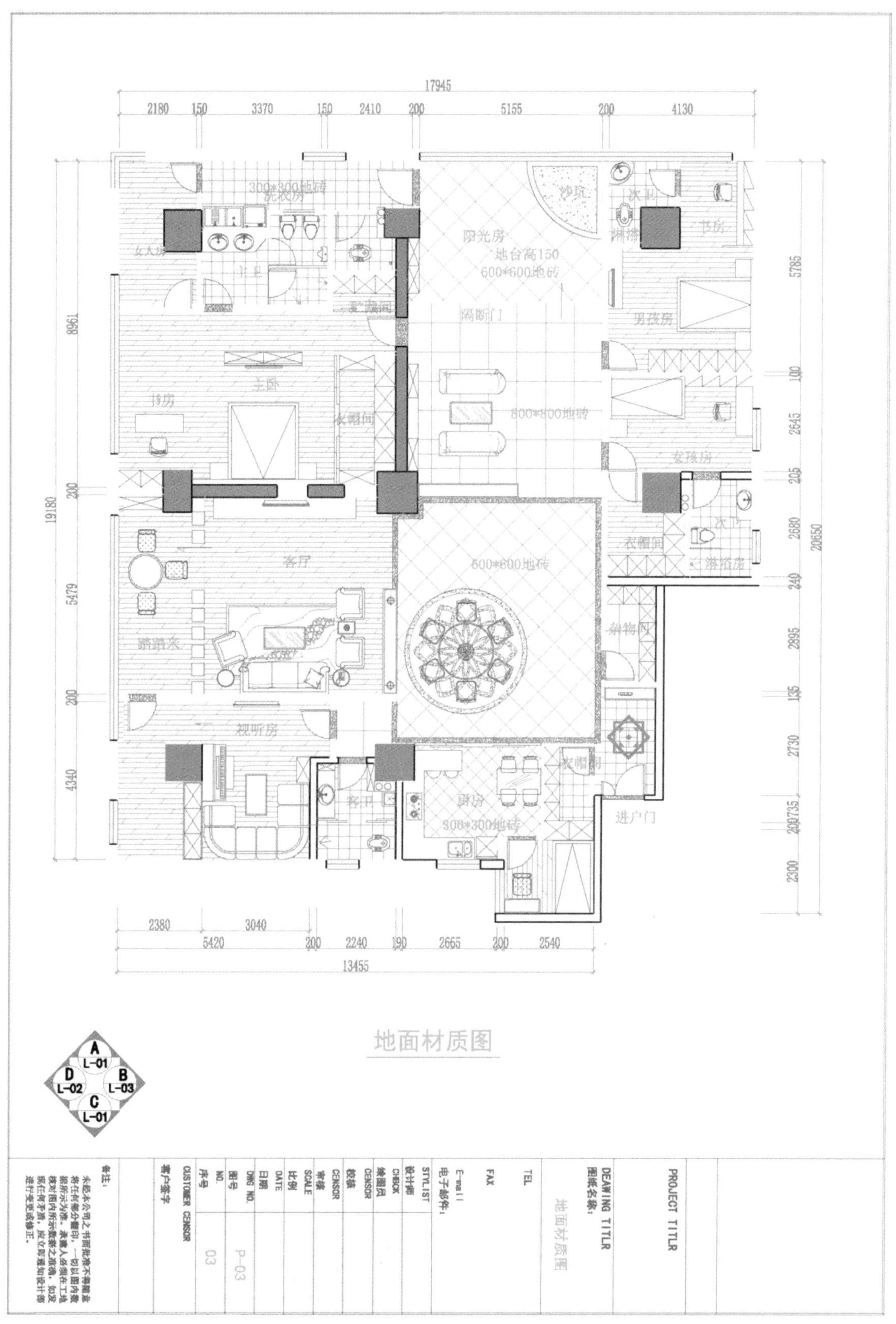

图 6−2　图形虚拟打印彩图效果

6.2 AutoCAD 文件打印设置

在没有连接打印机的情况下，要实现 AutoCAD 图形文件输入打印，可以采用的方式很多，本书主要讲解从 AutoCAD 图形转换成 EPS 格式文件，EPS 文件再通过 PS 软件进行编辑转换成高分辨率通用的 JPG 格式的大文件。EPS 是封装的编程语言（PostScript）格式，EPS 格式是一种通用的交换格式，很多的设计软件都支持这种格式，例如 Photoshop、Illustator、Coreldraw 等。如图 6-3、图 6-4 所示是 AutoCAD 软件图形导出为 EPS 格式后再导入到 Photoshop 软件中进行填色调整后输出的彩色平面图效果（需要在电脑中安装 Photoshop 软件）。

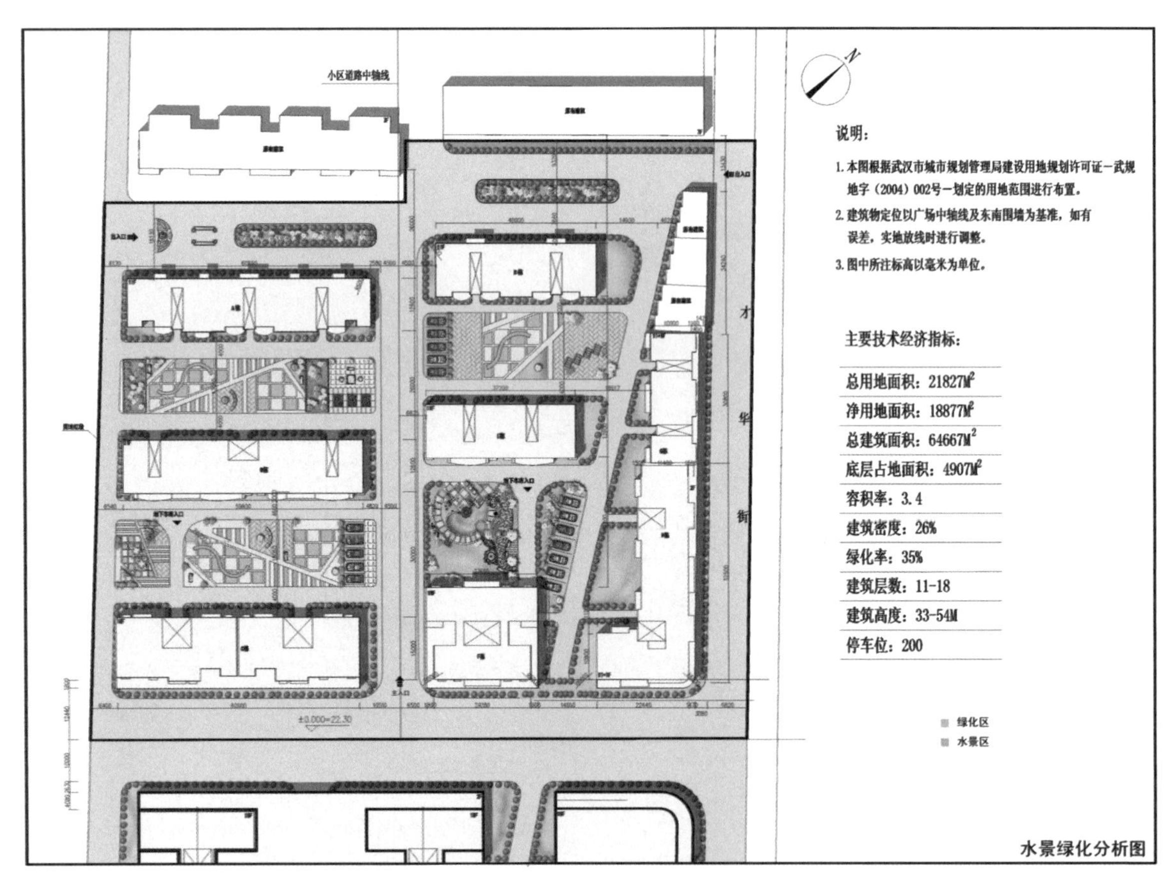

图 6-3　图形经虚拟打印后制图彩平图 1

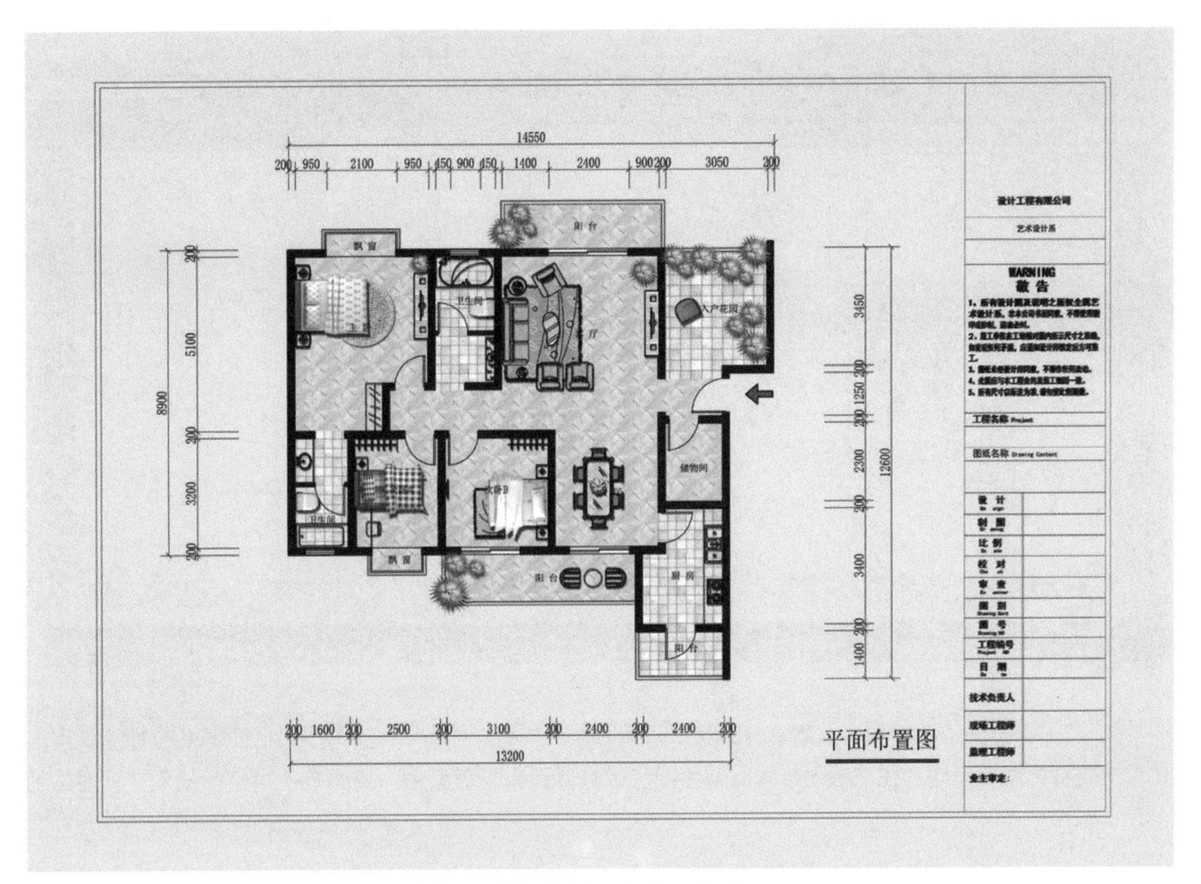

图 6-4　图形经虚拟打印后制图彩平图 2

6.3 AutoCAD 文件格式转换

AutoCAD 文件导出为 EPS 文件及 EPS 导入到 Photoshop 软件中的操作都非常简单，只需要按步骤操作即可。

6.3.1 导出为 EPS 文件

（1）添加“绘图仪”

① 首先，打开要输出的图形文件，如图 6-5 所示。

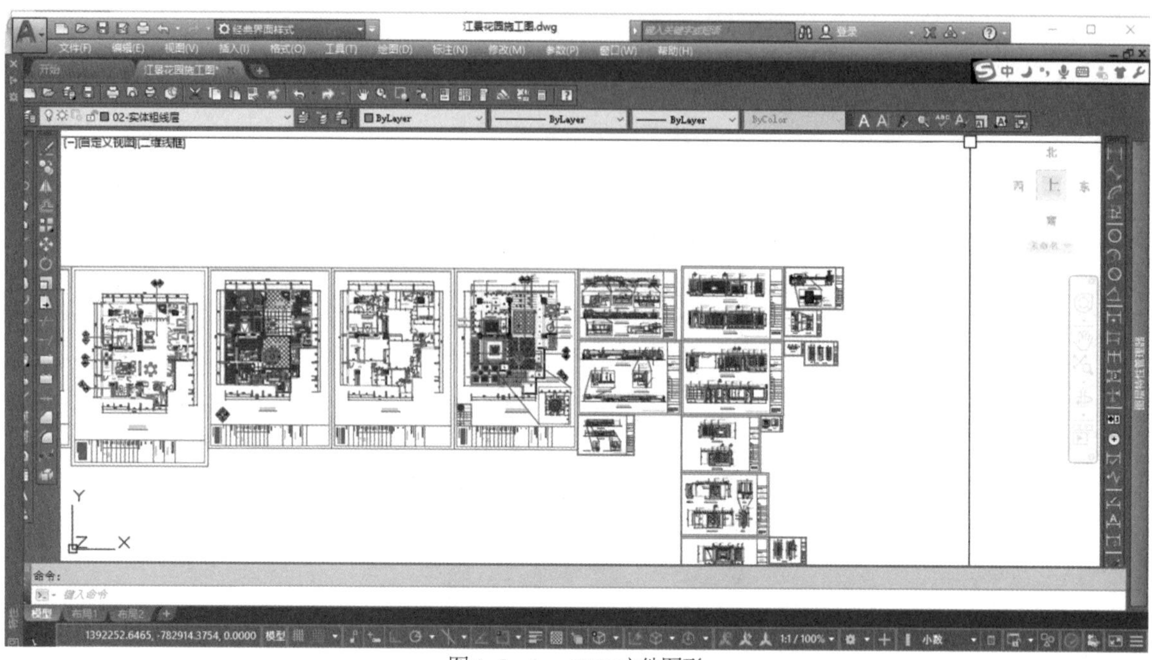

图 6-5　AutoCAD 文件图形

② 点击 AutoCAD 界面中“菜单浏览器”图标，找到“打印”，如图 6-6 所示。点击其后的向右拓展三角块，在“将图形输出到绘图仪或其他设备”页面中，如图 6-7 所示。找到“管理绘图仪”并点击。

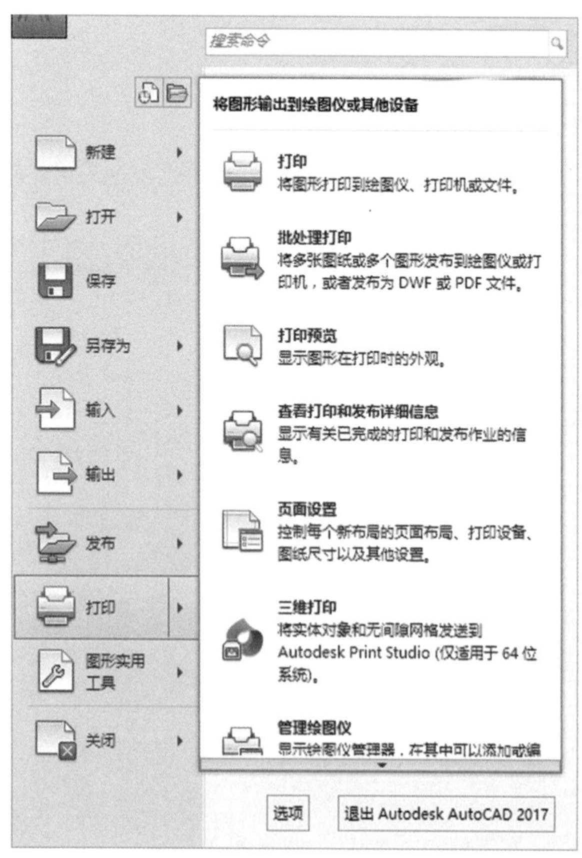

图 6-6　AutoCAD 打印功能位置

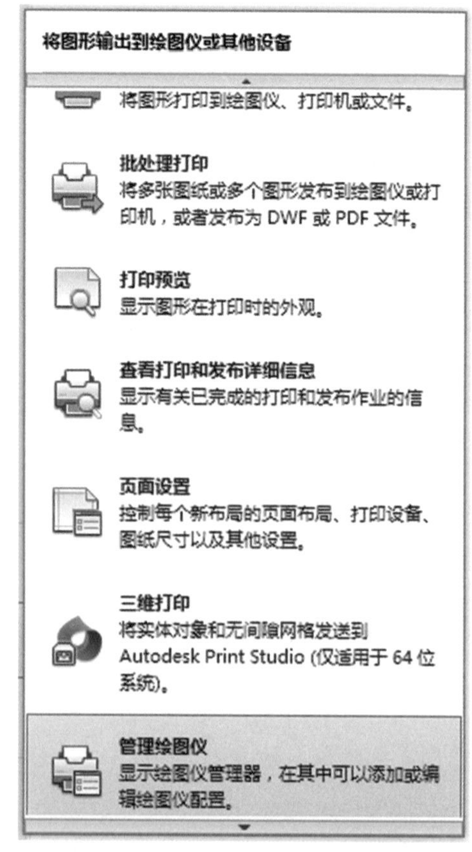

图 6-7　AutoCAD 绘图仪功能位置

③ 点击“管理绘图仪”，弹出“Plotters”绘图仪窗口，如图 6-8 所示。双击“添加绘图仪向导”图标 **添加绘图仪向导**，在弹出的“添加绘图仪一简介”，如图 6-9 所示。窗口点击“下一步”按钮。

图 6-8　绘图仪器管理器窗口

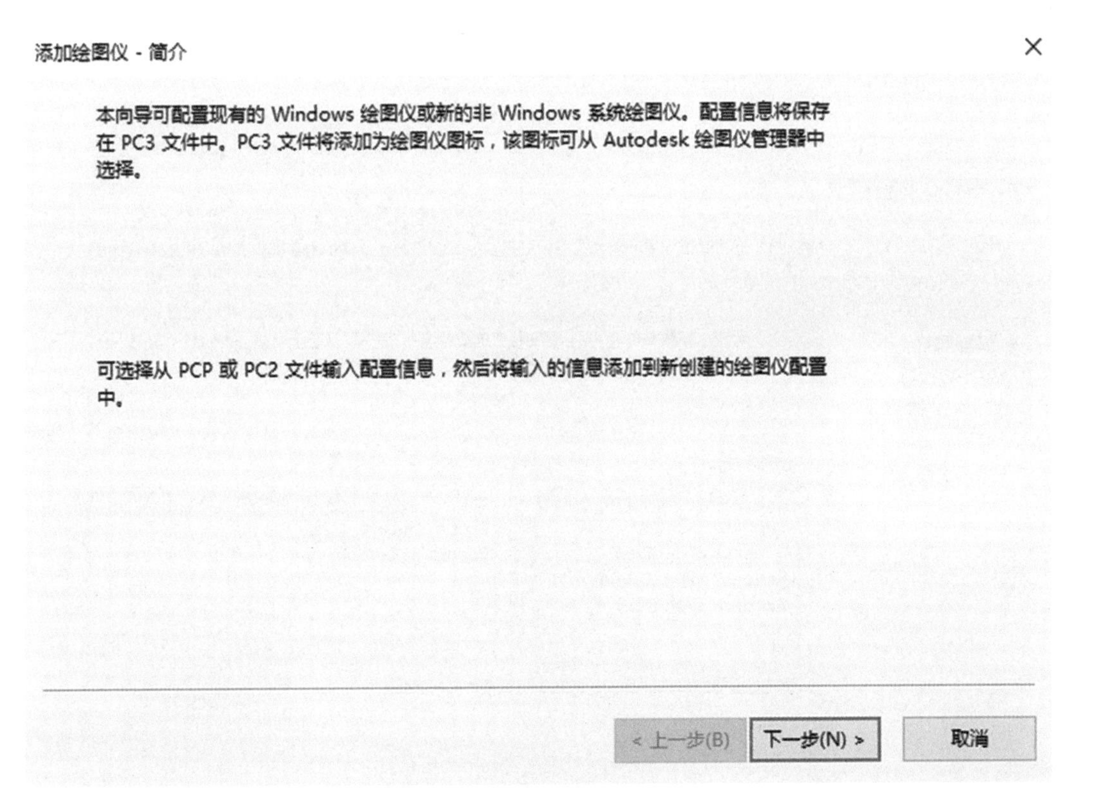

图 6-9　添加绘图仪步骤窗口 1

④ 在弹出的“添加绘图仪—开始”窗口中继续点击“下一步”图标，如图 6-10 所示。在弹出的“绘图仪型号”窗口，如图 6-11 所示。继续点击“下一步”，在弹出的“添加绘图仪—输入 PCP 或 PC2”窗口中继续点击“下一步”，如图 6-12 所示。

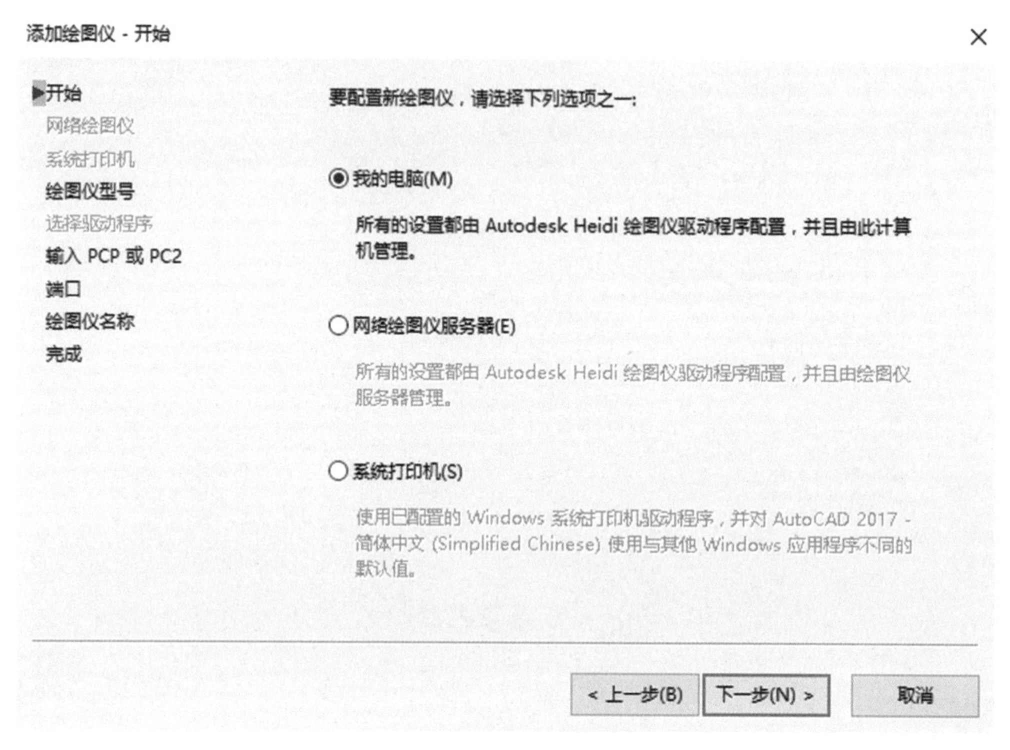

图 6-10 添加绘图仪步骤窗口 2

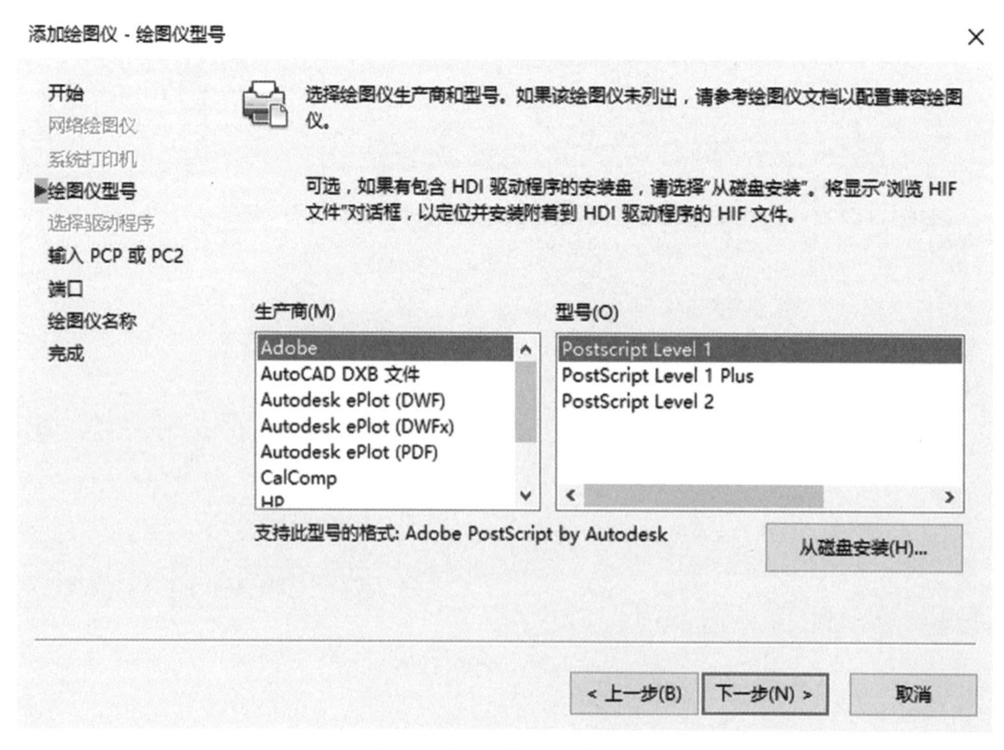

图 6-11 添加绘图仪步骤窗口 3

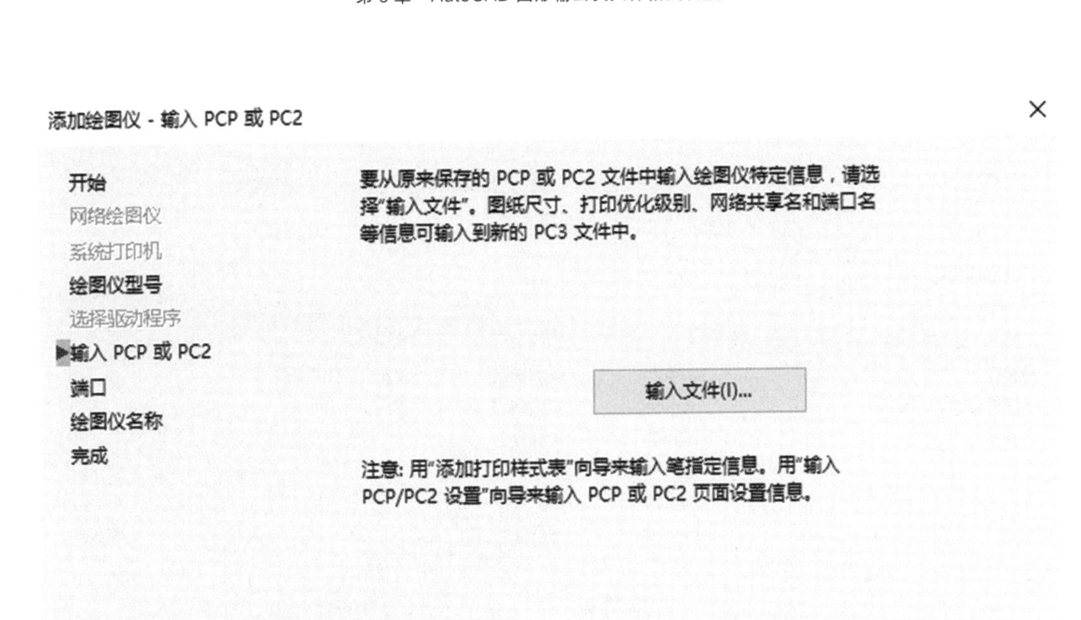

图 6-12　添加绘图仪步骤窗口 4

⑤ 在弹出的“端口”窗口，如图 6-13 所示。将预设的“打印到端口（P）” ◉打印到端口(P) 选择改为“打印到文件” ◉打印到文件(F) ，如图 6-14 所示。这样选择的目的是便于图形文件虚拟打印后可以在电脑中输出一个找得到的文件，点击“下一步”。

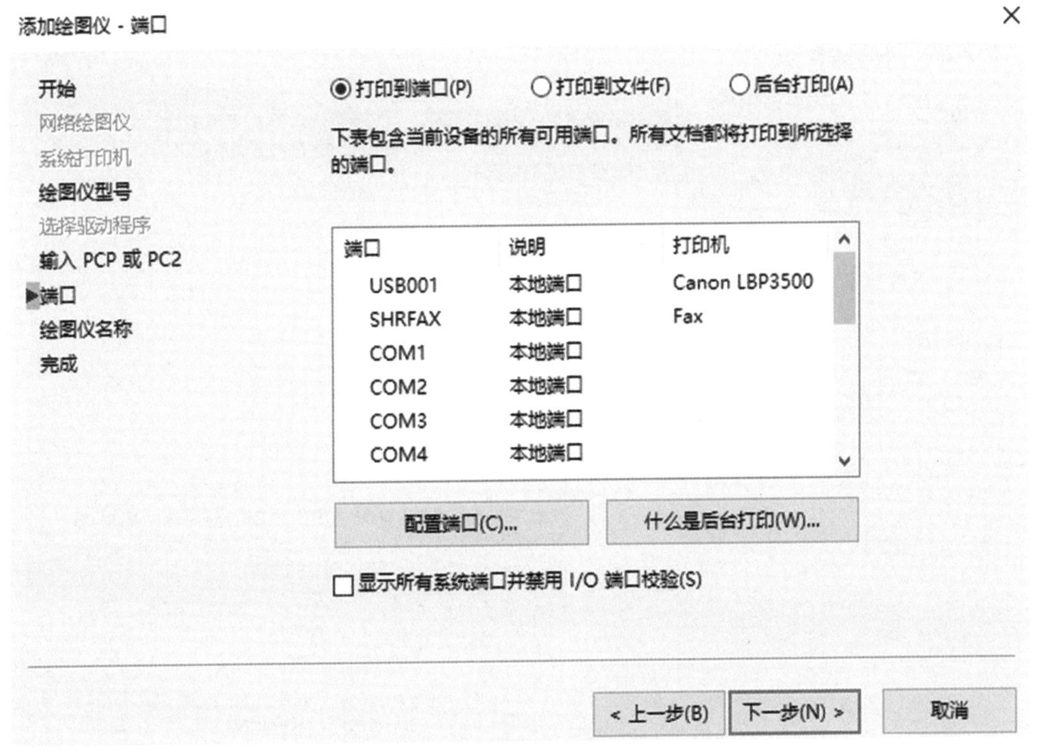

图 6-13　添加绘图仪步骤窗口 5

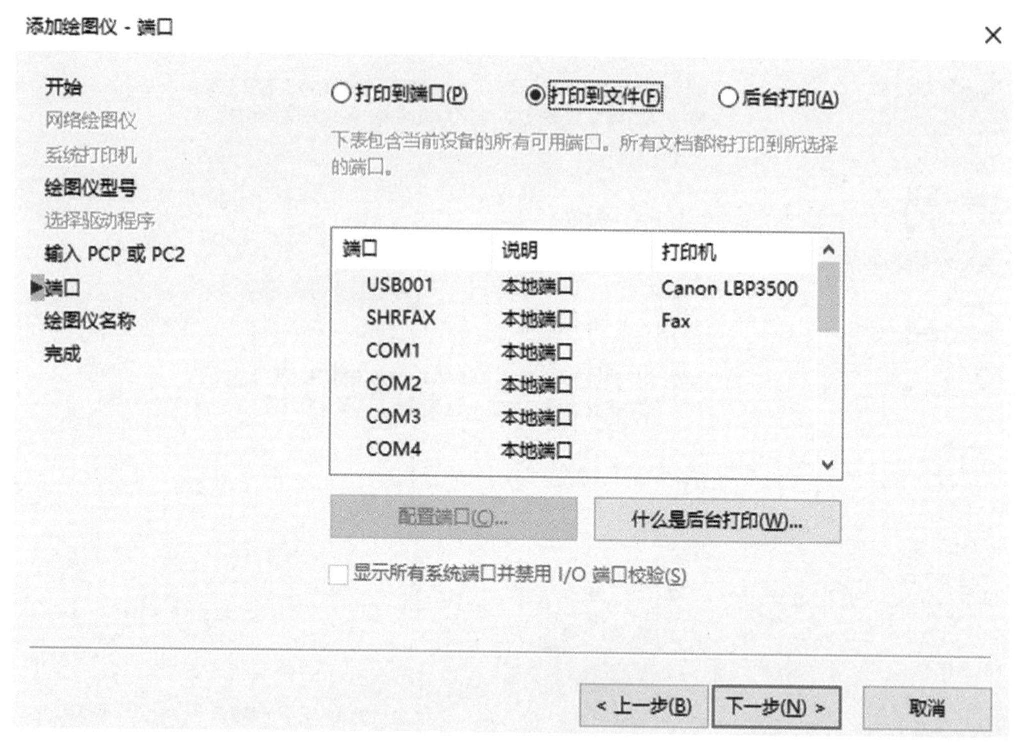

图 6-14　添加绘图仪步骤窗口 6

⑥ 在弹出的“添加绘图仪一绘图仪名称”窗口，如图 6-15 所示。对绘图仪名称 **绘图仪名称(P):** 进行修改，例如改成“AutoCAD 软件 EPS 文件输出专用打印机”，如图 6-16 所示。点击“下一步”，在弹出的“添加绘图仪一完成”窗口中点击“完成”，如图 6-17 所示。回到“Plotters”绘图仪窗口会看到新建的“AutoCAD 软件 EPS 文件输出专用打印机”绘图仪出现在界面中，如图 6-18 所示。

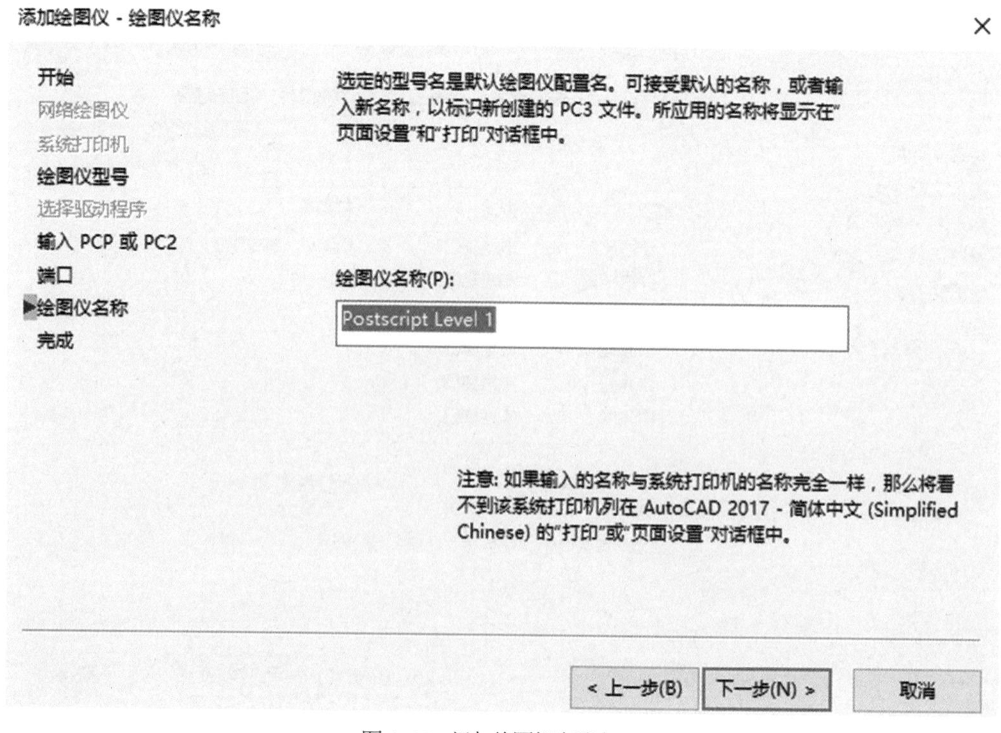

图 6-15　添加绘图仪步骤窗口 7

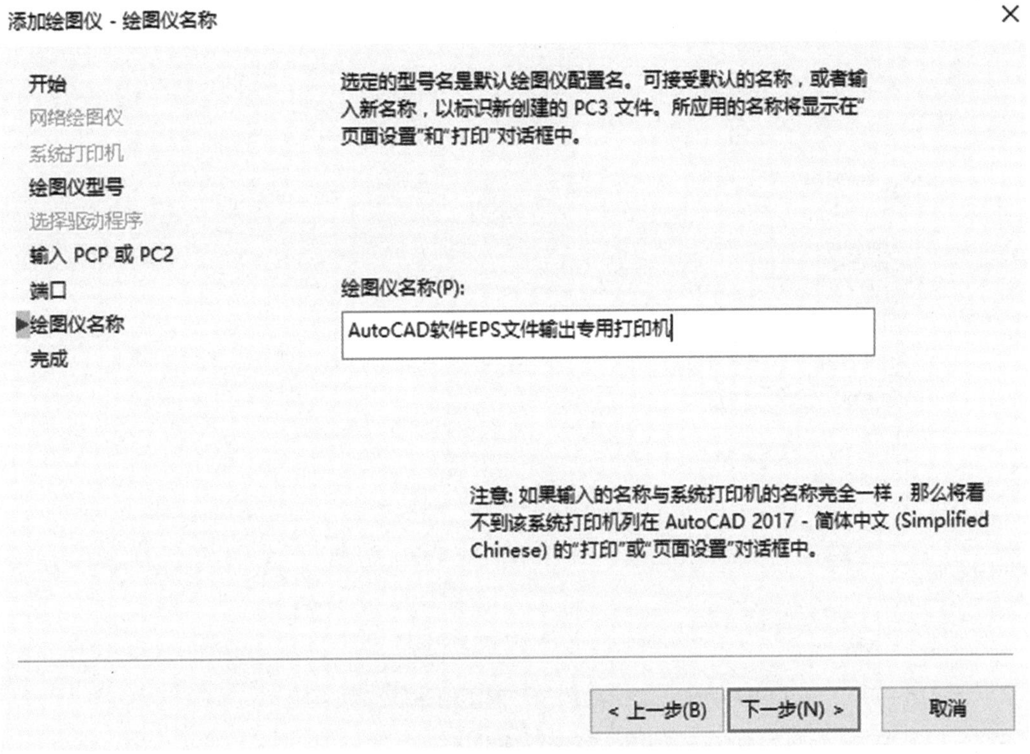

添加绘图仪 - 绘图仪名称

开始
网络绘图仪
系统打印机
绘图仪型号
选择驱动程序
输入 PCP 或 PC2
端口
▶绘图仪名称
完成

选定的型号名是默认绘图仪配置名。可接受默认的名称，或者输入新名称，以标识新创建的 PC3 文件。所应用的名称将显示在"页面设置"和"打印"对话框中。

绘图仪名称(P):

AutoCAD软件EPS文件输出专用打印机

注意: 如果输入的名称与系统打印机的名称完全一样，那么将看不到该系统打印机列在 AutoCAD 2017 - 简体中文 (Simplified Chinese) 的"打印"或"页面设置"对话框中。

< 上一步(B)　下一步(N) >　取消

图 6-16　添加绘图仪步骤窗口 8

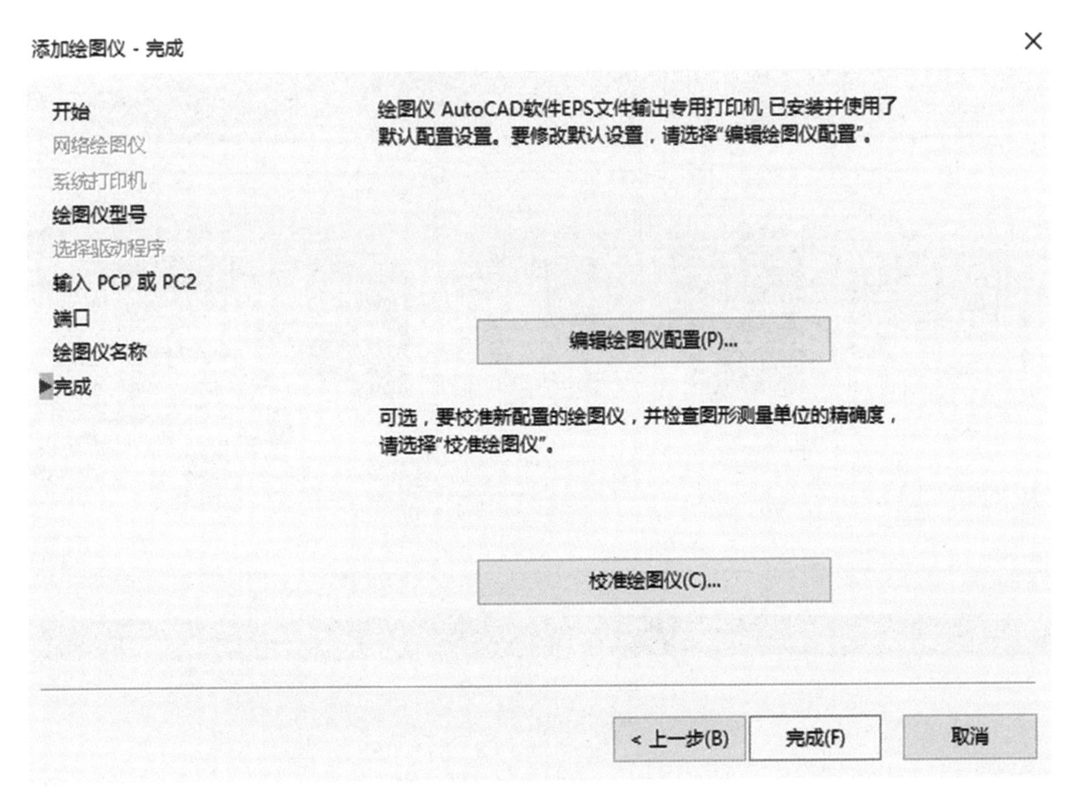

图 6-17　添加绘图仪步骤窗口 9

图 6-18 添加绘图仪步骤窗口 10

（2）在 AutoCAD 软件中使用已添加“绘图仪”对图形进行虚拟打印

① 在 AutoCAD 软件界面中打开要输出“打印”的图形，如图 6-19 所示。输入打印快捷键 Ctrl+P，如图 6-20 所示。弹出“打印—模型”窗口，如图 6-21 所示。

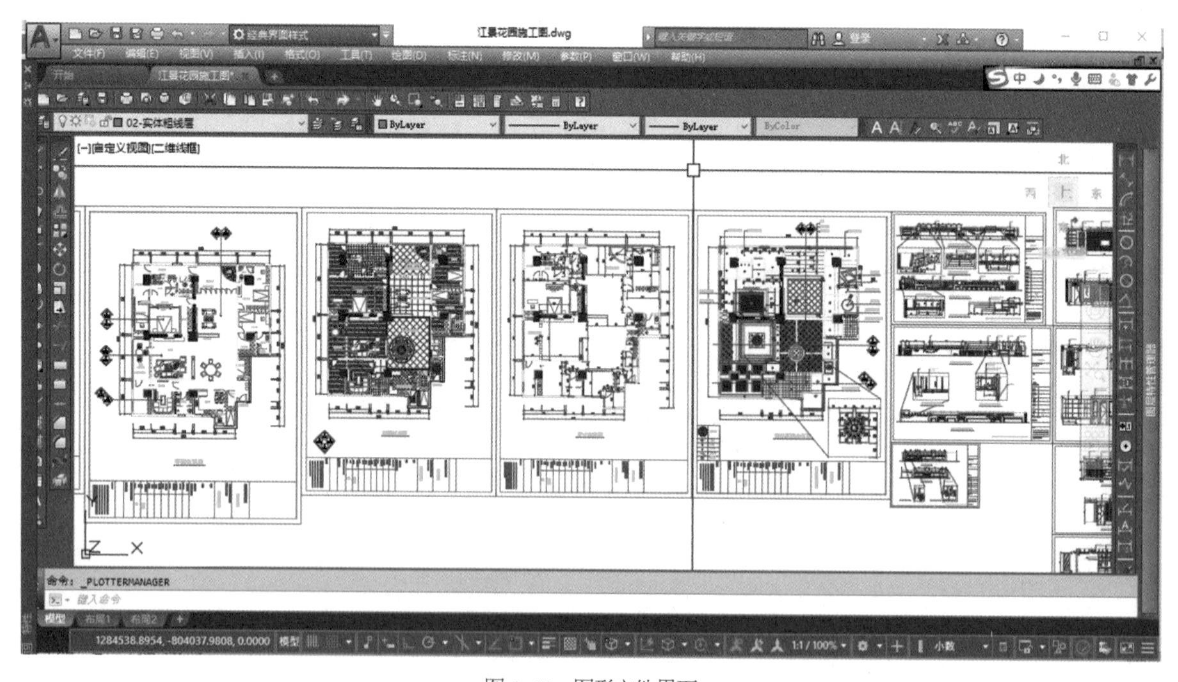

图 6-19 图形文件界面

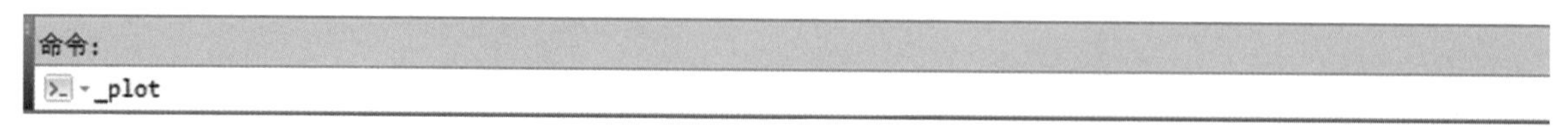

图 6-20 文件打印命令输入窗口

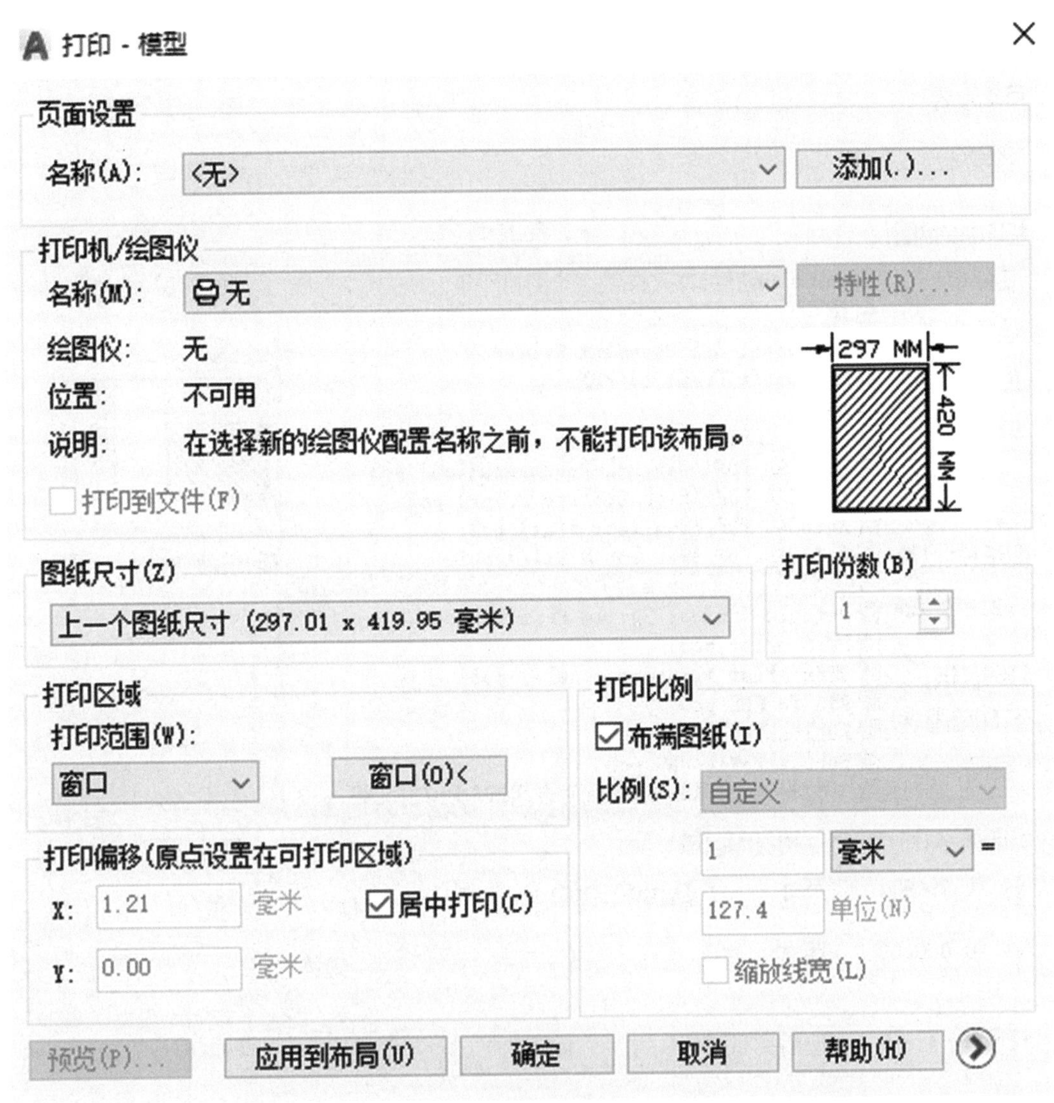

图 6-21 文件打印窗口

② 在“打印一模型”窗口界面中点击“打印机 / 绘图仪”目录下的“名称（M）”中选择之前命名的打印机绘图仪。“AutoCAD 软件 EPS 文件输出专用打印机”在“说明”中勾选“打印到文件”☑打印到文件(F)，如图 6-22、图 6-23 所示。

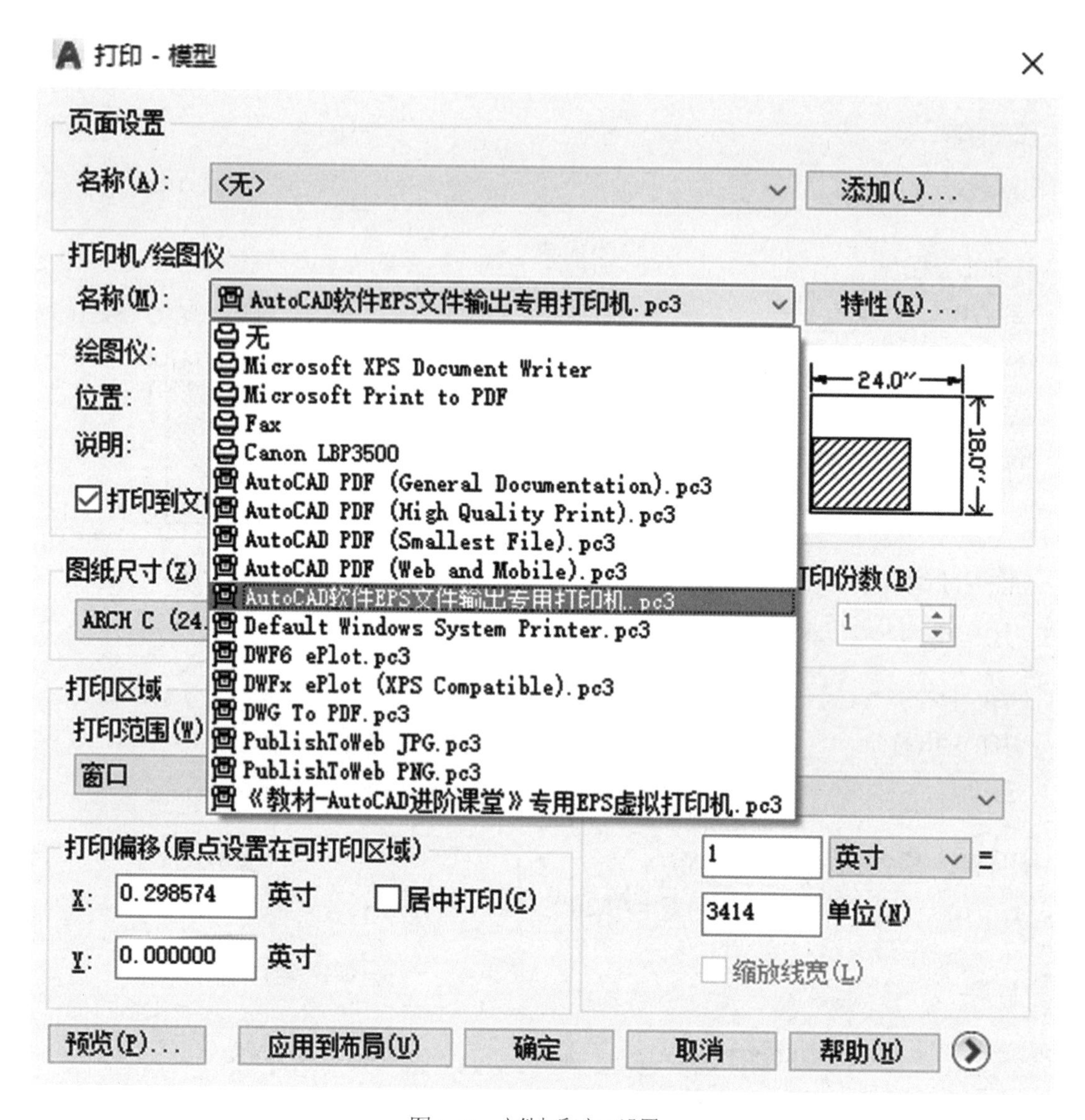

图 6-22 文件打印窗口设置 1

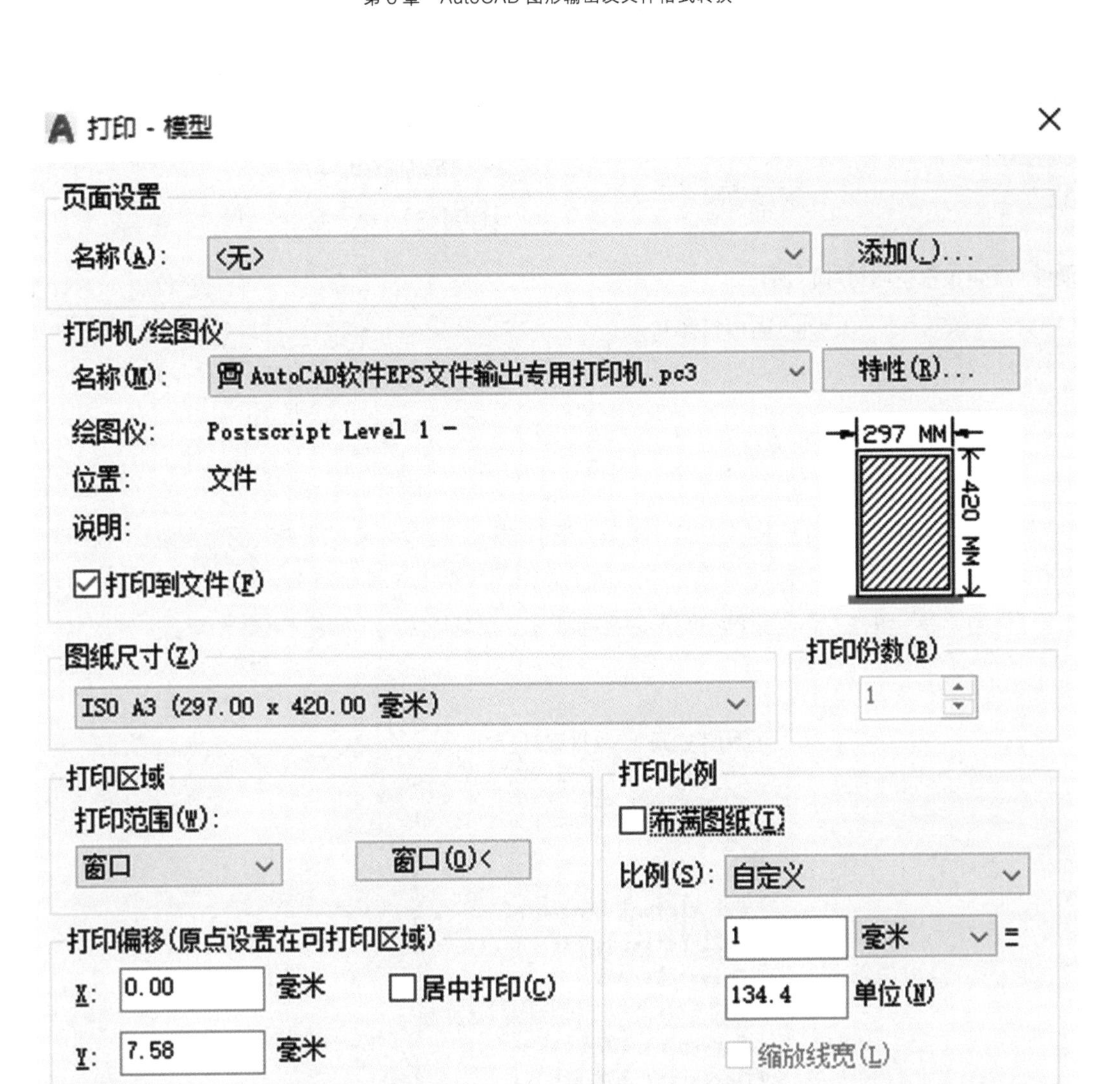

图 6-23　文件打印窗口设置 2

③ 在“图纸尺寸（Z）” 图纸尺寸(Z) 目录下根据图形输出要求，选择合适的图形输出打印尺寸，例如输出 A3 幅面就选择“ISO A3(297.00×420.00 毫米)”，如图 6-24 所示。

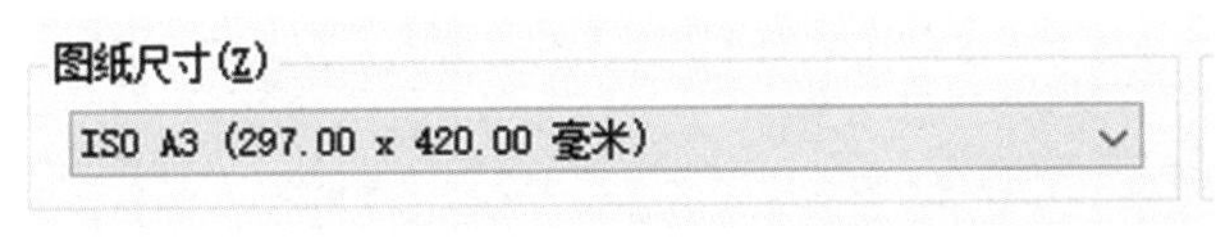

图 6-24　文件打印窗口设置 3

④ 依次勾选“居中打印” ☑居中打印(C) 和“布满图纸” ☑布满图纸(I)，如图 6-25、图 6-26 所示，确保图形打印时构图饱满。

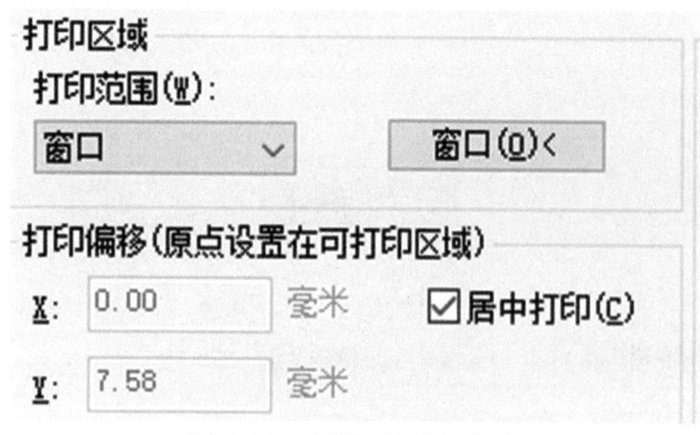

图 6-25　文件打印窗口设置 4

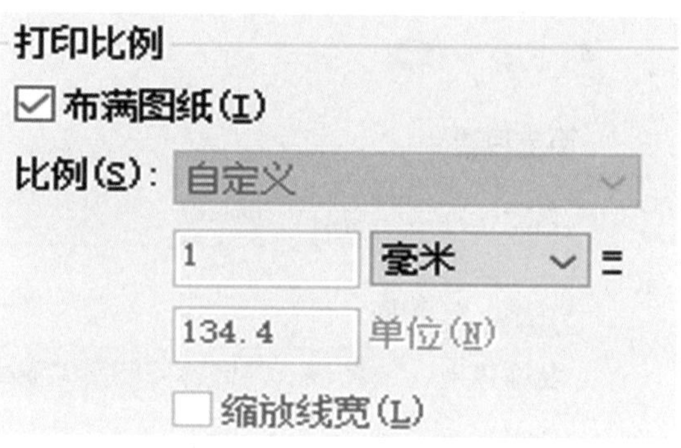

图 6-26　文件打印窗口设置 5

⑤ 点击向右拓展按钮 ，将“打印一模型”窗口展开，在“打印样式表（画笔指定）（G）”中选择“monochrome.ctb”打印样式，如图 6-27 所示。将图形输出为黑白效果图形，结合图形版式选择图形方向，“横向”或“纵向”，本案例中图形为竖向版式，故选择纵向，如图 6-28 所示。

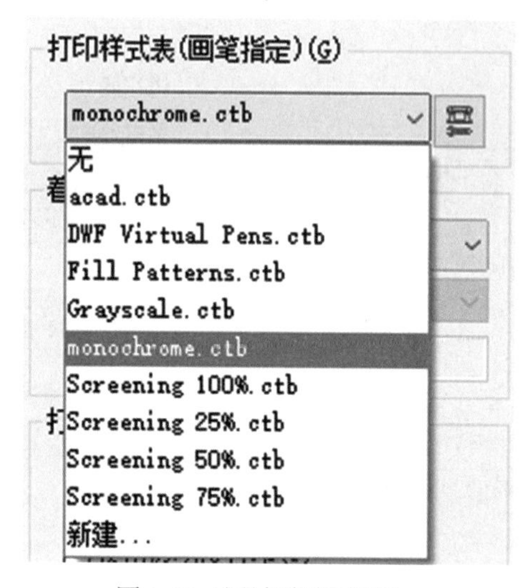

图 6-27　文件打印窗口设置 6

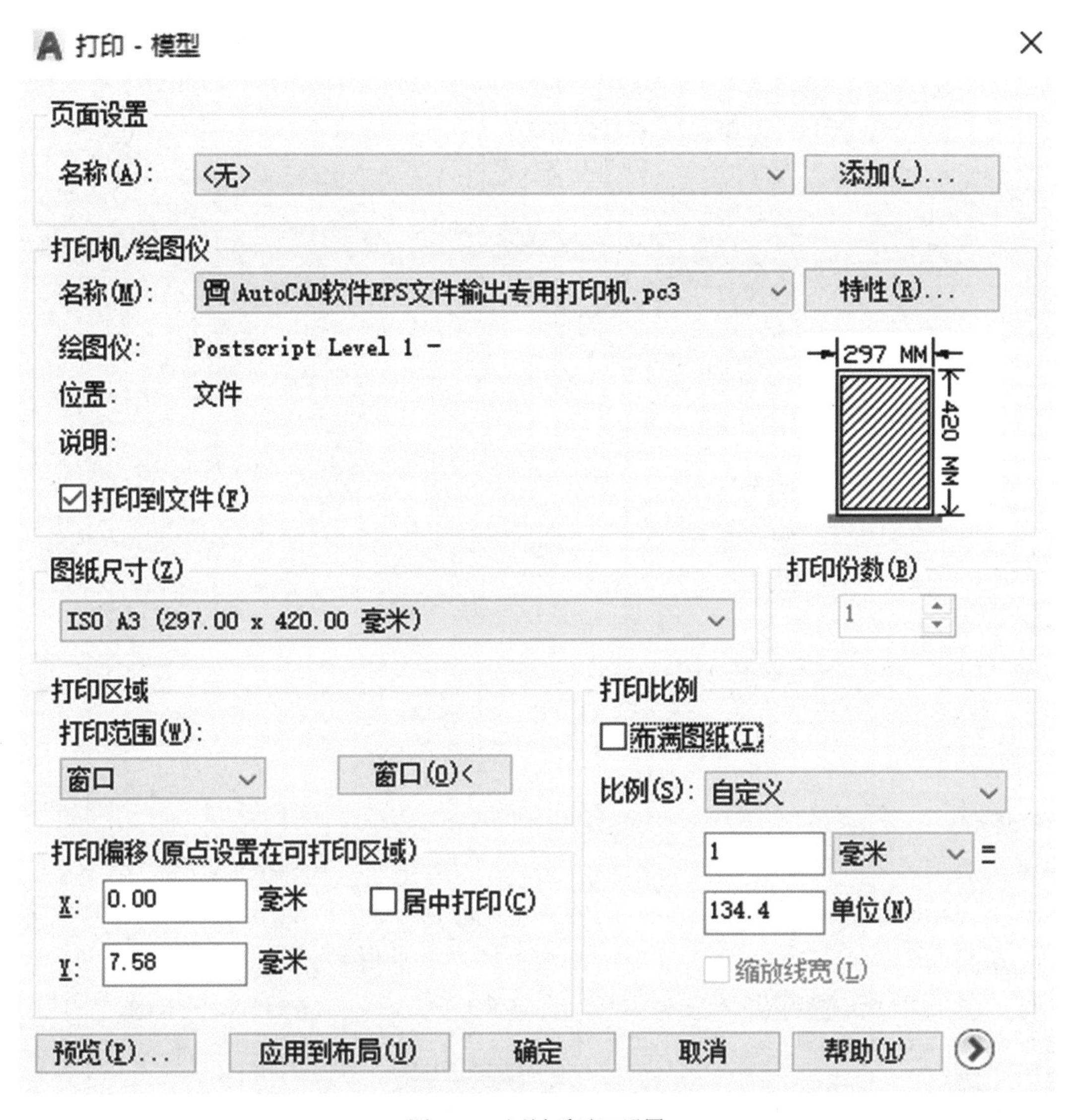

图 6–28　文件打印窗口设置 7

⑥ 在打印区域中选择“窗口”，点击“窗口（O）”按钮 窗口(O)< ，如图 6-29 所示。

图 6–29　文件打印窗口设置 8

⑦ 以对角线方式框选要输出打印的图形区域，从图形的左上角到右下角拖拽出一个文件打印输出范围框，如图 6-30 所示。框选完毕后点击鼠标左键，弹出“打印一模型”窗口，再次检查打印设置，检查完毕后，点击“预览”按钮 预览(P)... ，如图 6-31 所示。弹出文件图形打印效果预览窗口，如图 6-32 所示。

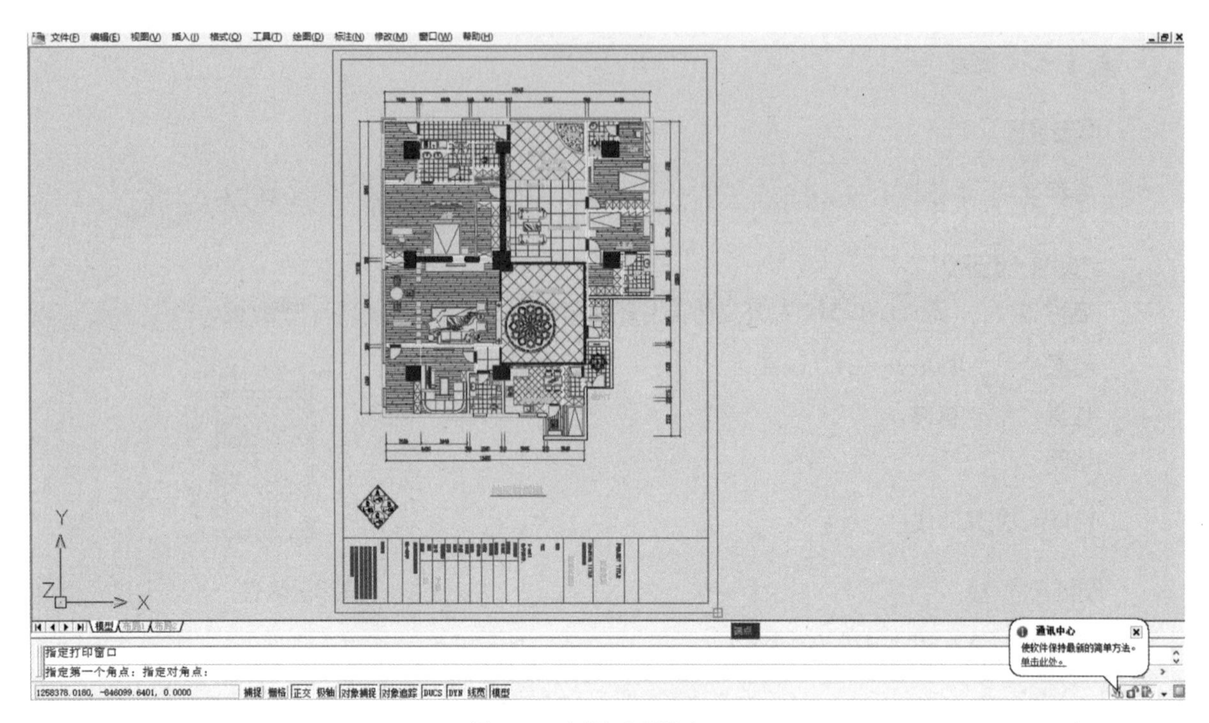

图 6-30　文件打印预览窗口 1

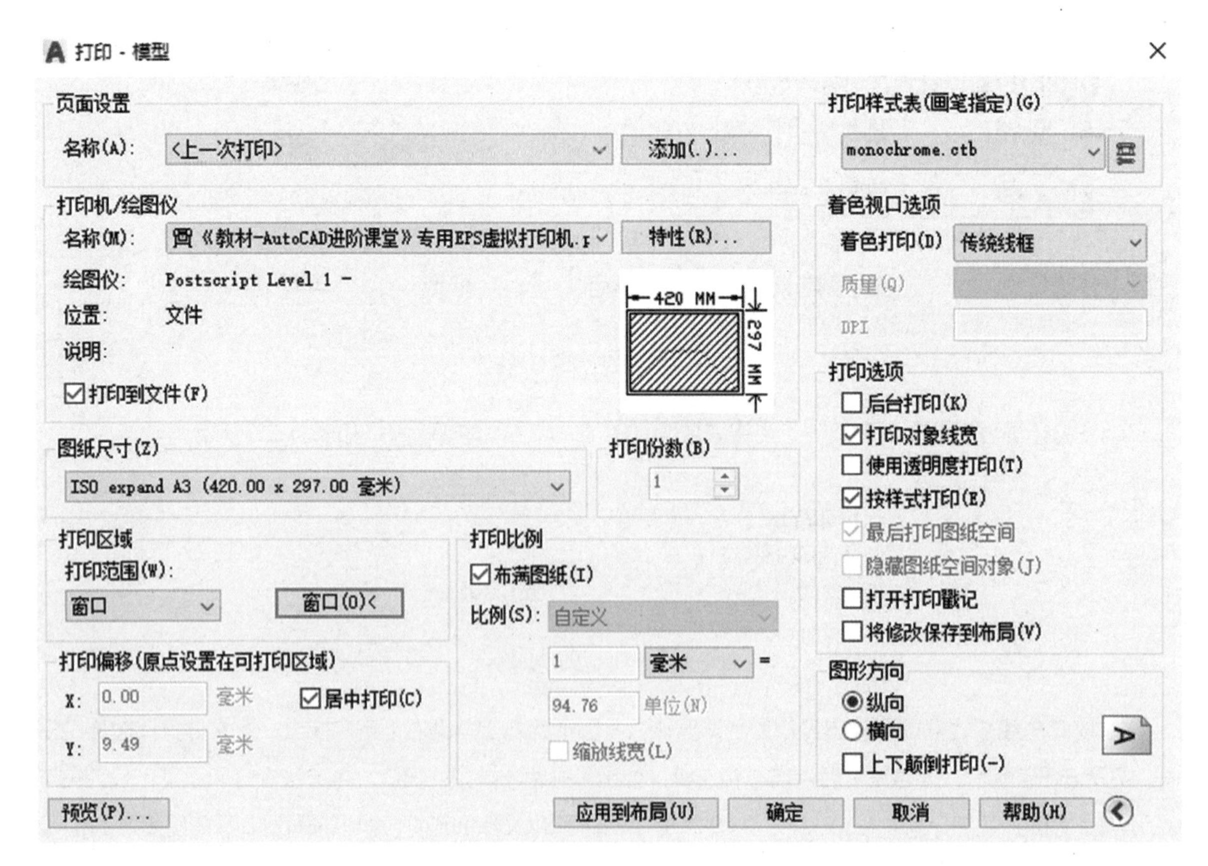

图 6-31　文件打印预览窗口 2

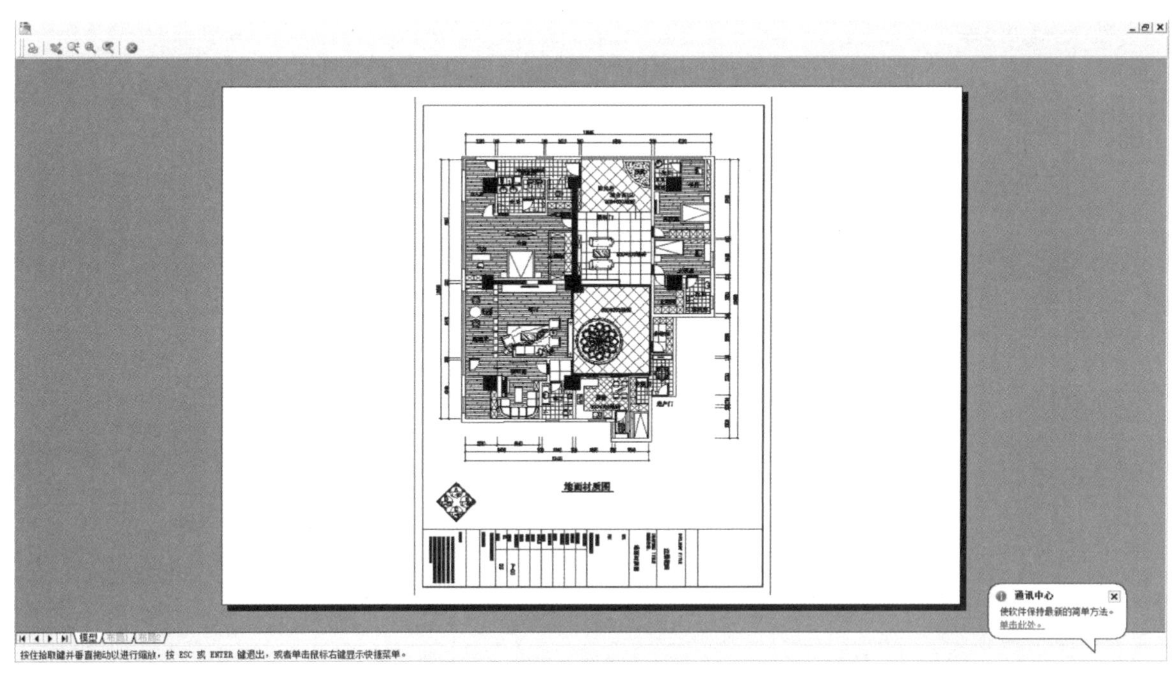

图 6-32　文件打印预览窗口 3

⑧ 在弹出文件图形打印效果预览窗口，查看打印效果。单击鼠标右键，选择“打印”，弹出“浏览打印文件”窗口，如图 6-33 所示。选择文件存储位置，如图 6-34 所示，便于查找，例如：桌面，点击“保存”按钮，即可在电脑桌面找到名称为“江景花园的 EPS 文件”，如图 6-35 所示。

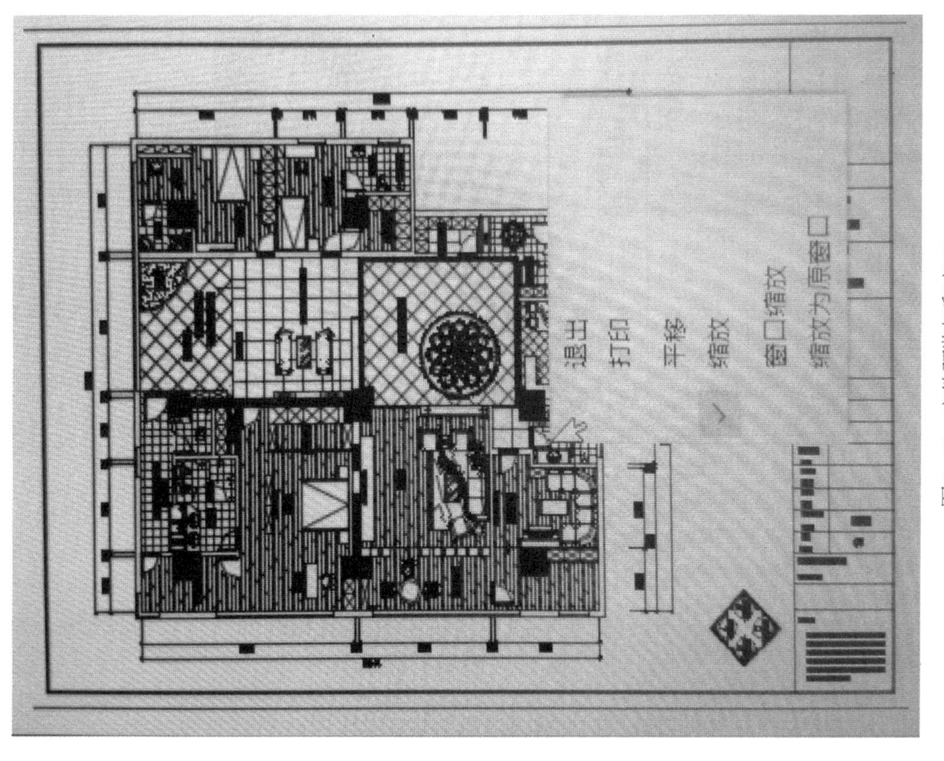

图 6-33　文件预览打印窗口

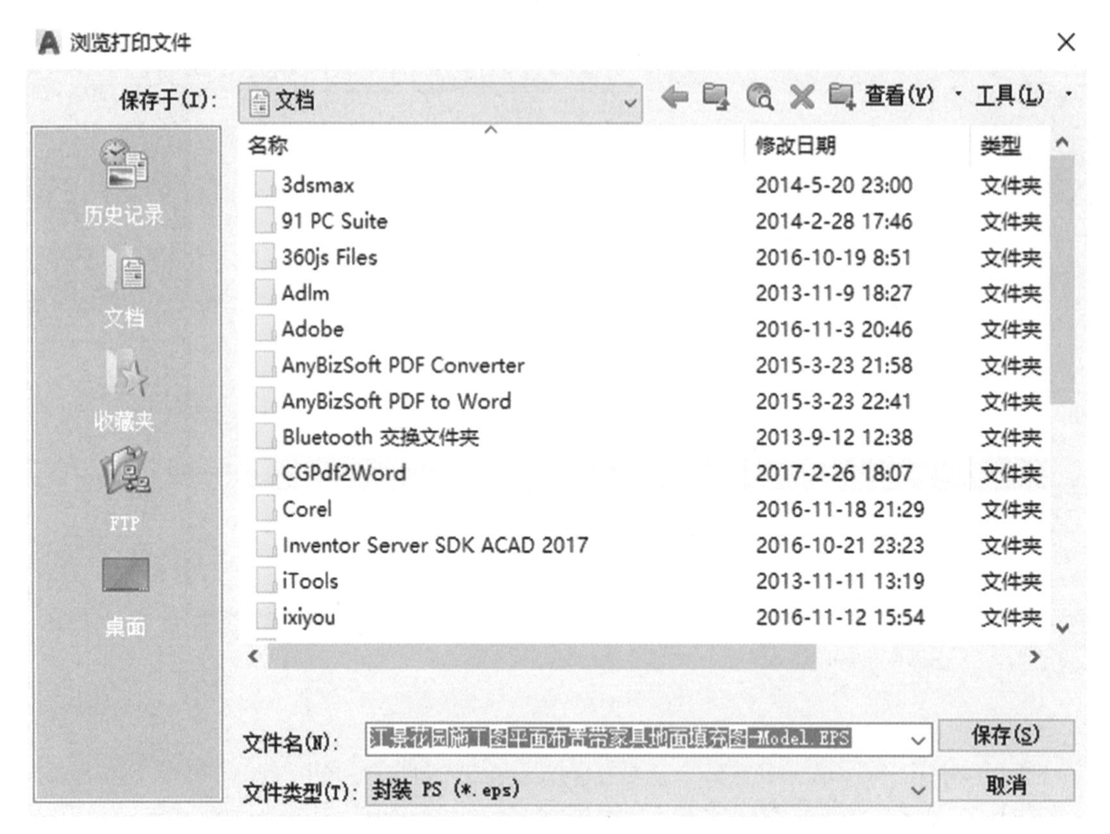

图 6-34　文件 EPS 文件保存窗口

图 6-35　EPS 文件图标

图 6-36　Photoshop 软件图标

6.3.2 EPS 文件导入到 Photoshop 软件中

① 双击 Photoshop 软件图标启动软件，如图 6-36 所示。软件启动后得到如下界面，点击软件右上角 “向下还原”图标，缩小软件界面，如图 6-37 所示。

图 6-37　Photoshop 软件界面窗口

② 将之前导出的“江景花园的 EPS 文件”拖拽到 Photoshop 软件界面中，弹出“栅格化通用 EPS 格式”窗口，如图 6-38 所示。设置文件分辨率为 150px 或 300px，点击“确定”按钮，EPS 文件导入到 Photoshop 软件中，如图 6-39 所示。

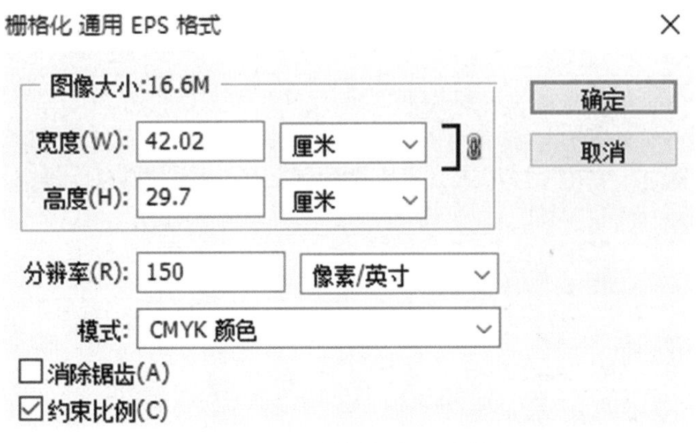

图 6-38　EPS 文件导入到 PS 软件窗口

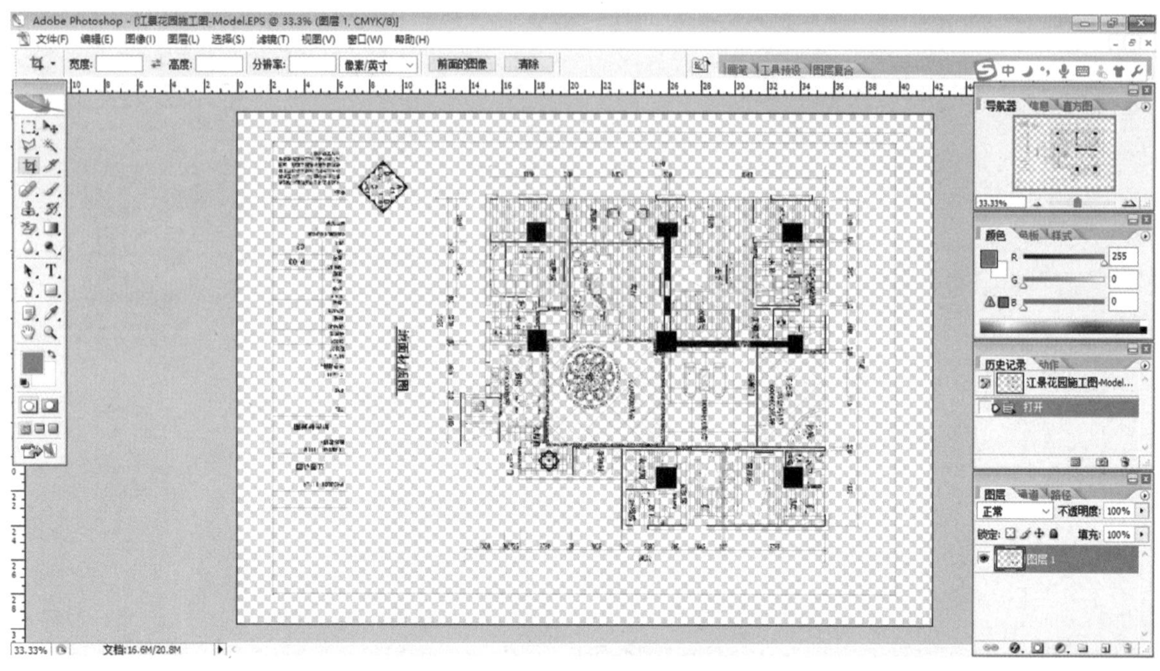

图 6-39　EPS 文件导入 PS 软件效果窗口

③ 连续单击 Ctrl+J（图层复制快捷键）4 次，将图层复制 4 次，如图 6-40、图 6-41 所示，使图形边线对比度加深。选择“图层 1”，如图 6-42 所示，同时按住 Ctrl+Delete（背景填充快捷键）对“图层 1”进行背景填充，得到如图 6-43 所示效果。

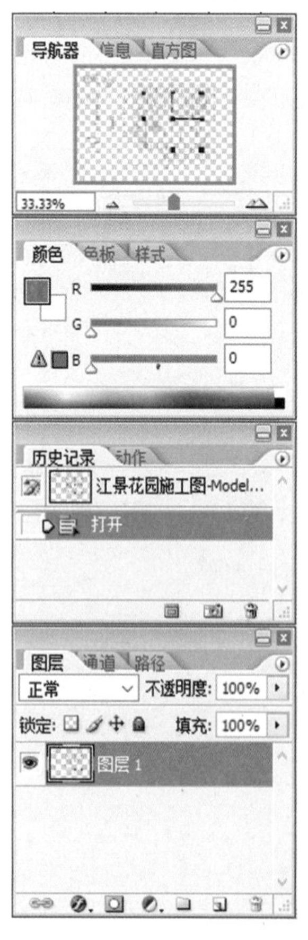

图 6-40　PS 软件图层工具条

图 6-41　PS 软件图层复制后显示

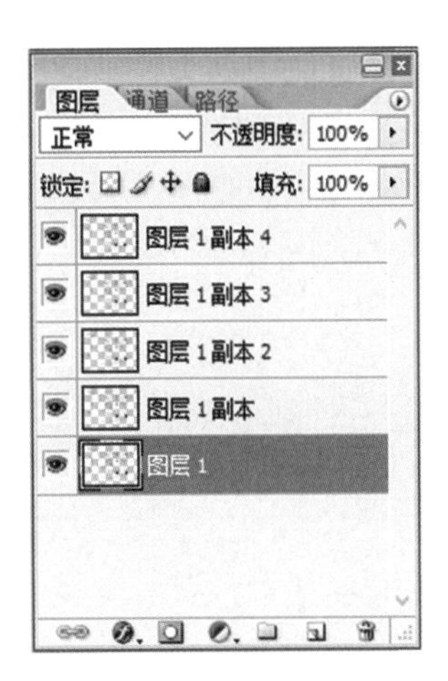

图 6-42　PS 软件图层选择显示

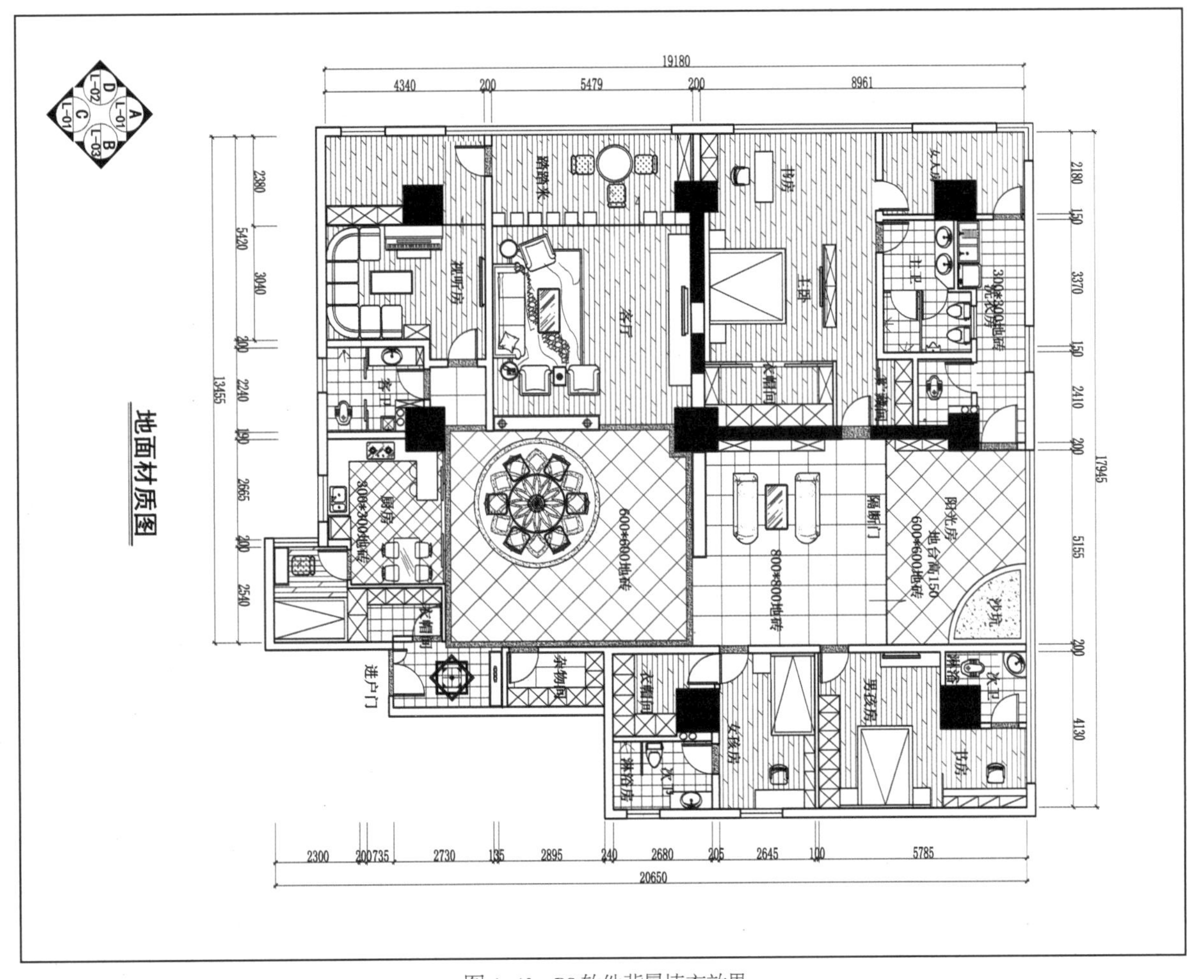

图 6-43　PS 软件背景填充效果

④ 在Photoshop软件中同时按住文件另存为快捷键Ctrl+Shift+S，文件另存为窗口，如图6-44所示。在“格式” 格式(F): Photoshop (*.PSD;*.PDD) 中选择“JPEG”格式，如图6-45所示。单击“保存”，在弹出的“JPEG选项”窗口中将“品质”滑条拖到最右边（大文件），点击“确定”按钮，在电脑桌面上就会出现一个名称为“江景花园施工图－Model副本”的JPEG格式文件，如图6-47所示，AutoCAD文件格式转换操作完成。

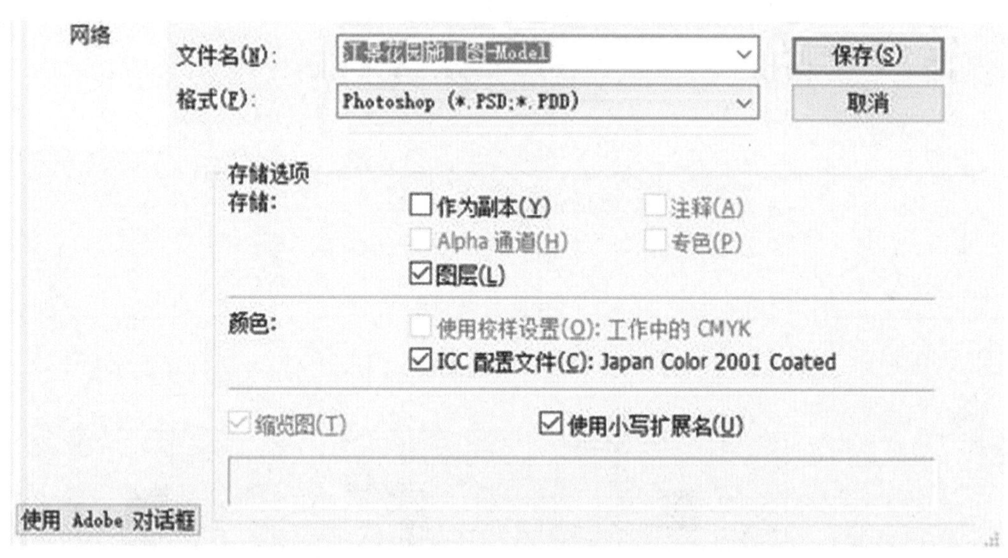

图6-44　PS文件另存为窗口

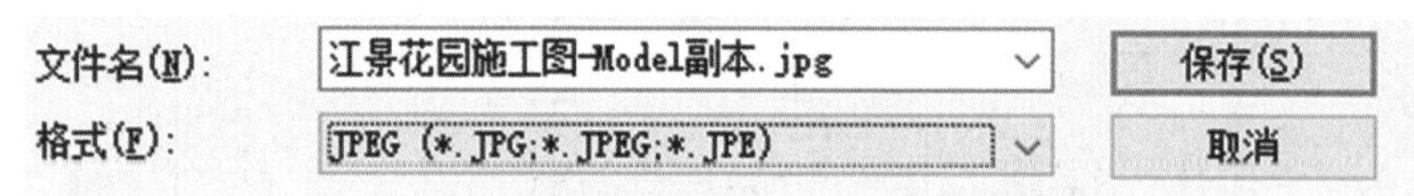

图6-45　PS文件另存为格式选择

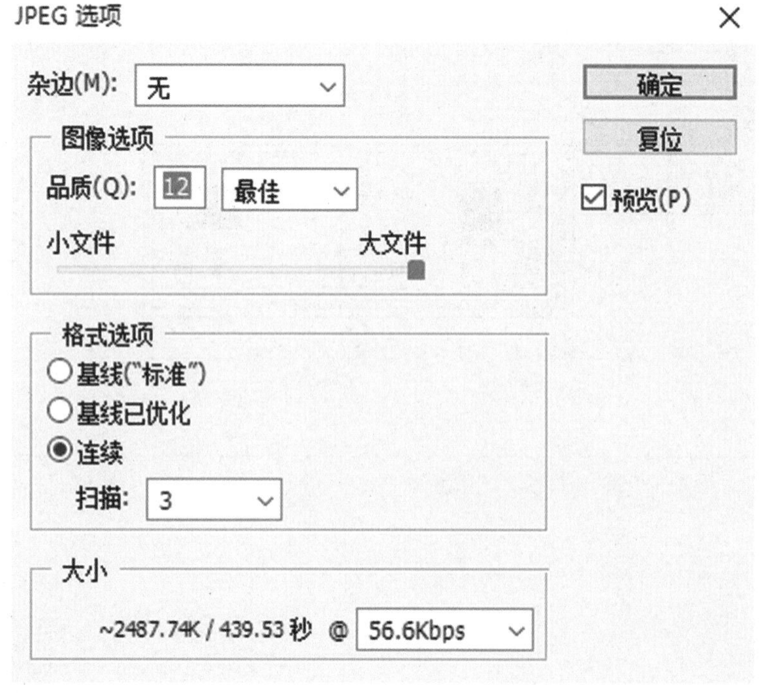

图6-46　PS软件文件保存参数设置

图6-47　PS软件文件保存

第 7 章　AutoCAD 软件应用专项练习

7.1 基础图形绘制

学习完 AutoCAD 基础图形后完成本练习，本练习主要考察学生指定长度直线工具、指定尺寸矩形、指定半径圆形、指定尺寸三角形的绘制、图形排布及测量工具 DI 的使用的基本知识。标注提供绘图数据参考，如图 7-1 所示。

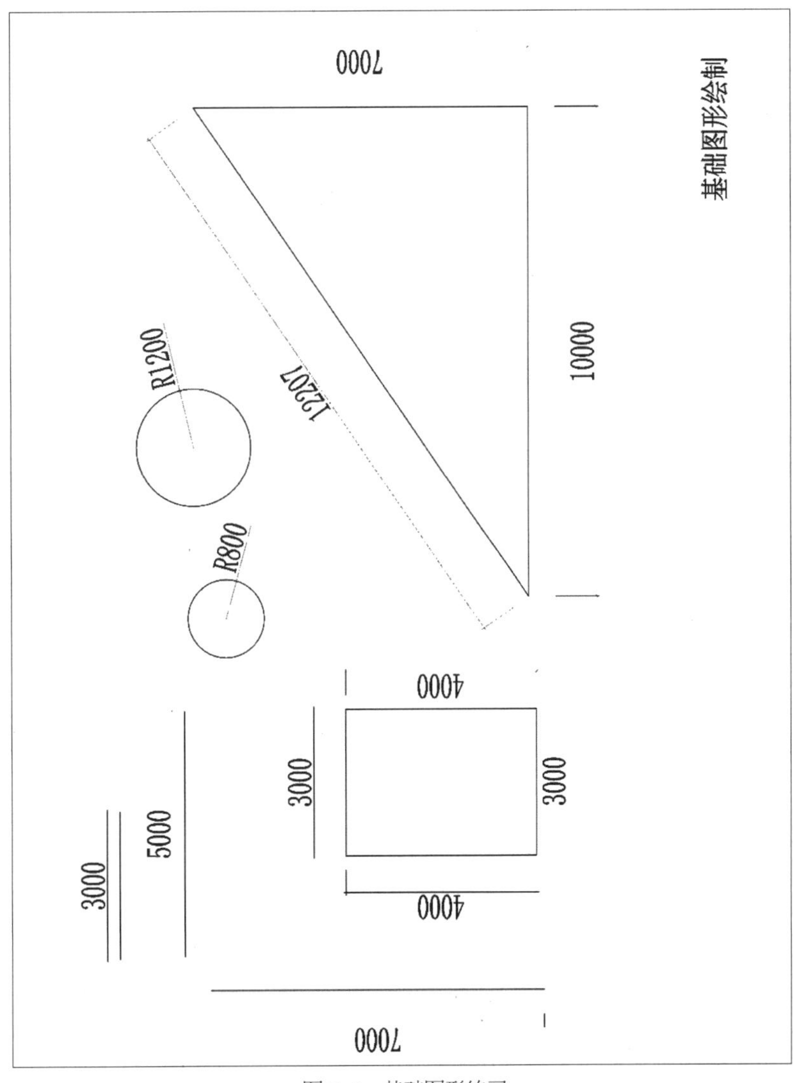

图 7-1　基础图形练习

7.2 图形组合及修改编辑工具使用

本练习为床的平面图形绘制，如图 7-2 所示，主要考察学生的指定尺寸图形的绘制、用多段线做辅助线对图形进行定位及指定尺寸的移动工具的操作及使用，标注提供绘图数据参考。

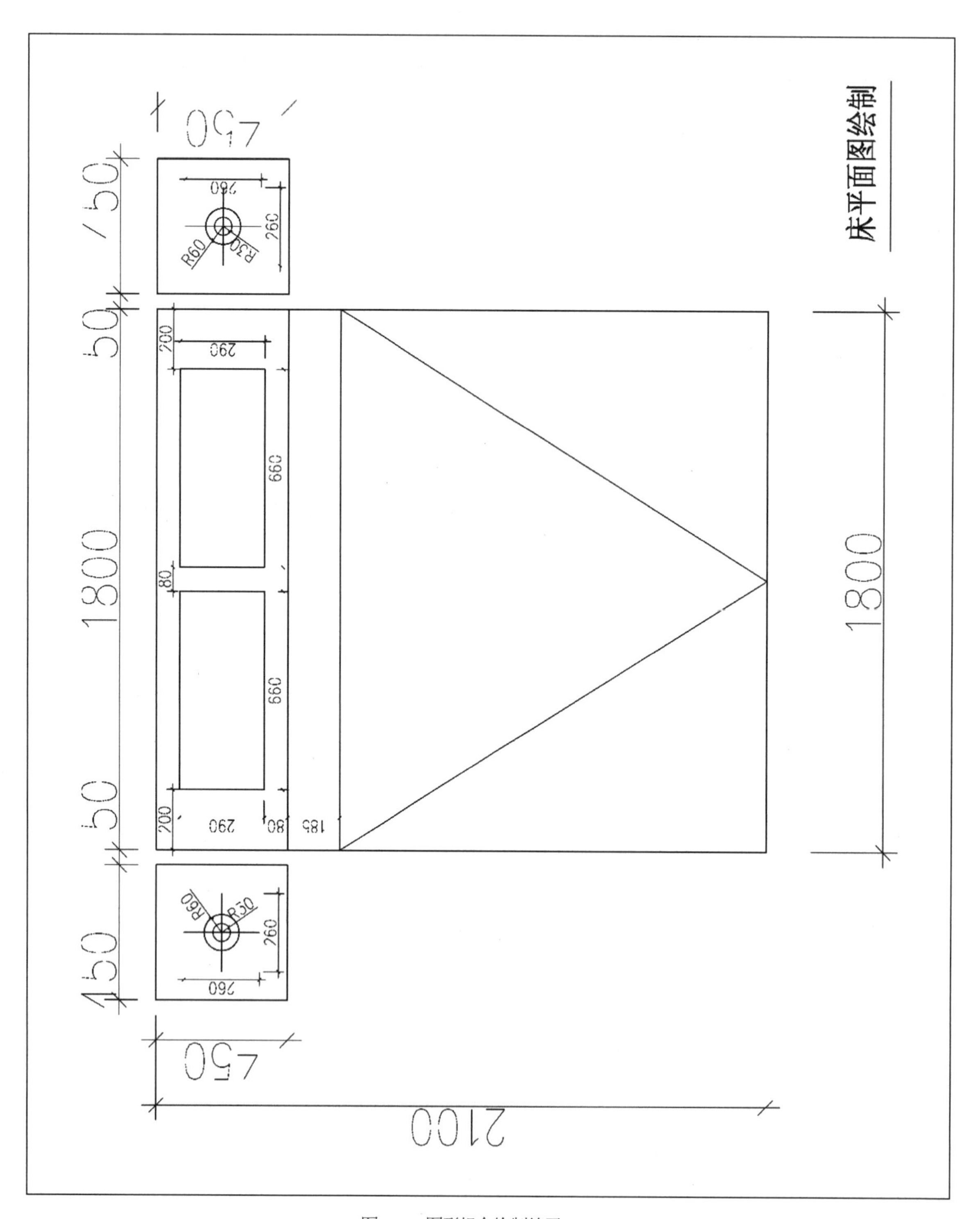

图 7-2　图形组合绘制练习

7.3 单个卧室房间图形绘制

本练习如图 7-3 所示，主要考察学生指定长度直线绘制、偏移工具使用、图块的使用、图形绘制的顺序的操作，属于简单的基础练习。

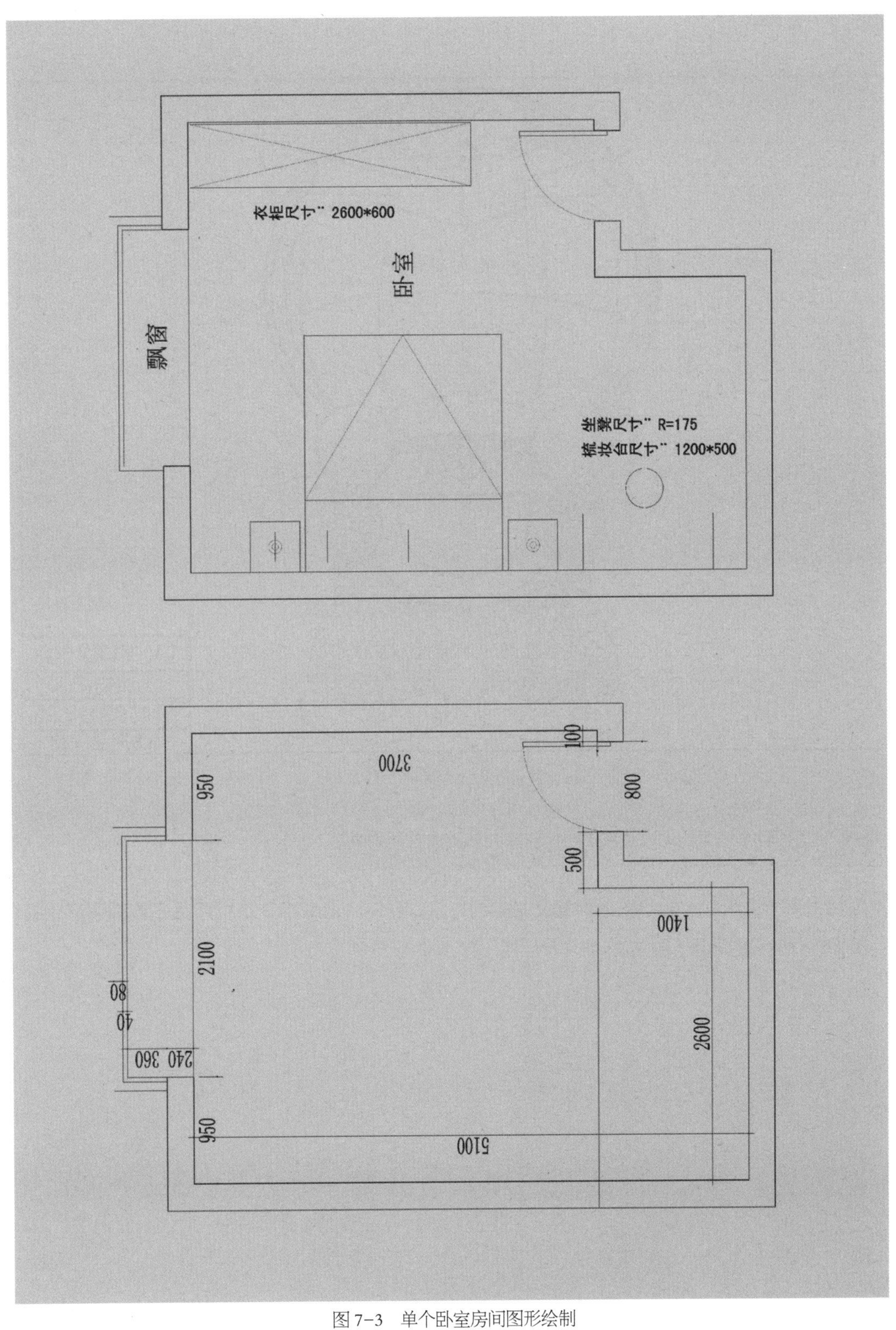

图 7-3　单个卧室房间图形绘制

7.4 卡通形象绘制

本练习如图 7-4 所示，是使用手机或电脑在网上找一张高分辨率的卡通形象图片，使用 AutoCAD 基本工具进行绘制。其主要考察学生软件掌握的熟练程度、图形比例关系的把握、填充工具的使用及图形绘制的规范等方面内容。

图 7-4　卡通形象绘制

7.5 手机产品图形绘制

本练习主要考察学生对图形数据测量及绘制的方法，利用 AutoCAD 进行产品三视图图形绘制表达的操作、尺寸标注的调整及图形排布的学习及应用，如图 7-5 所示。

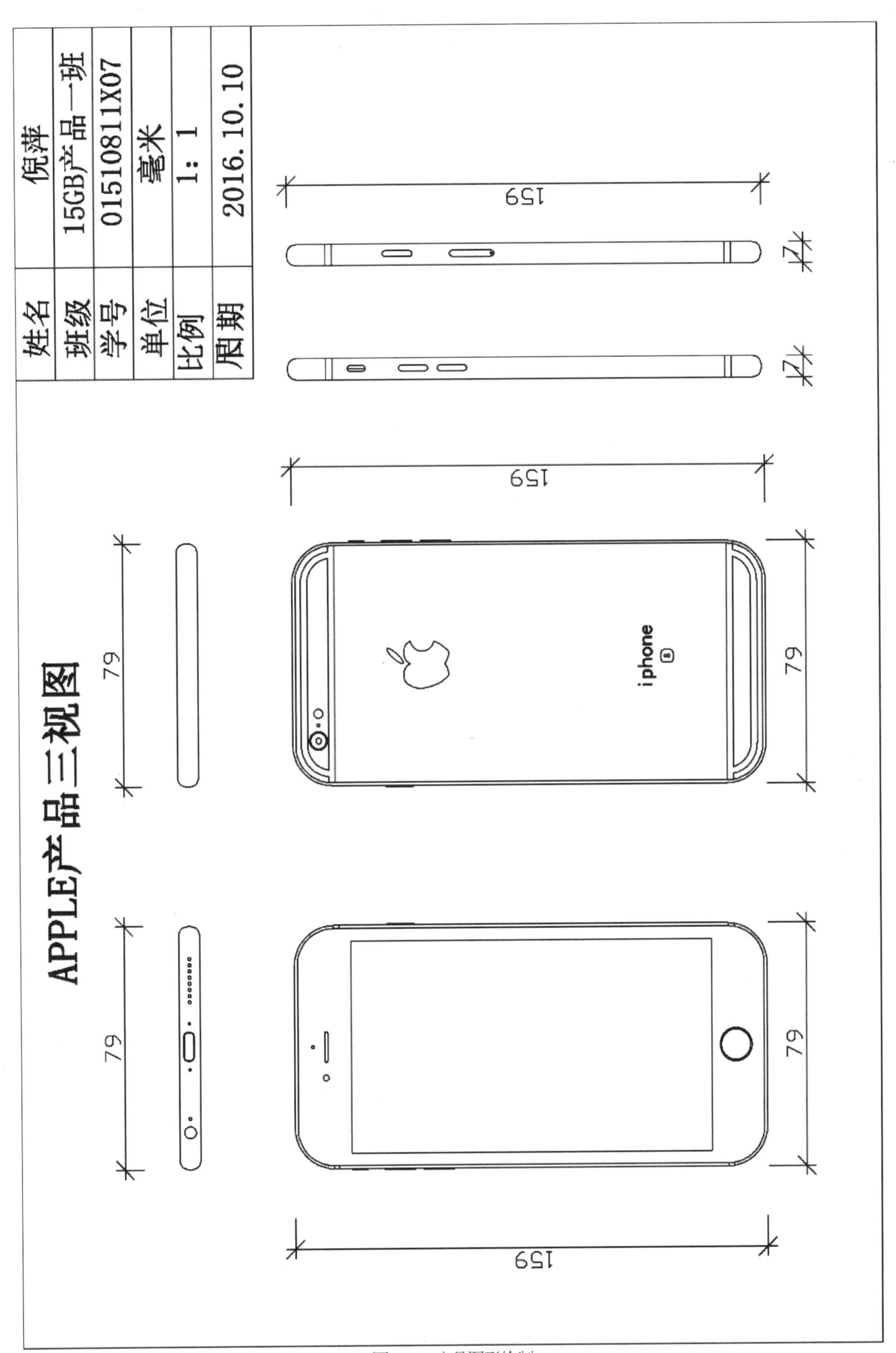
APPLE产品三视图
姓名
倪萍
班级
15GB产品一班
学号
01510811X07
单位
毫米
比例
1:1
日期
2016.10.10
159
159
159
79
79
79
79
7
7
iphone

图7-5　产品图形绘制

7.6 人物图形绘制

本练习如图 7-6 所示，主要考察学生对 AutoCAD 各种线的综合运用能力、美术基础及用软件表达的能力，属较复杂练习。

图 7-6　人物图形绘制

7.7 简单建筑框架图形绘制及设计

本练习是建筑框架平面图，绘制如图 7-7 所示，主要考察学生测量房图的绘制，涉及图层的设置、基本工具的综合运用、直线工具的使用、绘图的顺序、标注样式的调整等内容。绘制前的分析：本图比较方正，且尺寸数据标注完整，每一段都附有尺寸标注，可结合尺寸按顺序从一边绘制到另一边，具体绘制步骤如图 7-8 所示。

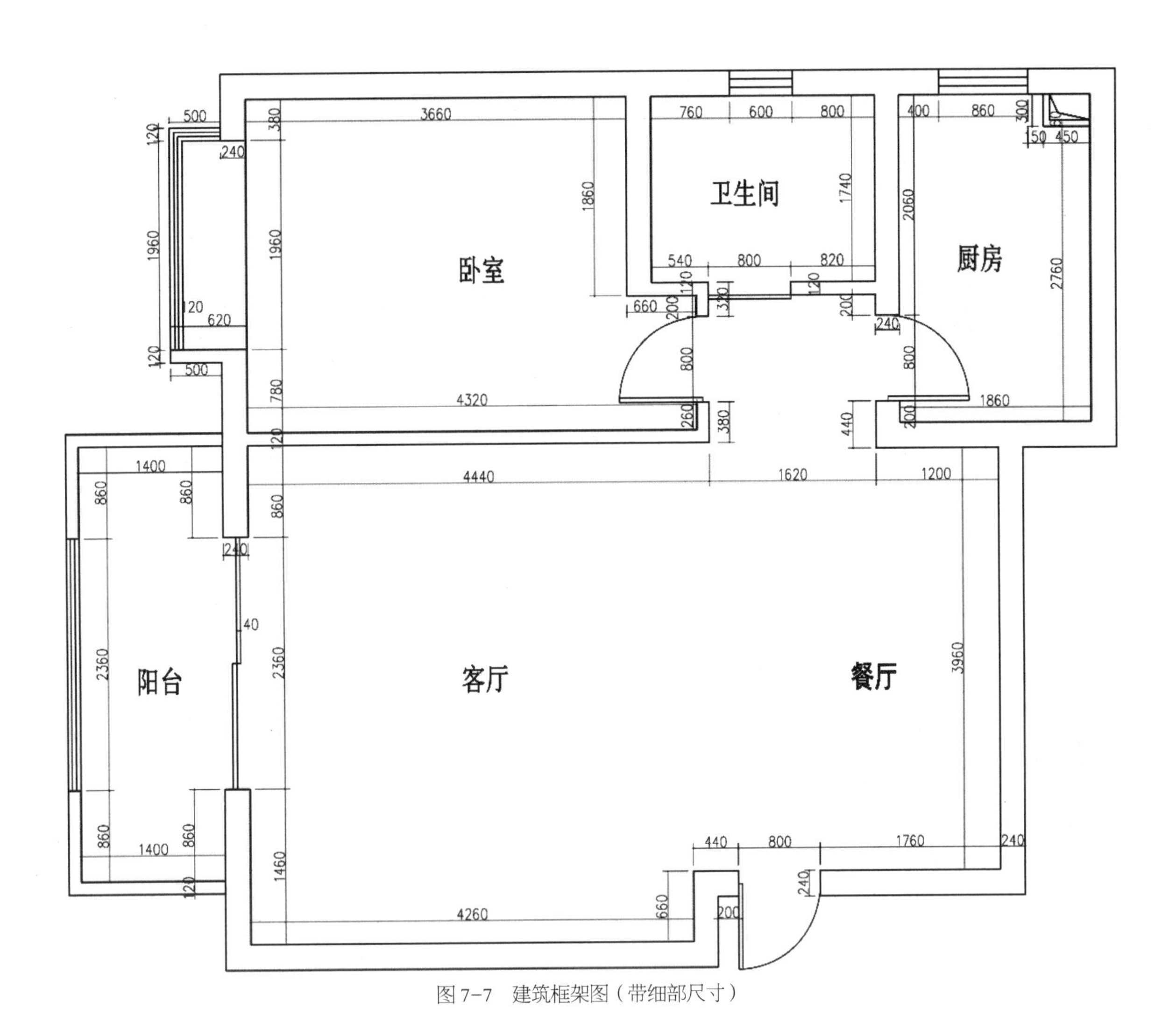

图 7-7 建筑框架图（带细部尺寸）

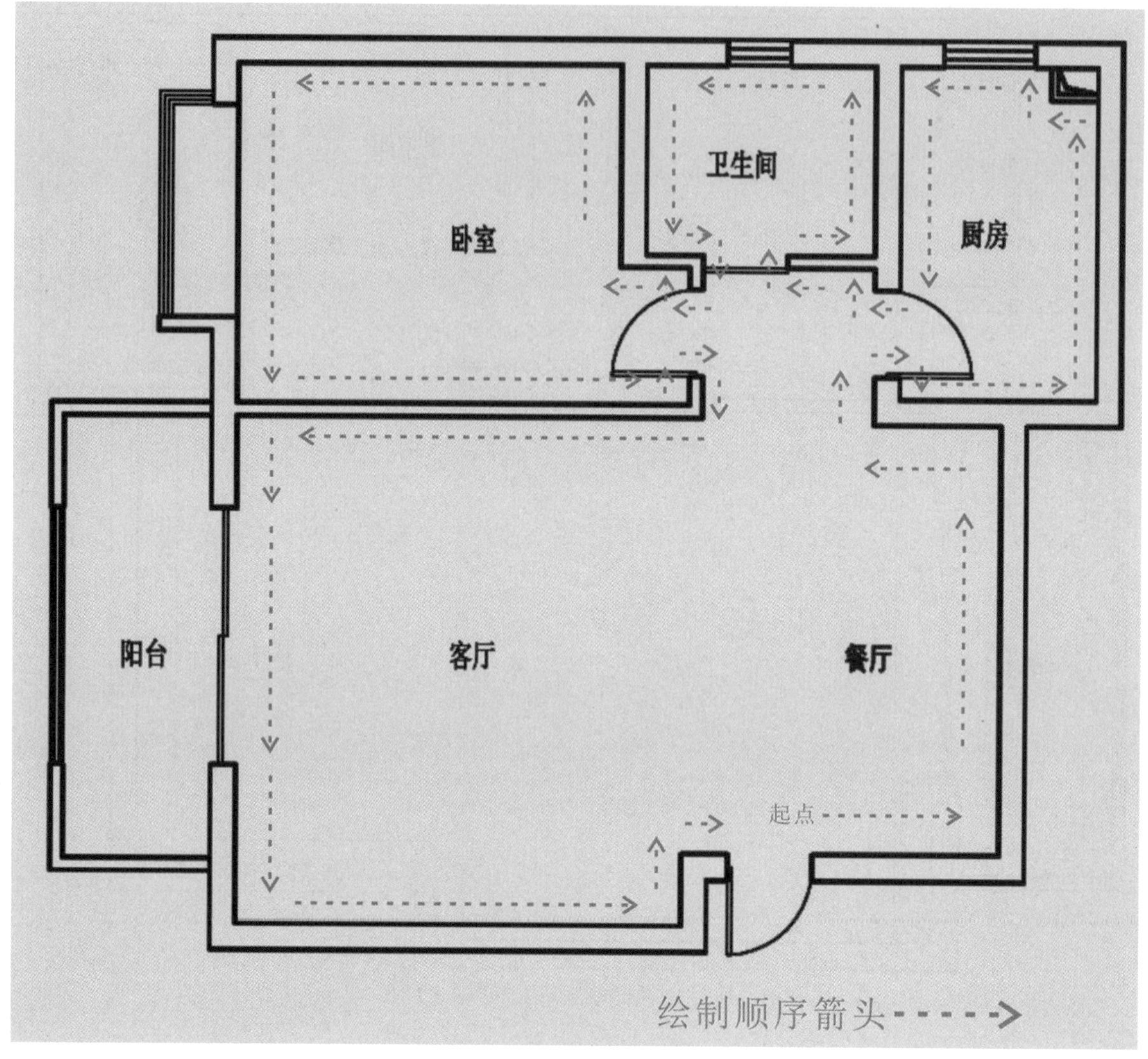

图 7-8　建筑框架图绘制顺序

① 打开 AutoCAD2017 软件，Ctrl+N 新建一个空白页面，如图 7-9 所示，对软件进行使用前的设置，设置完毕后，对图层进行设置，切换输入法至英文，输入图层特性管理器快捷键 LA ，弹出图层特性管理器窗口，如图 7-10 所示。

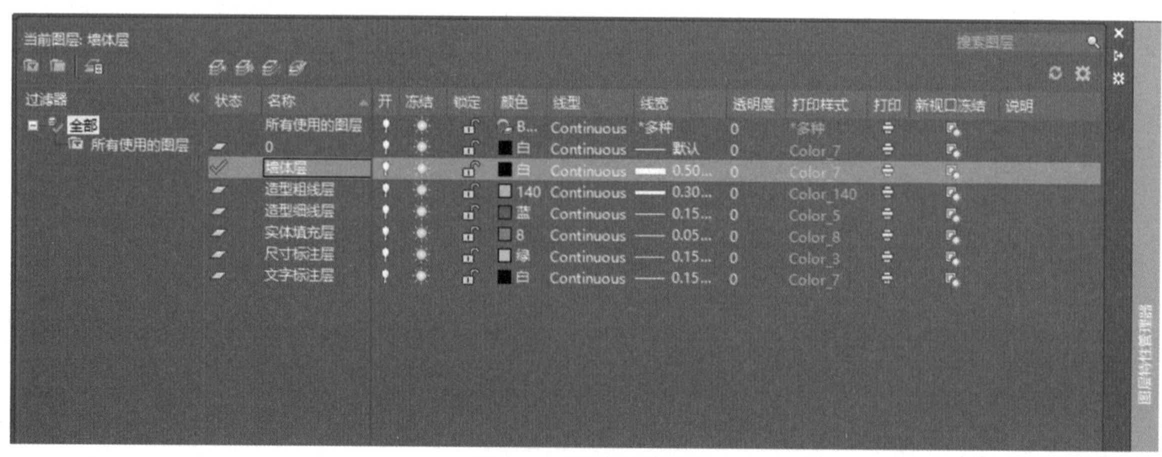

图 7-10　图层管理设置

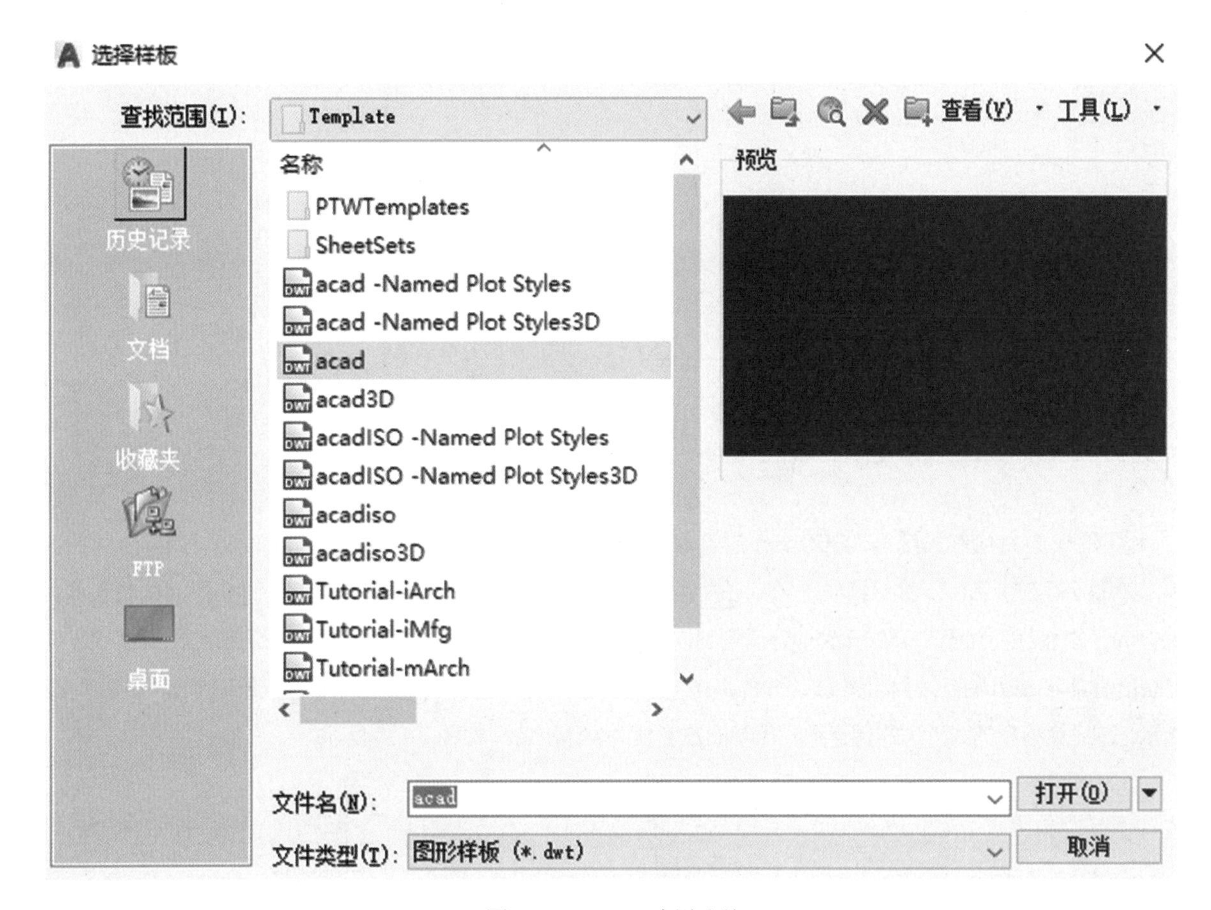

图 7-9　AutoCAD 新建文件

② 将墙体层置为当前，输入直线快捷键 L，绘制向右长度为 1760mm 的直线，如图 7-11 所示；继续绘制向上长度为 3960mm 的直线，如图 7-12 所示；继续绘制向左长度为 1200mm 的直线，如图 7-13 所示；继续绘制向上长度为 440mm 的直线，如图 7-14 所示；继续绘制向右长度为 240mm（墙厚）的直线，如图 7-15 所示；继续向下绘制长度为 200mm 的直线，如图 7-16 所示。

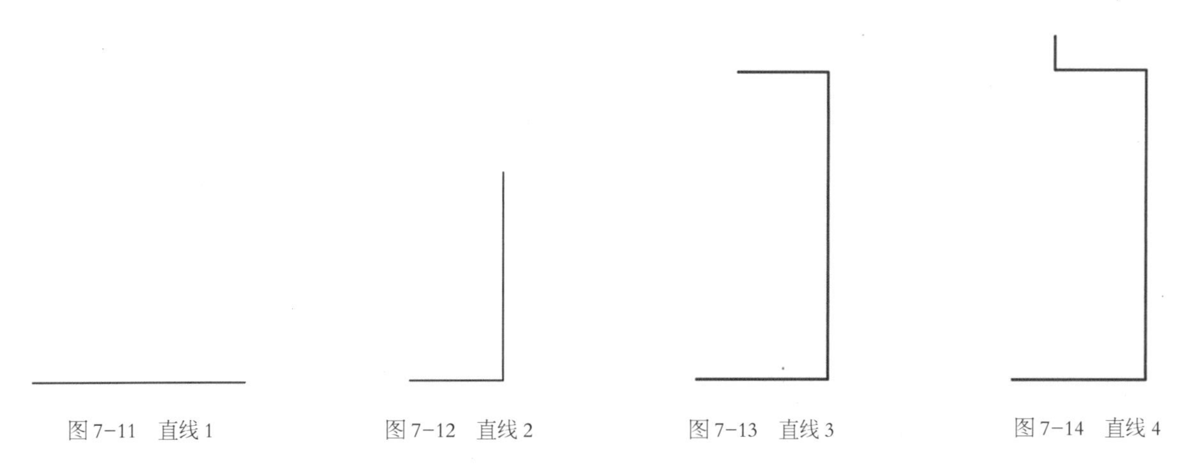

图 7-11　直线 1　　图 7-12　直线 2　　图 7-13　直线 3　　图 7-14　直线 4

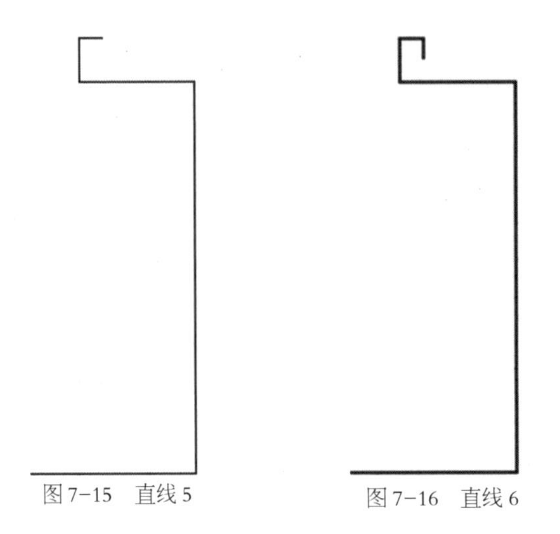

图 7-15　直线 5　　　图 7-16　直线 6

③ 继续向右绘制长度为 1860mm 的直线，如图 7-17 所示；继续绘制向上长度为 2760mm 的直线，如图 7-18 所示；接着继续向左绘制长度为 450mm 的直线，如图 7-19 所示；继续向上绘制长度为 300mm 的直线，如图 7-20 所示；继续绘制向左长度为 150mm 的直线，如图 7-21 所示；继续绘制向上长度为 240mm 的直线（墙厚线），如图 7-22 所示；使用偏移工具将墙厚线向左偏移 860mm，如图 7-23 所示；选择偏移后的线下边的端点继续绘制向左长度为 400mm，如图 7-24 所示。

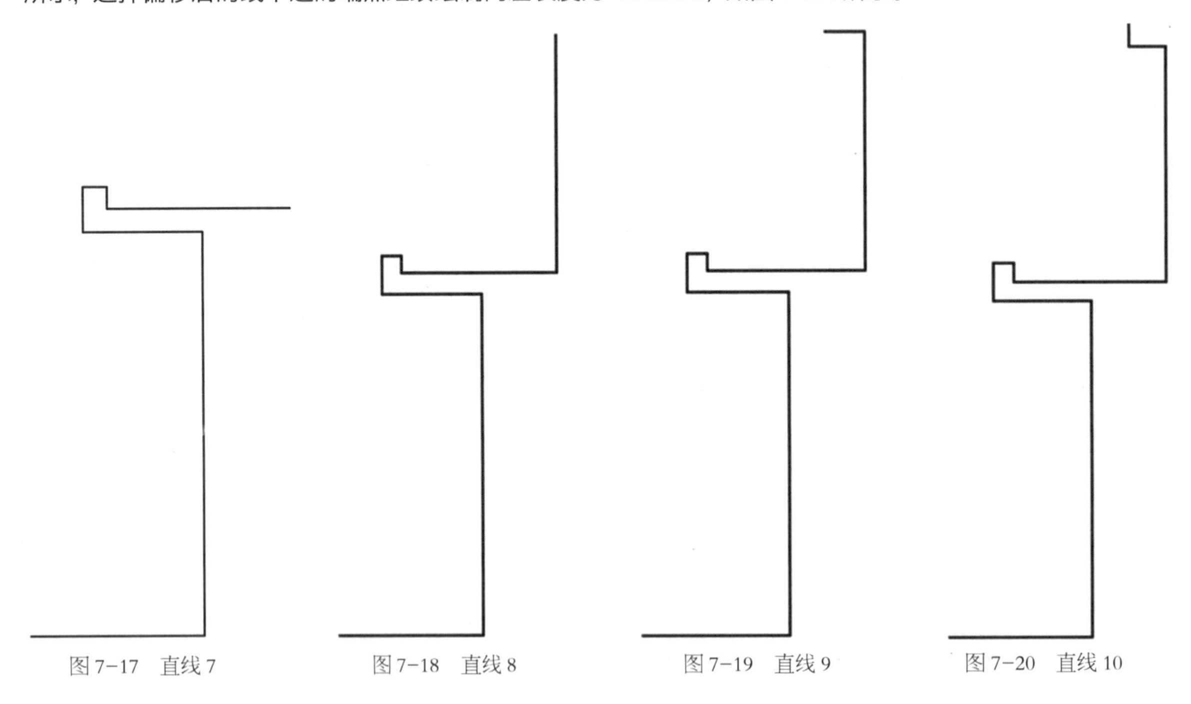

图 7-17　直线 7　　　图 7-18　直线 8　　　图 7-19　直线 9　　　图 7-20　直线 10

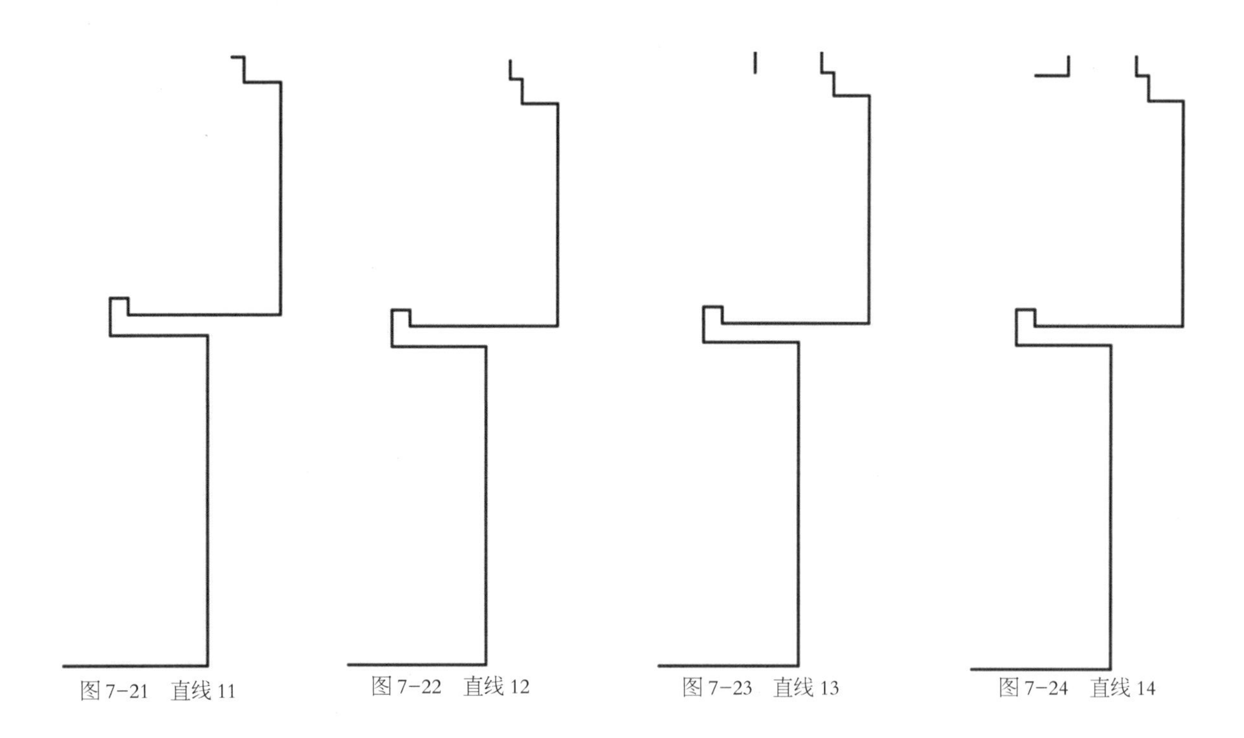

图 7-21　直线 11　　图 7-22　直线 12　　图 7-23　直线 13　　图 7-24　直线 14

④ 继续绘制向下长度为 2060mm 的直线，如图 7-25 所示；继续绘制向左长度为 240mm 的直线，如图 7-26 所示；继续绘制向上长度为 200mm 的直线，如图 7-27 所示；继续绘制向左长度为 820mm 的直线，如图 7-28 所示。

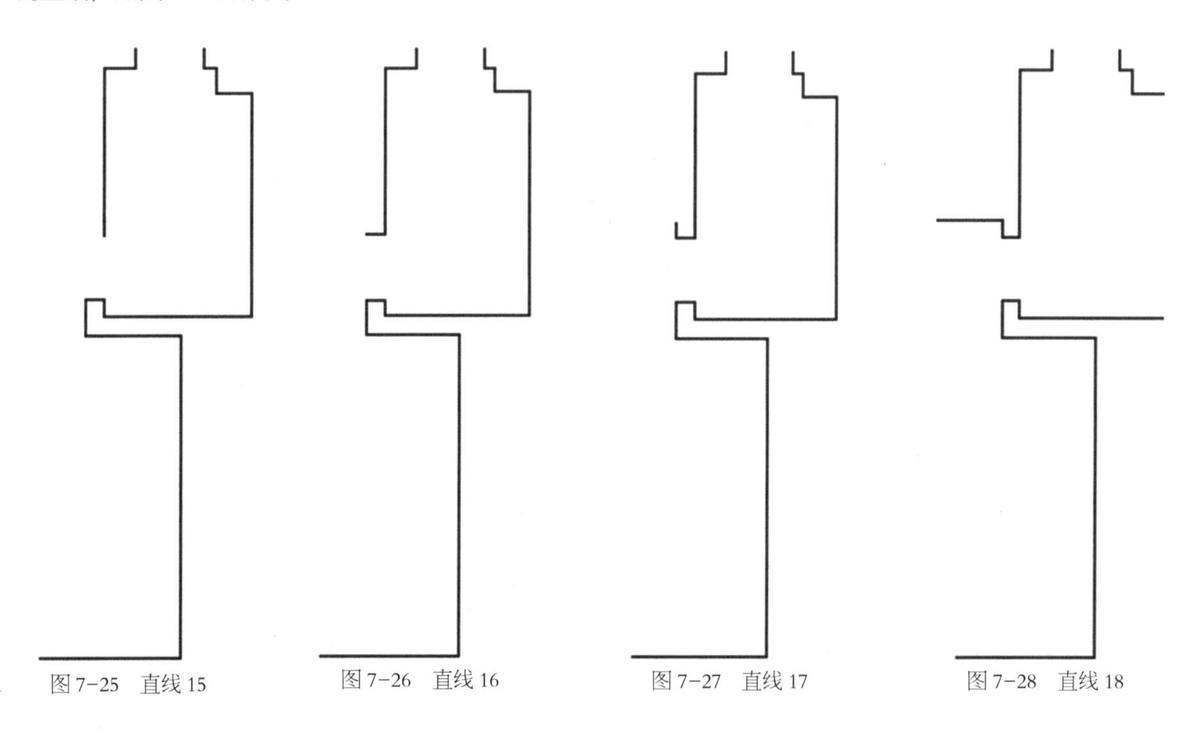

图 7-25　直线 15　　图 7-26　直线 16　　图 7-27　直线 17　　图 7-28　直线 18

⑤ 结合给定的尺寸长度使用如上的方法绘制剩余的部分图形，绘图时注意选择对应的图层，将内墙线绘制完成，如图 7-29 所示。

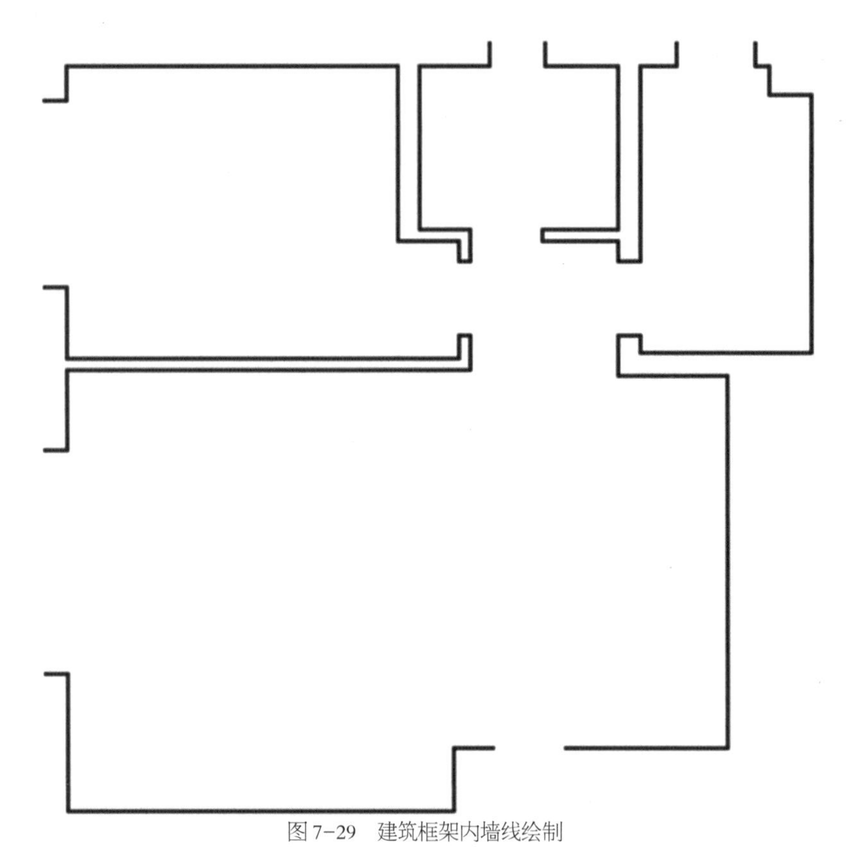

图 7-29　建筑框架内墙线绘制

⑥ 结合尺寸，使用偏移工具对内墙线进行偏移，偏移后使用圆角工具对相交线进行封口，使用直线工具，将阳台、飘窗部分进行绘制，如图 7-30 至图 7-32 所示。

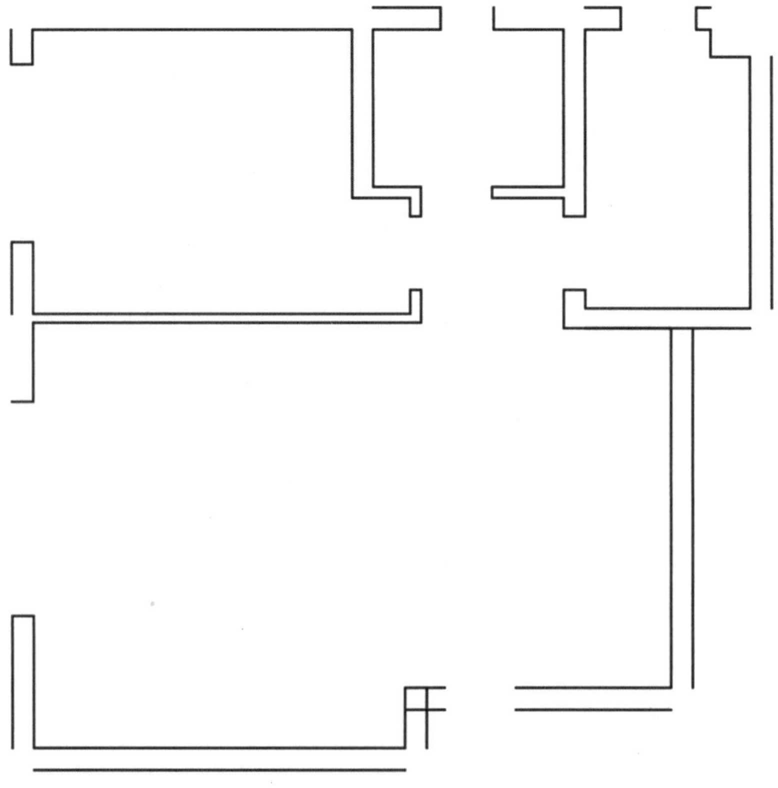

图 7-30　建筑框架墙线偏移 1

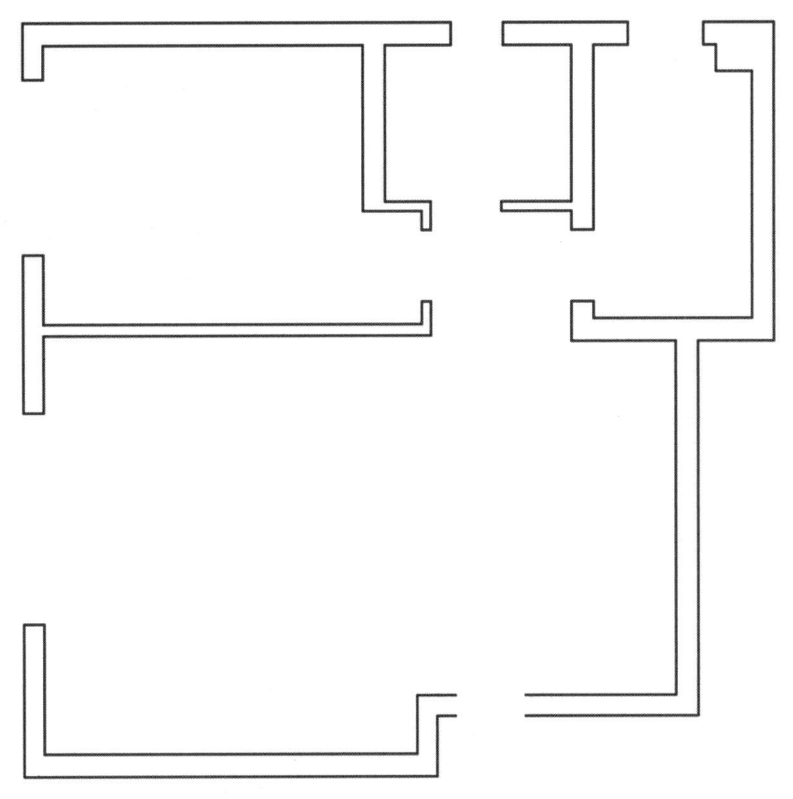

图 7-31　建筑框架墙线偏移 2

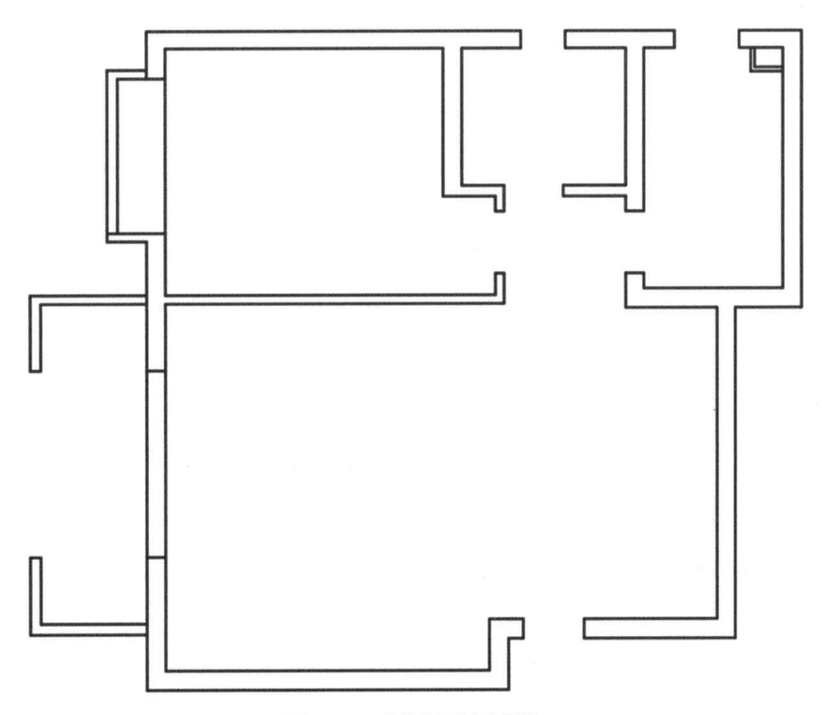

图 7-32　建筑框架封角操作

⑦ 选择“造型粗线层”绘制窗线、门线，如图 7-33 所示。

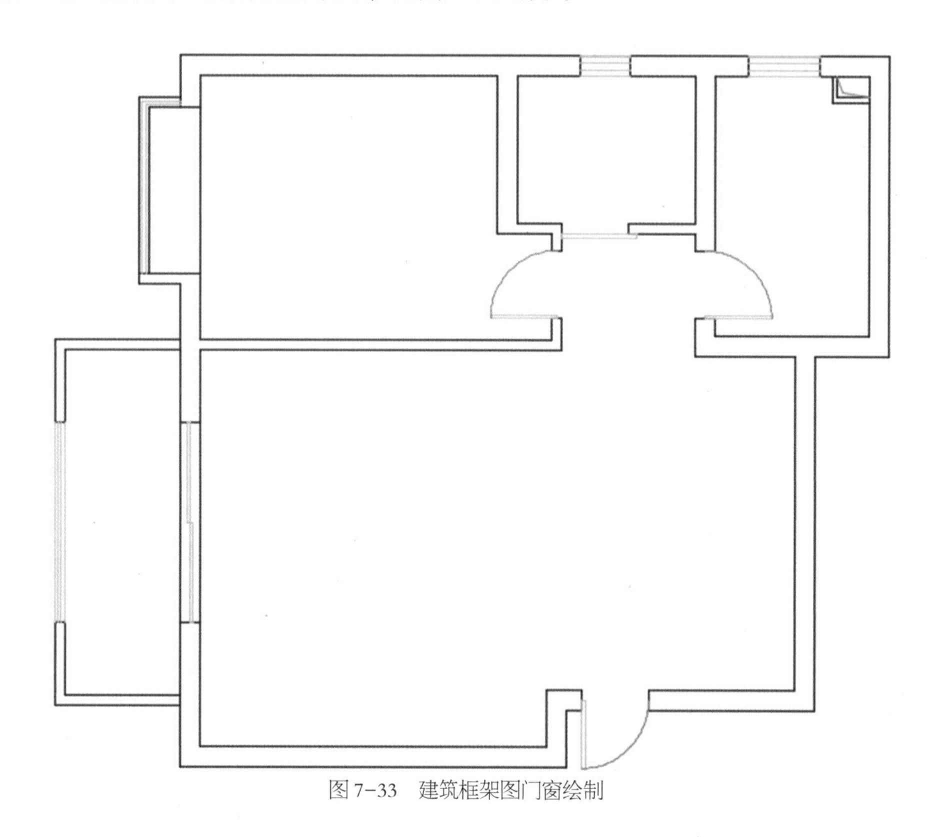

图 7-33　建筑框架图门窗绘制

⑧ 选择文字标注层，为各个功能空间加上名称，如图 7-34 所示。

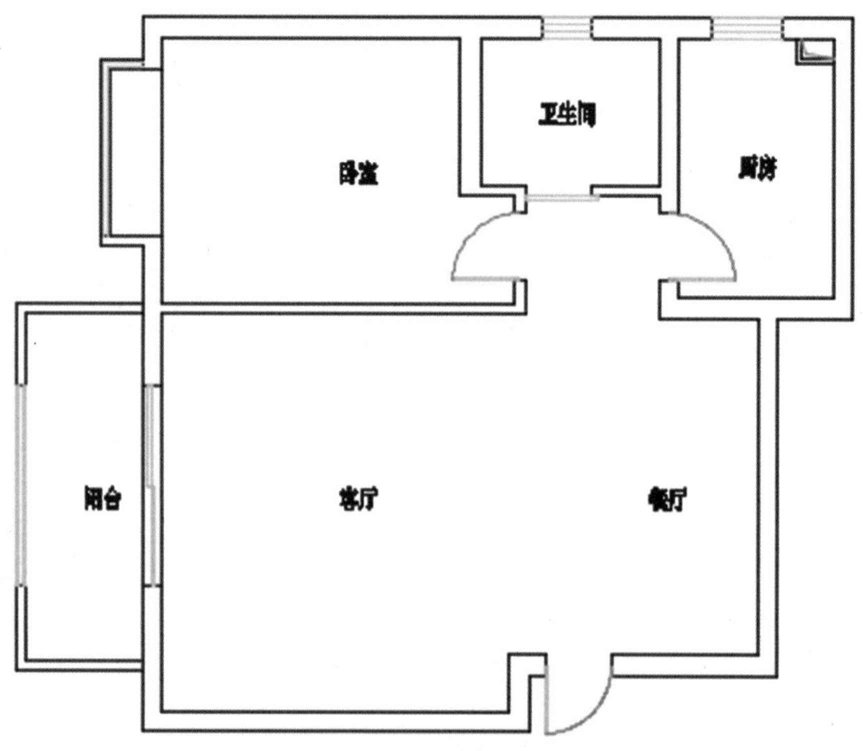

图 7-34　建筑框架文字说明标注

⑨ 选择文字标注层，设置标注样式，对图形进行尺寸标注，如图 7-35 至图 7-41 所示。

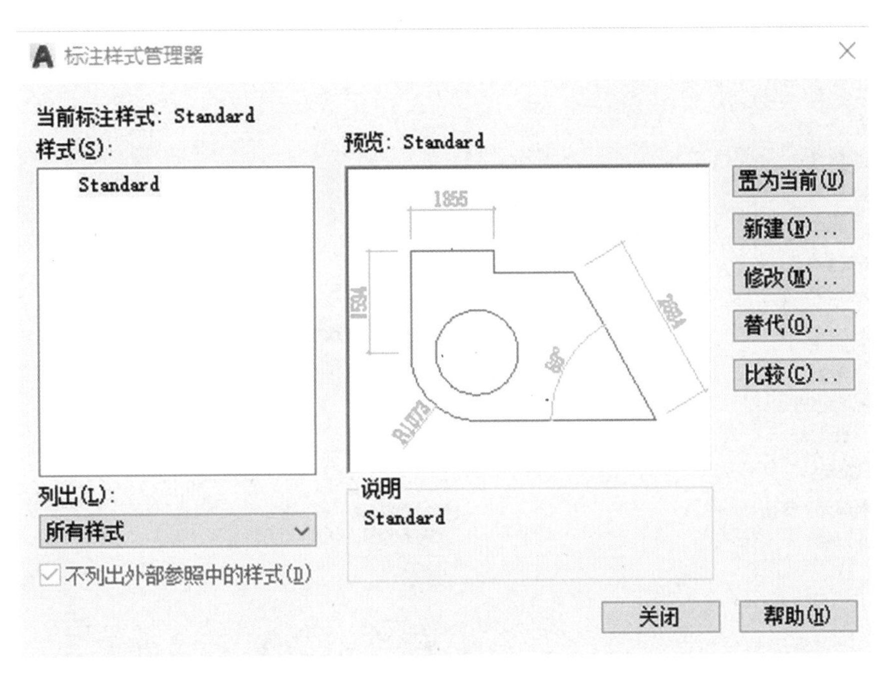

图 7-35　标注样式管理器

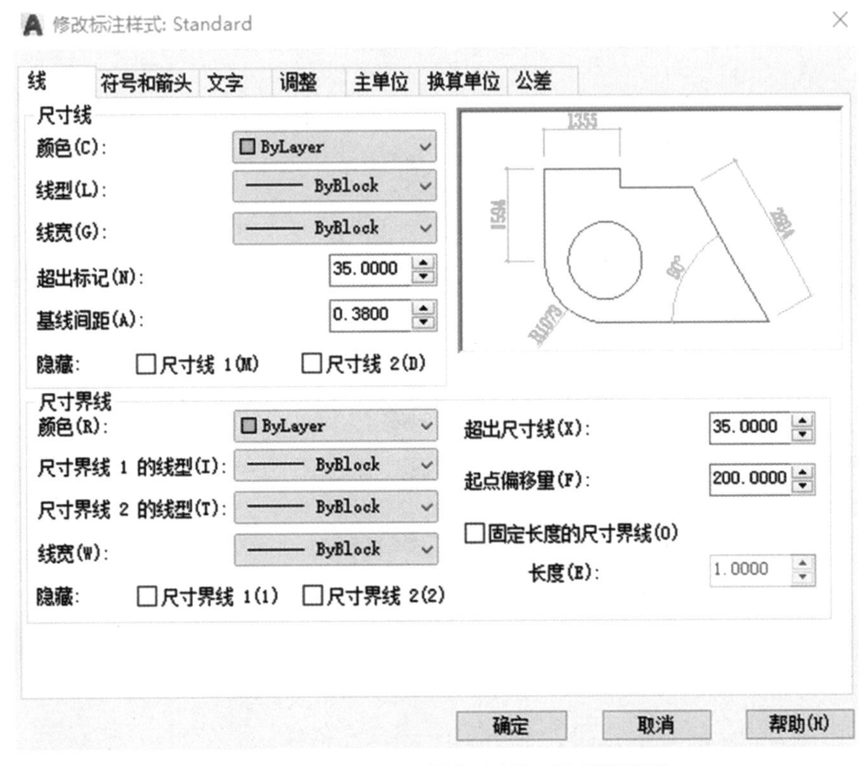

图 7-36　标注样式尺寸线、尺寸界线调整

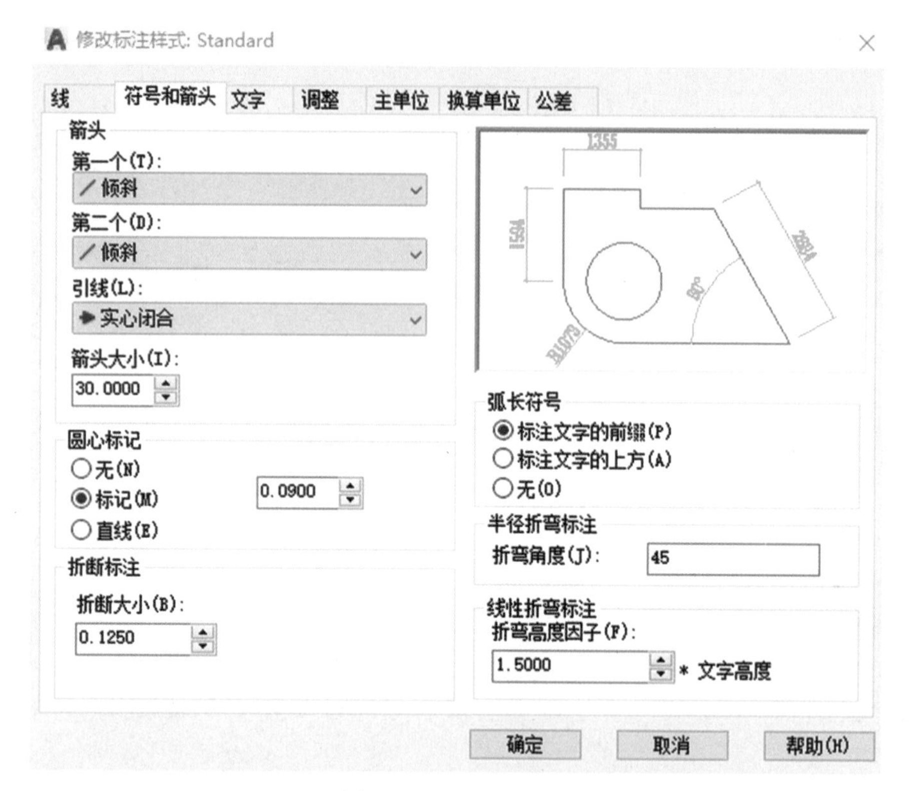

图 7-37　标注样式符号和箭头调整

图 7-38　标注样式标注文字调整

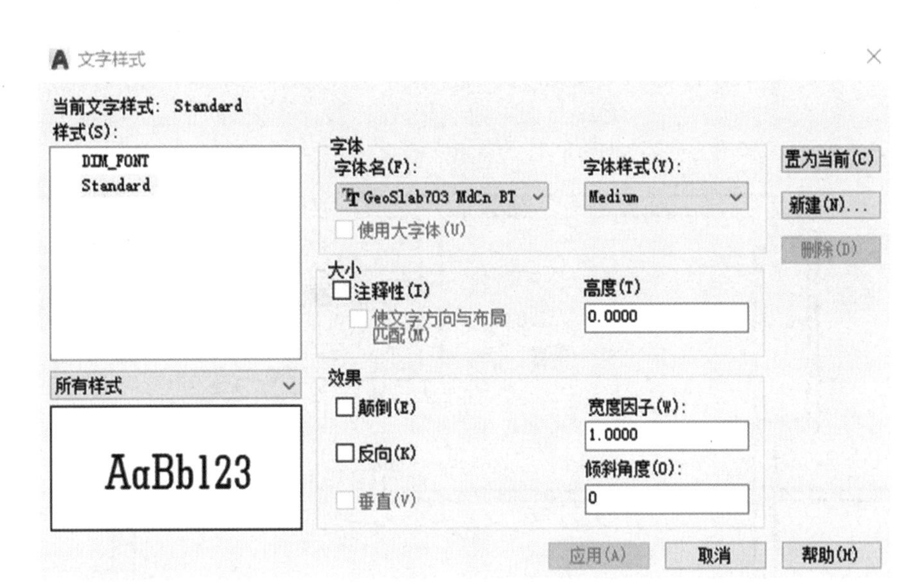

图 7-39　标注样式标注文字字体

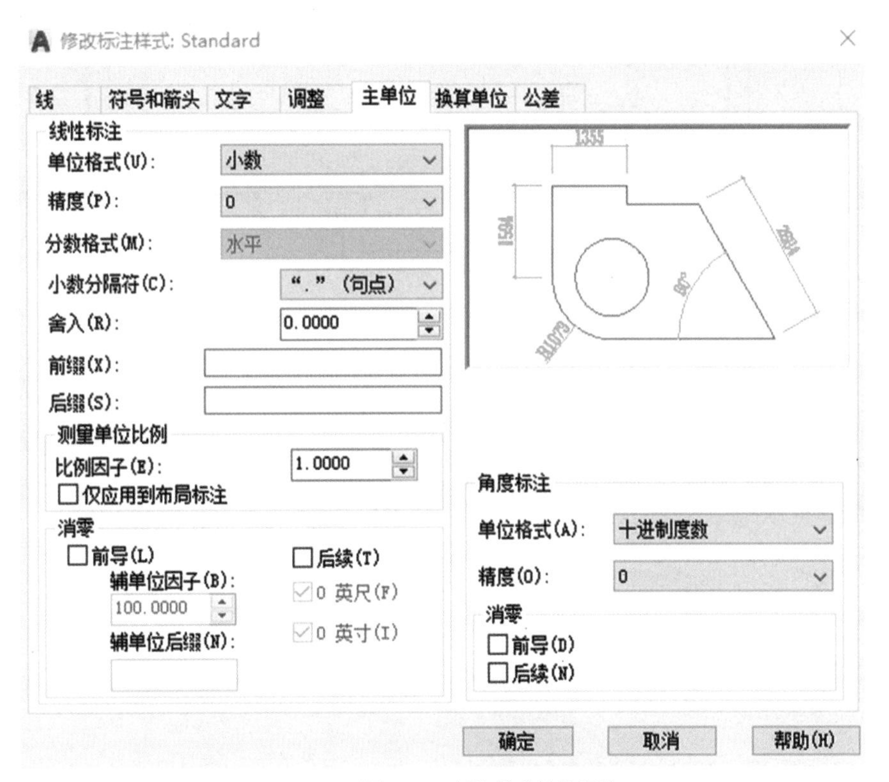

图 7-40　标注样式单位调整

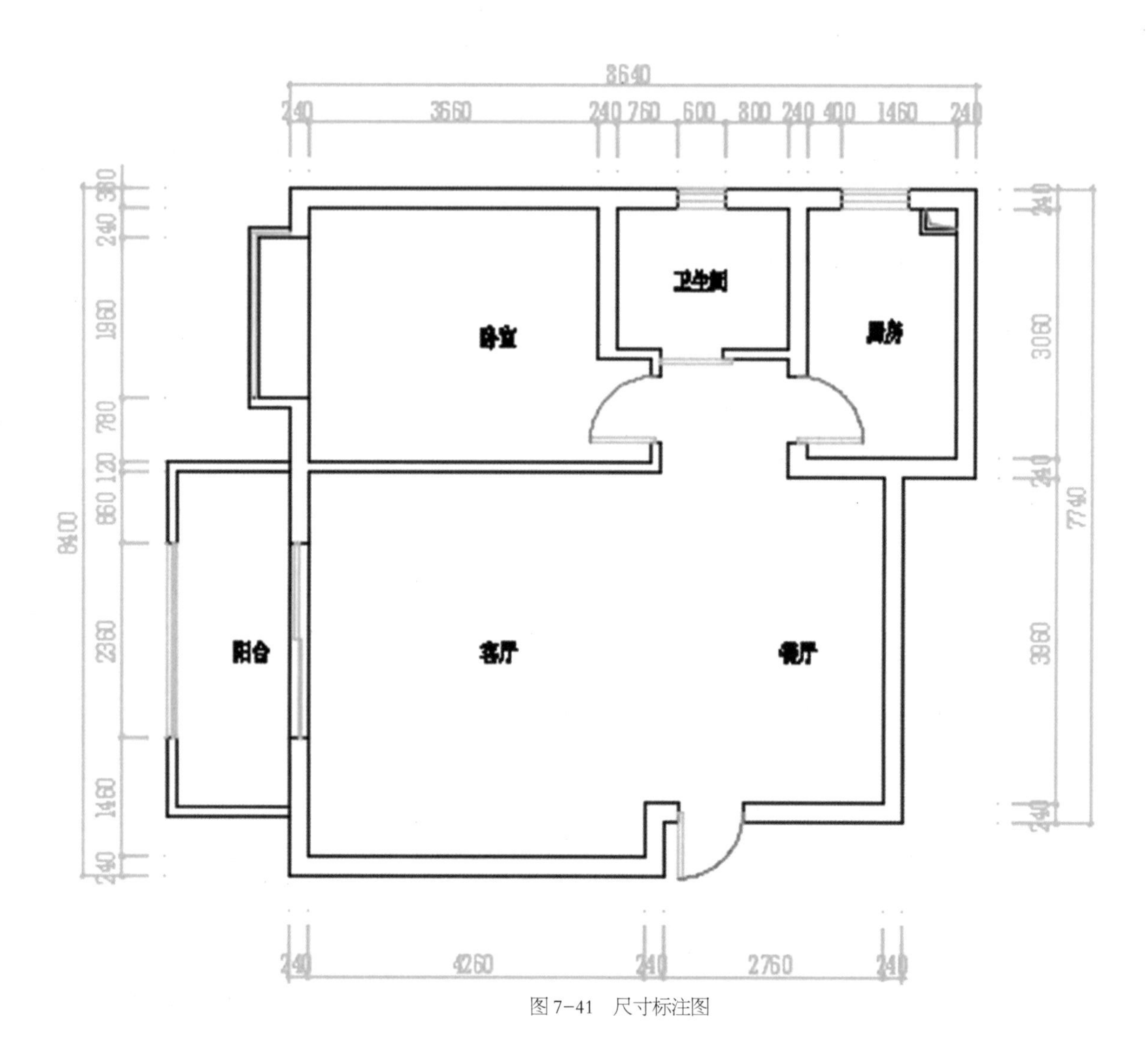

图 7-41　尺寸标注图

7.7.1 对简单建筑框架图形进行家具布置图绘制练习

使用复制工具将已绘制的建筑框架图复制一个，打开 AutoCAD 图库，对建筑框架图进行平面布置设计，如图 7-42 所示。

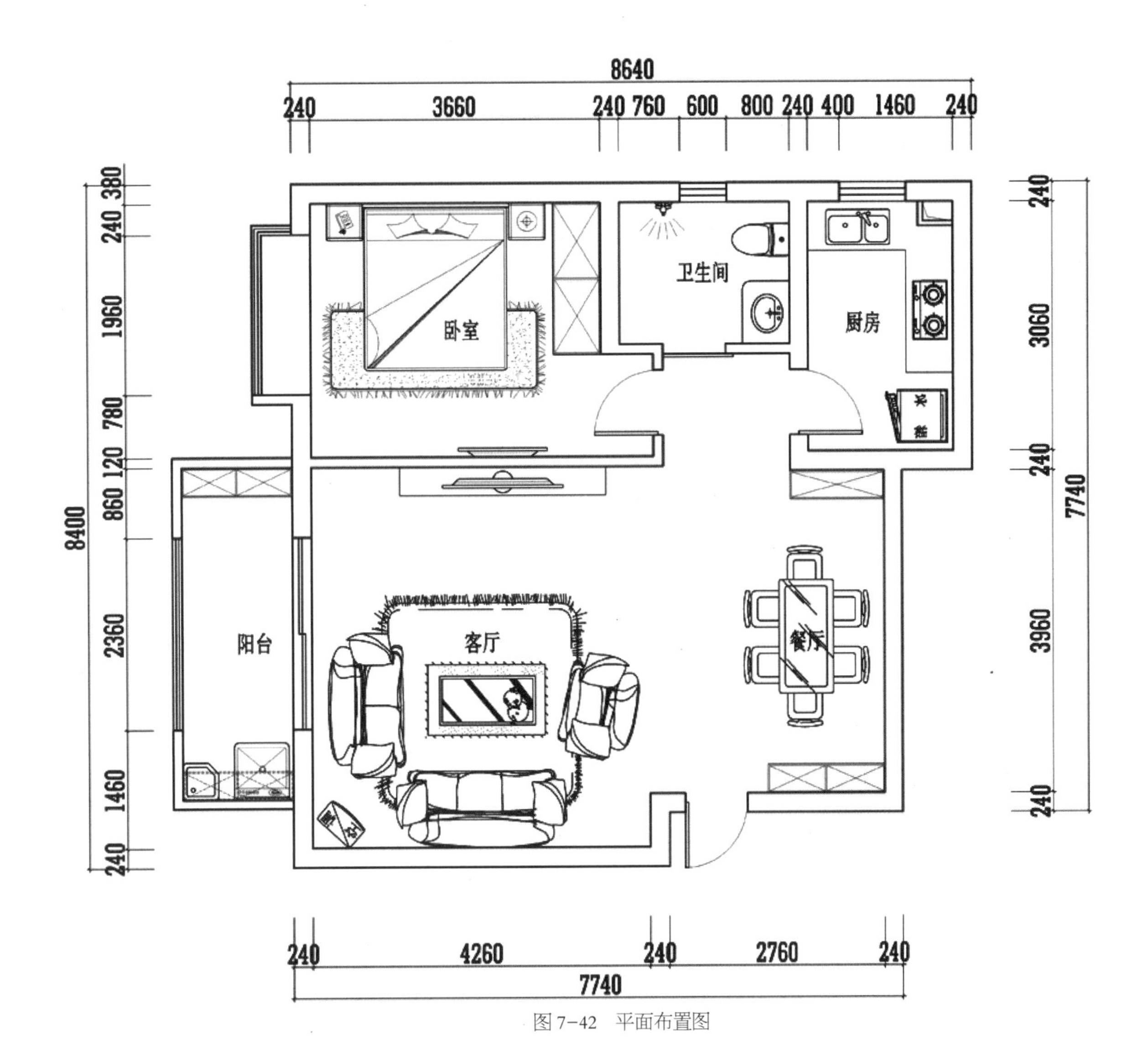
8640
240
3660
240
760
600
800
240
400
1460
240
380
240
1960
780
120
860
8400
2360
1460
240
3060
240
7740
3960
240
卧室
卫生间
厨房
阳台
客厅
餐厅
240
4260
240
2760
240
7740

图 7-42　平面布置图

7.7.2 对平面布置图形进行地面材质填充练习

地面材质铺装图，如图 7-43 所示。

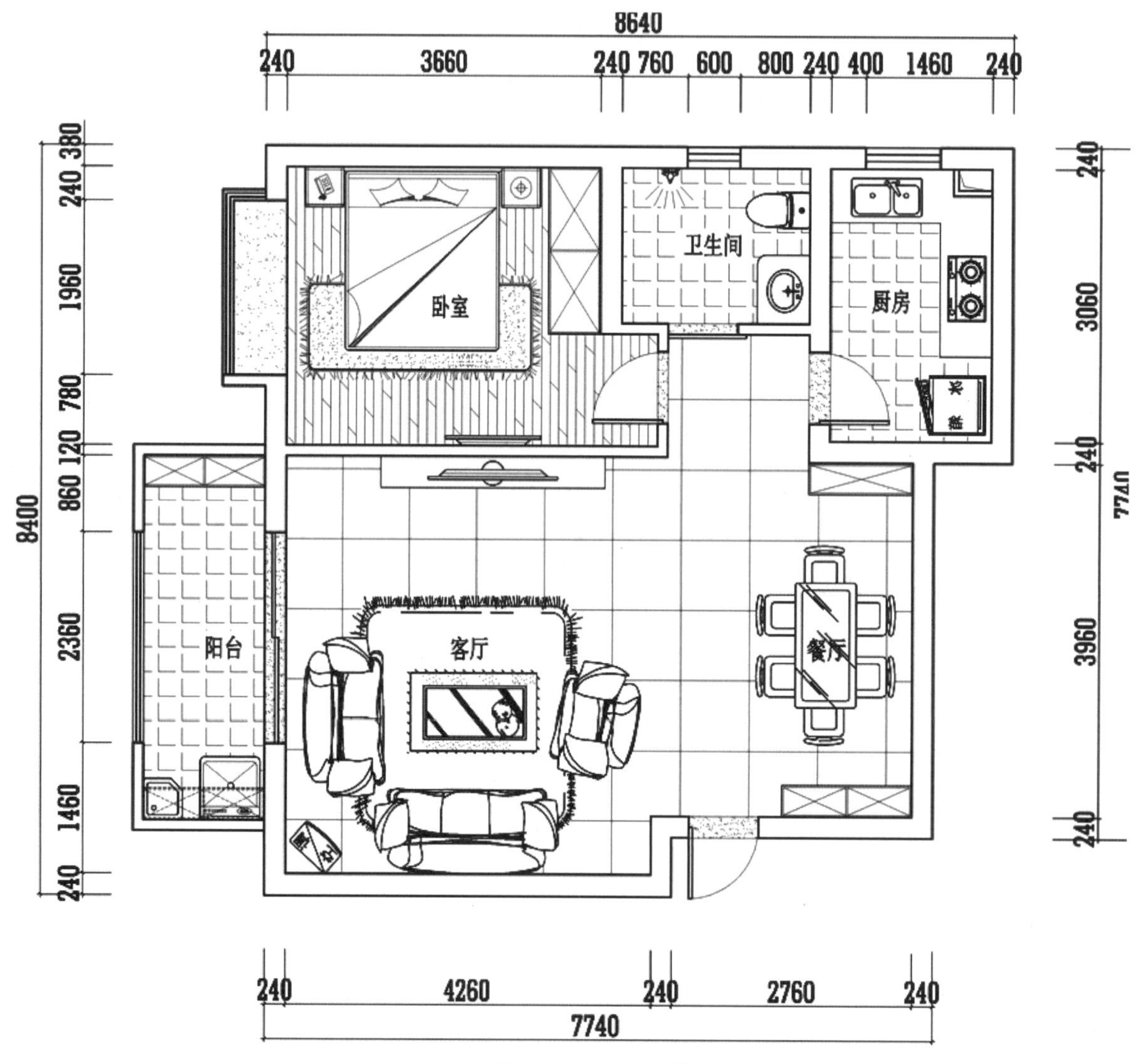

图 7-43 地面材质铺装图

7.8 复杂建筑图形绘制及设计

复杂建筑框架图，如图 7-44、图 7-45 所示。

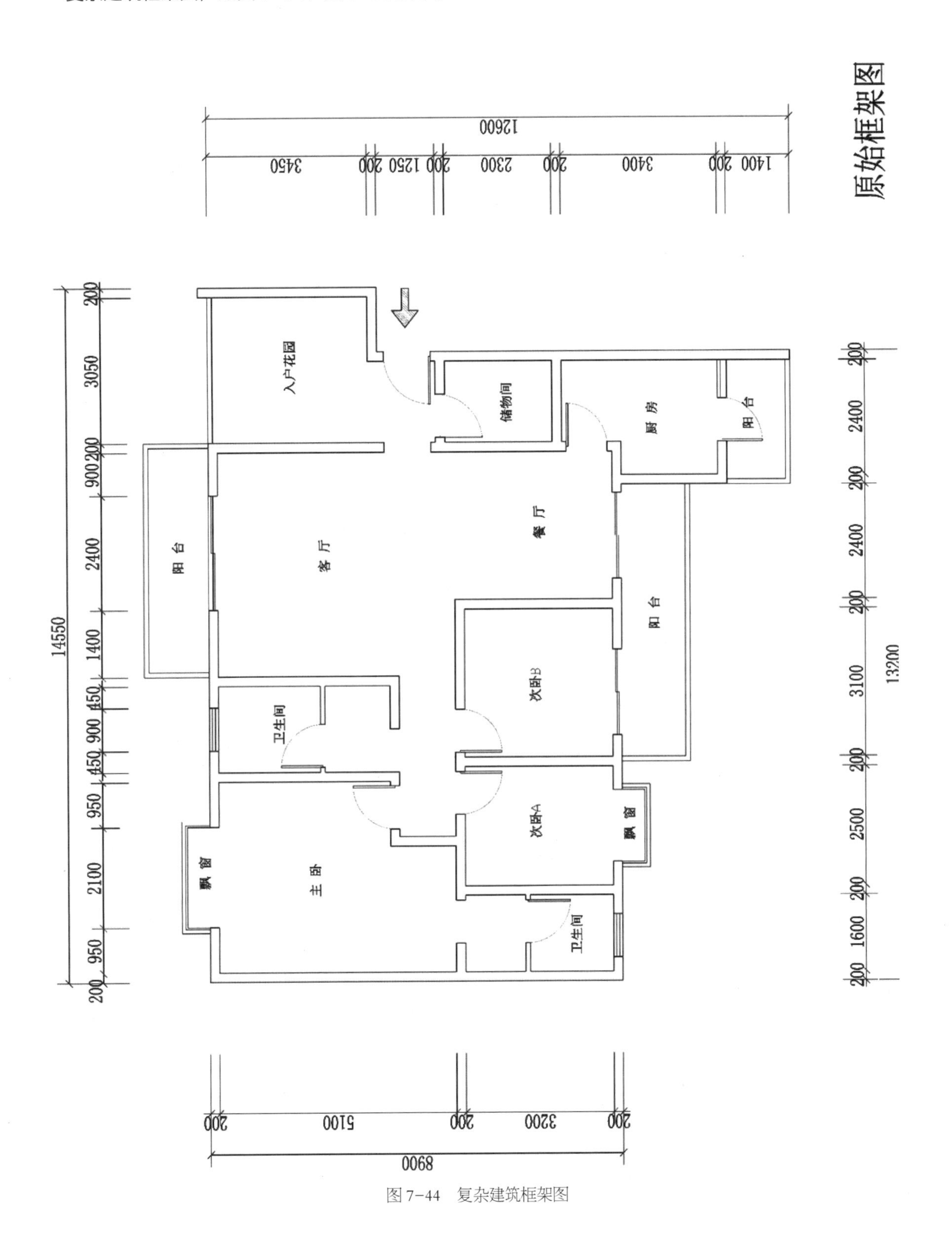

图 7-44　复杂建筑框架图

附：复杂建筑图形绘制及设计 A3 幅面图形（带细部尺寸）

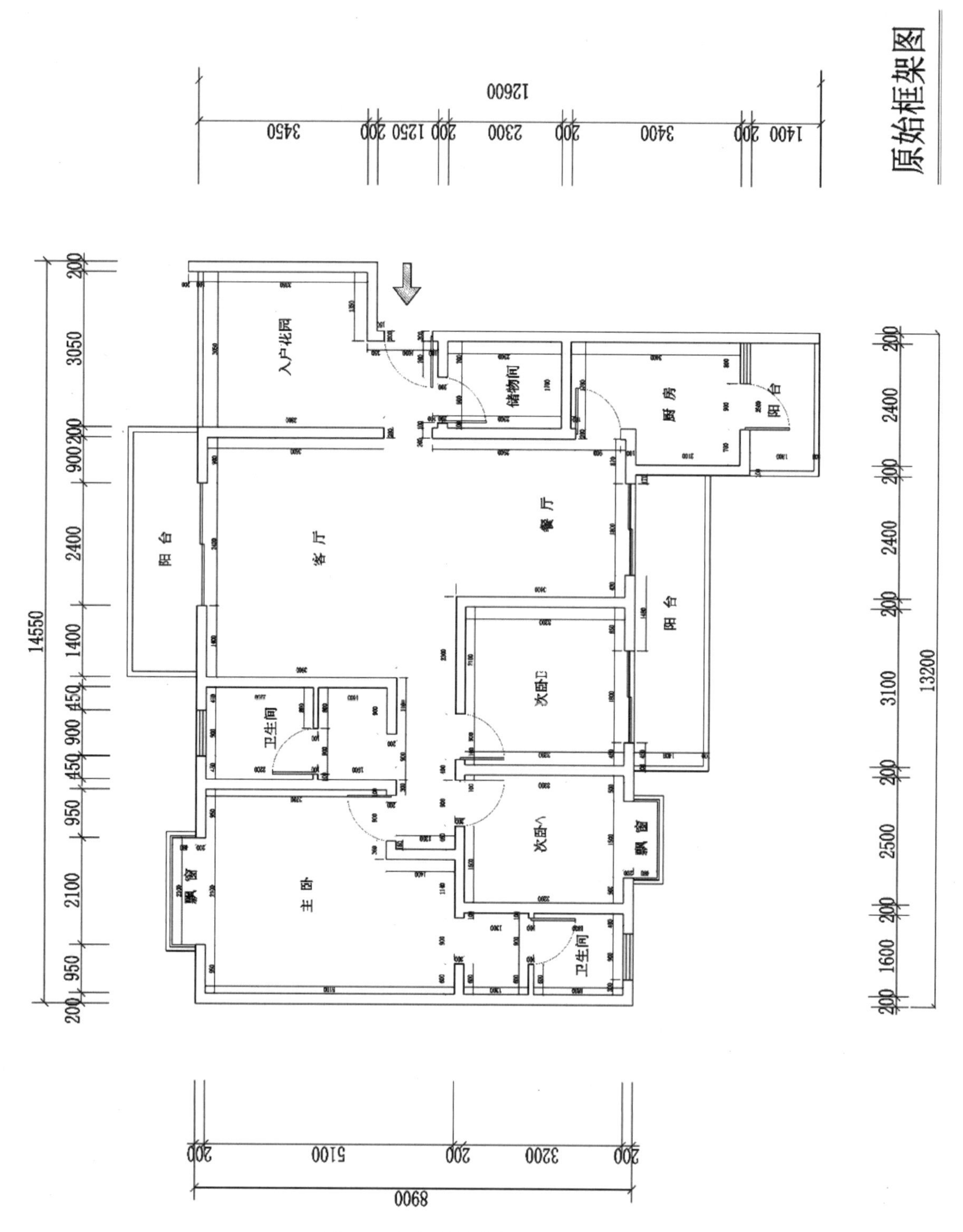

图 7-45　复杂建筑框架图（带细部尺寸）

参考文献

[1] 徐江华，王莹莹，俞大丽等 .AutoCAD2014 中文版基础教程 [M]. 北京：中国青年出版社，2016.

[2] 旷枚花，史原，石岩等 .AutoCAD2014 中文版标准教程 [M]. 北京：中国青年出版社，2014.

[3] 刘冰，李波 .AutoCAD2014 建筑设计完全自学手册 [M]. 北京：机械工业出版社，2015.

图书在版编目（CIP）数据

AutoCAD 2017进阶课堂 / 潘磊，郭晖主编.—合肥:合肥工业大学出版社，2017.8（2021.2重印）
ISBN 978-7-5650-3536-4

Ⅰ.①A… Ⅱ.①潘… ②郭… Ⅲ.①AutoCAD软件 Ⅳ.①TP391.72

中国版本图书馆CIP数据核字（2017）第217728号

AutoCAD2017进阶课堂

主　　编：潘　磊　郭　晖
责任编辑：李娇娇
书　　名：普通高等教育应用技术型院校艺术设计类专业规划教材——AutoCAD 2017进阶课堂
出　　版：合肥工业大学出版社
地　　址：合肥市屯溪路193号
邮　　编：230009
网　　址：www.hfutpress.com.cn
发　　行：全国新华书店
印　　刷：安徽联众印刷有限公司
开　　本：889mm × 1194mm　1/16
印　　张：11
字　　数：290千字
版　　次：2017年8月第1版
印　　次：2021年2月第2次印刷
标准书号：ISBN 978-7-5650-3536-4
定　　价：58.00元
发行部电话：0551-62903188